高分子复合材料核心理论及进展研究

彭淑鸽◎著

中国原子能出版社

图书在版编目(CIP)数据

高分子复合材料核心理论及进展研究 / 彭淑鸽著. -- 北京：中国原子能出版社，2018.7

ISBN 978-7-5022-9279-9

Ⅰ.①高… Ⅱ.①彭… Ⅲ.①高分子材料—复合材料—研究 Ⅳ.①TB324

中国版本图书馆 CIP 数据核字(2018)第 179545 号

内容简介

本书主要对高分子复合材料的核心理论及进展进行了研究，主要内容包括：高分子材料及其制备、通用高分子材料、高分子复合材料的制备、高分子复合材料的性能、高分子复合材料的工程应用等。本书论述严谨，结构合理，条理清晰，内容丰富新颖，是一本值得学习研究的著作。

高分子复合材料核心理论及进展研究

出版发行　中国原子能出版社(北京市海淀区阜成路 43 号　100048)
责任编辑　张　琳
责任校对　冯莲凤
印　　刷　北京亚吉飞数码科技有限公司
经　　销　全国新华书店
开　　本　787mm×1092mm　1/16
印　　张　14
字　　数　251 千字
版　　次　2019 年 3 月第 1 版　2024 年 9 月第 2 次印刷
书　　号　ISBN 978-7-5022-9279-9　　定　价　70.00 元

网址：http://www.aep.com.cn　　E-mail:atomep123@126.com
发行电话：010－68452845

前　言

材料是人类赖以生存的物质基础，是人类物质文明的标志。材料的发展将人类社会文明推向更高的层次。科技对材料提出的更高要求带动了材料向复合化发展，从而诞生了第四大类材料——复合材料。复合材料具有轻质、高强、防腐、耐水、隔热及电绝缘等优异性能，被公认是除了金属材料、无机非金属材料、高分子材料之后的最有发展前景的一大类材料，已发展成为 21 世纪的主要工程材料。

高分子复合材料是以聚合物为基体，与多种增强材料或填充材料复合而成的多组分、多相的复合材料，具有优异的力学性能和其他性能，是一种具有广阔发展前景的材料。

面对新材料、新工艺的不断涌现，高分子复合材料呈现出低成本、高性能、功能化、结构功能一体化和智能化的发展趋势；同时高分子复合材料新标准、新规范也不断地更新。作者针对于此撰写了本书，在对高分子复合材料的发展、制备技术、性能及应用相关知识进行系统介绍的基础上，引出近年来复合材料领域的一些主要发展热点，如复合材料增料增韧、界面改性、纳米复合材料、功能复合材料等，在讲解基础知识的同时注重对知识归纳和提炼。在内容安排上由浅入深、通俗易懂，突出了基础性和可操作性。尽可能反映当代科学技术的新概念、新知识、新理论、新技术和新工艺，突出先进性。

全书共 6 章。第 1 章为绪论，第 2 章为高分子材料及其制备，第 3 章为通用高分子材料，第 4 章为高分子复合材料的制备，第 5 章为高分子复合材料的性能，第 6 章为高分子复合材料的工程应用。

作者在多年研究的基础上，广泛吸收了国内外学者在高分子复合材料方面的研究成果，在此向相关内容的原作者表示诚挚的敬意和谢意；同时感谢国家自然科学基金和河南科技大学“千人计划”的经费资助！

由于作者水平有限，加之时间仓促，错误和遗漏在所难免，恳请读者批评指正。

作　者

2018 年 4 月

目　录

第1章　绪论 …… 1

1.1　高分子复合材料概述 …… 1
1.2　聚合物共混体系 …… 5
1.3　高分子复合的重要意义 …… 12

第2章　高分子材料及其制备 …… 15

2.1　高分子材料的概念 …… 15
2.2　高分子材料的分类 …… 19
2.3　高分子材料的制备原理 …… 22
2.4　高分子材料的合成方法 …… 36
2.5　高分子材料的前景展望 …… 43

第3章　通用高分子材料 …… 45

3.1　高分子材料的结构 …… 45
3.2　高分子材料的性能 …… 54
3.3　塑料 …… 55
3.4　橡胶 …… 63
3.5　纤维 …… 72

第4章　高分子复合材料的制备 …… 81

4.1　高分子复合材料的组成 …… 81
4.2　高分子复合材料的设计 …… 103
4.3　高分子复合材料的制备与成型 …… 104
4.4　高分子纳米复合材料及其制备 …… 115

第5章　高分子复合材料的性能 …… 134

5.1　高分子复合材料的力学性能 …… 134

5.2 高分子复合材料的摩擦性能 …………………………………… 156
5.3 高分子复合材料的传热性能 …………………………………… 170
5.4 高分子复合材料的隔声性能 …………………………………… 177
5.5 高分子复合材料的导电性能 …………………………………… 187

第6章 高分子复合材料的工程应用 ………………………………… 197

6.1 高分子微米复合材料的应用 …………………………………… 197
6.2 高分子纳米复合材料的应用 …………………………………… 203
6.3 未来趋势与挑战 ………………………………………………… 208

参考文献 ……………………………………………………………… 212

第1章 绪论

自从20世纪初发明了合成塑料、合成橡胶和合成纤维开始，人类就一直受益于高分子材料。但当今的人类社会需求已经不是单一高分子材料就可以满足的了。单一高分子材料存在的种种缺陷必然会在使用时受到限制。设计和开发一个新的高分子材料涉及合成新材料和优化现有材料两种途径，且这两种途径是互补的。高分子复合材料是根据结构、性能和市场的需要进行优化和组合的材料，其研究开发和应用在高分子材料中占有重要地位。

1.1 高分子复合材料概述

1.1.1 高分子复合材料的基本概念

1. 高分子复合材料的定义

高分子材料主要包括橡胶、合成树脂和合成纤维。对用作工程结构材料或功能性用途材料，单一的高分子材料存在一定的局限性，如强度、韧性、耐热、隔热保温、隔声消声、抗静电等。为了进一步拓宽高分子材料的应用范围，需对其进行改性。一般来说，高分子材料改性主要分为化学改性和物理改性两大类。其中，物理改性主要包括共混改性和填充改性。实践证明，若将粉状或纤维状的有机、无机、金属或非金属材料通过某种方式（如共混填充等）与树脂复合，则制成的复合材料可赋予更优异的性能，如更高的比强度和比模量、良好的抗冲击韧性，或其他功能性质如隔热保温、隔声消声、抗静电和阻燃等。

所谓复合材料，指的是两种或两种以上不同成分组合在一起，可以发挥出单一成分不具备的高性能。复合材料一词的使用，国外始于20世纪50年代，国内始于20世纪60年代。这里所说的“相”，并非热力学概念中的相，而是指材料体系中的一个结构均匀部分。从使用角度来看，复合材料的目的在于改善(提升)其力学性能或某种功能。据此,复合材料的定义可表述为:由两种或两种以上连续相物质进行复合,其中一相起增强某种性能或功能的作用,另一相则对其起敛集黏附作用,所形成的复合物各组分保持原物质的同一性,并使复合物的性质有重要的改进。按此观点定义的复合材料,称为狭义复合材料。习惯上将上述两相称为填充材料和基体材料。

综上所述,可给出高分子基复合材料的定义为:以高分子材料作为基体材料的复合材料称为高分子基复合材料或聚合物基复合材料,也可称为高分子复合材料或聚合物复合材料。

2. 高分子复合材料的命名

为反映事物的特征和便于记忆,高分子复合材料通常根据填充材料与基体材料的名称来命名。其中,将填充材料置前,基体材料放后,再加上"复合材料"。为书写简便,也可仅写它们的缩写名称,中间用一斜线隔开,后面再加"复合材料"。例如,碳纤维和环氧树脂构成的复合材料,可写成"碳纤维/环氧树脂复合材料"或"碳/环氧复合材料"。在国外文献中,也有将基体材料置前、填充材料放后的表示形式,如"环氧树脂/碳纤维复合材料"。此外,还可在填料与树脂之间加上"填充"或"增强",如"玻璃纤维增强环氧树脂复合材料""硅藻土填充聚丙烯复合材料"等。

1.1.2 高分子复合材料的分类

如前所述,高分子复合材料的范围很广,即便是狭义聚合物复合材料,也是种类繁多,其名称随分类方法的不同而异。例如,按增强原理分类,有弥散增强型高分子复合材料、粒子增强型高分子复合材料和纤维增强型复合材料;按复合过程的性质分类,有化学复合的复合材料、物理复合的复合材料和自然复合的复合材料;按复合的复合材料的功能分类,则有电功能高分子复合材料、热功能高分子复合材料、光功能高分子复合材料等。

根据以上所述的复合材料定义和命名原则,高分子复合材料的分类有如下几种[①]。

1. 按基体材料类型分类

(1)按基体材料的加工性能

可分为热塑性高分子复合材料和热固性聚合物复合材料两大类。

① 梁基照. 高分子复合材料隔声学导论[M]. 北京:科学出版社,2017.

(2)按基体材料的组成

可分为单一树脂基复合材料和高分子共混物基复合材料。

2. 按增强纤维类型分类

可分为碳纤维增强聚合物复合材料、玻璃纤维增强高分子复合材料、有机纤维增强高分子复合材料、硼纤维增强高分子复合材料、混杂纤维增强高分子复合材料。

3. 按同质或异质复合类型分类

(1)同质复合的高分子复合材料

包括不同密度的同种高分子材料的复合等。

(2)异质复合的高分子复合材料

前述的复合材料多属此类。

1.1.3　高分子复合材料的物性

高分子复合材料的物理力学性能是其使用性能和加工性能的重要指标，主要包括力学性能、传热性能、隔声性能和导电性能等。影响高分子复合材料物性的因素众多且十分复杂，如基体树脂和填充材料自身的物性，填料含量、大小及其在基体中的分散与分布状态以及作用等。因此，揭示高分子复合材料物性的成因，进而定量地预测其物性，有助于指导新型聚合物复合材料的研制和加工，以及加工机械设计与优化。

1. 力学性能

力学性能是材料使用性能的主要指标之一。因此，提升高分子复合材料的力学性能是对树脂进行改性的主要目的之一。常用的高分子复合材料的力学性能主要包含静态力学性能和动态力学性能两大类。静态力学性能包括拉伸力学性能、冲击断裂韧性、弯曲力学性能、压缩力学性能等；动态力学性能主要有弹性储能模量、损耗模量、力学阻尼因子和玻璃化温度等。

对于用作工程结构构件的高分子复合材料而言，增强增韧是人们致力追求的重要目标，故一向成为高分子复合材料力学性能研究的重点和热点。影响高分子复合材料力学性能的因素繁多，且相互关系也十分复杂。除填充材料和基体树脂的自身性能之外，还包括填充材料的形状、大小及其分布，填料在基体树脂中的分布与分散状态、填料与树脂基体间界面的组成、相互作用和结构等，而后者又取决于两者之间的相容性种材料的制备方式。

此外，相应制品的性能还会在一定程度上受加工成型设备及工艺条件的影响。

2. 传热性能

高分子复合材料的传热性能是其使用性能的另一重要方面，在应用上涉及隔热（保温）材料和导热材料的设计与制备。所谓导热高分子复合材料，是指以高分子材料为基体，以导热性物质为填料，经过共混分散复合而得到的、具有一定导热功能的多相复合体系。导热高分子材料大体分为两种：一是结构型导热高分子材料；二是填充型导热高分子材料。

研究发现，在较低的导热粒子含量下，高分子复合材料的导热系数随着导热粒子含量的增加而缓慢提高；当导热粒子含量达到一定的水平，且能在基体树脂形成导热网络时，高分子复合材料体系的导热系数会迅速提高，出现所谓的逾渗现象。

3. 隔声性能

高分子复合材料的隔声性能，指的是利用隔声材料或隔声板来隔离或阻挡声能的传播，尽可能地把噪声源制造的吵闹环境控制在有限的区域内或是在吵闹的环境中制造出一个较为安静的区域。为了合成具有优良隔声性能的高分子复合材料，高分子复合材料的隔声性能已成为材料科学的研究重点之一。

4. 导电性能

高分子材料一向以其优良的电绝缘性能著称，并且被广泛应用于电学领域，但是这一性能也给人们的生产和生活带来了麻烦甚至事故。例如，矿井中的塑料转送带和输油管道由于携带的静电不能释放产生电火花而发生爆炸；静电在以高分子为基材的精细集成电路板上的积聚可能会导致电路的静电击穿；精密仪器中静电产生的附加电磁场会影响仪器的测量精度，等等。因此，改变高分子材料的绝缘性，发展抗静电和导电高分子材料在电子信息特别是大规模集成电路飞速发展的今天显得格外重要。

就结构上的不同和制备过程的差异而言，高分子导电材料包括结构型和复合型两类。高分子复合材料的导电性能具有如下特点：

①电导率随着导电填料粒子体积分数的增大而降低，且呈非线性。当填料粒子达到某一体积分数时，会发生导体-绝缘体转变，也就是导电逾渗行为，此时填料粒子的体积分数即为逾渗阈值。

②导电填料在某一范围内时，复合材料的电阻率随着温度的升高而升

高，当温度上升到临界值时电阻率会发生突变，在该临界温度附近，复合材料能够发生由导体变成半导体或绝缘体的转变，即电阻正温度效应(Positive Temperature Coemcient，PTC)。

1.2　聚合物共混体系

聚合物共混能够显著提升高分子材料的综合性能，聚合物共混物指的是通过物理或化学方法将两种或两种以上聚合物混合成的宏观上均匀、连续的固体高分子材料。

两种聚合物不同的组合方式见图 1-1。

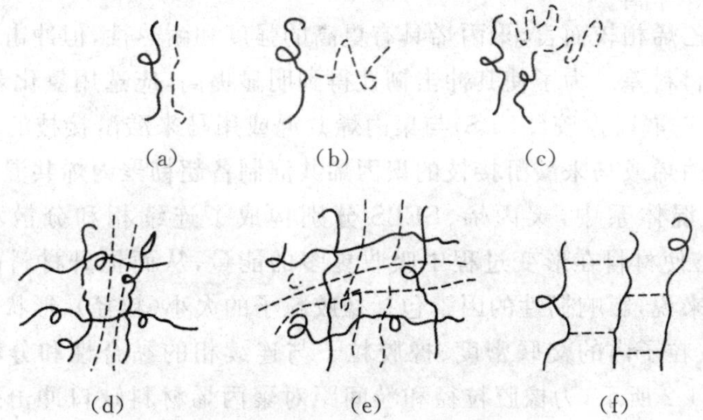

图 1-1　两种聚合物组分间不同组合方式①

(a)机械共混物；(b)接枝共聚物；(c)嵌段共聚物；(d)半-IPNs；(e)IPNs；(f)交联型共聚物

1.2.1　通用塑料系共混材料

聚乙烯材料对环境应力的开裂较为敏感。在环境试剂和应力的共同影响下，聚乙烯材料发生环境应力开裂。在改善聚乙烯对环境应力开裂性的过程中，一方面应进行增韧，另一方面应该减小环境试剂中亲油基团与聚乙烯的作用，加强亲水基团与聚乙烯的作用，主要通过向其中加入亲水性的乙烯-乙酸乙烯共聚物、乙烯-丙烯酸酯共聚物和聚氧化乙烯或橡胶等来实现。如表 1-1 所示，为聚氧化乙烯改善低密度聚乙烯环境应力开裂的结果。实

① 黄丽. 聚合物复合材料[M]. 北京：中国轻工业出版社，2012.

验中选用仲辛基苯基氧化乙烯醚作为环境试剂,聚氧化乙烯具有与其亲水性基团相同的链结构。

表 1-1　低密度聚乙烯/聚氧化乙烯共混材料的耐环境应力开裂性

低密度聚乙烯/聚氧化乙烯组成比(质量比)	F_{50}/h	低密度聚乙烯/聚氧化乙烯组成比(质量比)	F_{50}/h
100/0	120	99/5	500 未开裂
99/1	500 未开裂	90/10	500 未开裂

其中,SEBS 橡胶粒径和粒间距对聚丙烯缺口冲击强度的影响见图 1-2。当 SEBS 含量为 15%时,临界橡胶粒径(D_c)=0.48 μm,而临界橡胶粒间距 A=0.25 μm。

和聚乙烯相较而言,聚丙烯具有更高的强度和耐热性,但冲击韧性反而比聚乙烯材料差。为了使其冲击韧性得到明显提高,应选用氢化苯乙烯-乙烯-丁二烯三嵌段橡胶(SEBS)与聚丙烯共混或用马来酸酐接枝的乙丙三元橡胶与聚丙烯或马来酸酐接枝的聚丙烯共混制备超韧聚丙烯共混材料。在制得的共混体系中,聚丙烯、SEBS 分别构成了连续相和分散相。加入 SEBS 能够使材料在形变过程中吸收更多的能量,从而提升材料的冲击韧性。一般来说,影响韧性的因素包括橡胶粒子的大小(粒径)、形状、粒间距、含量、橡胶粒子内的交联密度、橡胶粒子与连续相的黏合性和分散相的形态。如图 1-2 所示,为橡胶粒径和粒间距对聚丙烯材料缺口冲击强度的影响。当 SEBS 含量为 15%时,临界橡胶粒径(D_c)=0.48 μm,而临界橡胶粒间距 A=0.25 μm。

1.2.2　工程塑料系共混材料

如图 1-3 所示,大多数热塑性工程塑料都有缺口敏感性,也就是抵抗断裂生长的能力远不如抵抗断裂引发的能力。通过提高工程塑料的缺口冲击敏感性能够显著改善材料的韧性,多数情况下应用可反应性增容的橡胶进行增韧。

通常情况下,选用三元乙丙橡胶(EPDM)和氢化苯乙烯-乙烯-丁二烯三嵌段橡胶(SEBS)对聚酰胺进行增韧。利用马来酸酐(MA)接枝的 EPDM 和 SEBS 以及经酰亚胺化丙烯酸酯接枝共聚物作为增容剂的橡胶增韧聚酰胺,能够显著改善聚酰胺材料的缺口冲击强度。此类橡胶增韧聚酰胺又被称作超韧(Super Tough)聚酰胺。如图 1-4 所示,为超韧聚酰胺的最佳形态。

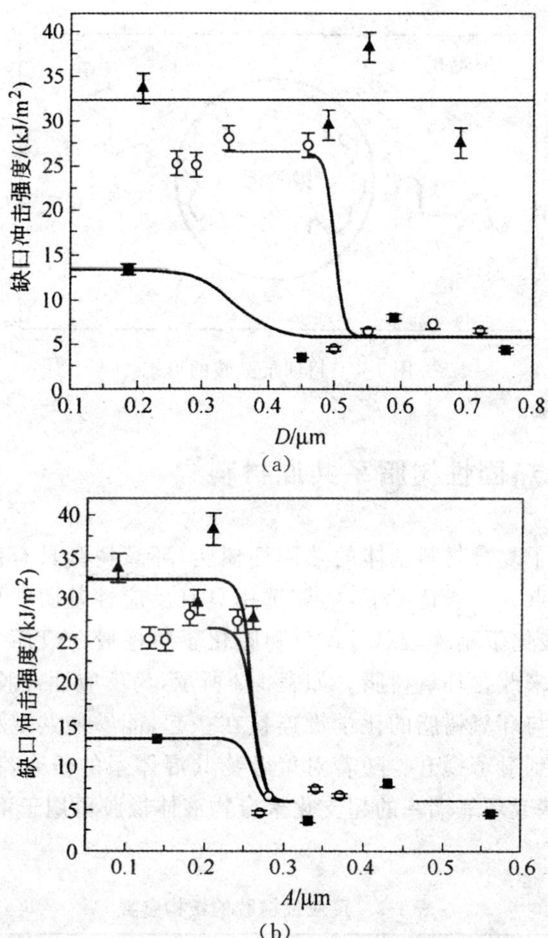

图 1-2　橡胶粒径和粒间距对缺口冲击强度的影响

■SEBS 含量为 10%；○SEBS 含量为 15%；▲SEBS 含量为 20%

(a)橡胶粒径的影响；(b)粒间距的影响

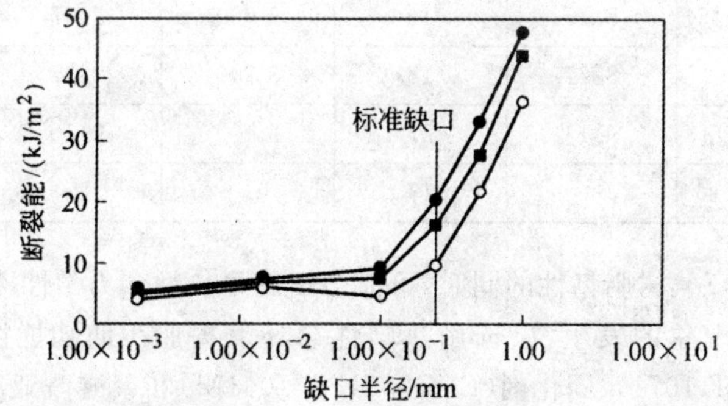

图 1-3　一种脂肪族聚醚酮的缺口冲击敏感性(标准缺口半径为 250 μm)

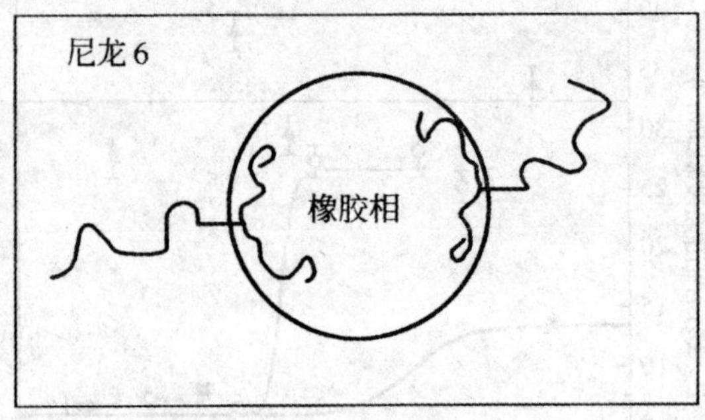

图 1-4　超韧聚酰胺的形态

1.2.3　热固性树脂系共混材料

作为高分子复合材料基体的热固性树脂，环氧树脂具有韧性低以及湿热性能差的缺点。一般情况下，能够选用具有反应性基团的羧化聚丁二烯橡胶(CTB)、羧化丁腈橡胶(CTBN)和胺化丁腈橡胶(ATBN)和环氧树脂构成共混体系来改善环氧树脂。如表 1-2 所示，为反应性橡胶的结构参数。其反应性基团与环氧树脂的化学键连接在一起，能够使共混材料的界面黏合性和韧性得到显著提升。随着对聚合物共混体系的研究，科研人员已证实含羟基、羧基或环氧端基的超支化聚合物液体橡胶可用于增韧环氢树脂，如图 1-5 所示。

表 1-2　反应性橡胶的结构参数

反应性橡胶	比黏度	丙烯腈含量/%	相对分子质量	羧基含量/%	氨基当量
CTB 2 000×162	8.04	0	4 000	1.9	—
CTBN 130×15	8.45	10	3 600	2.47	—
CTBN1 300×8	8.77	18	3 500	2.37	—
CTBN 1 300×13	9.14	27	3 400	2.40	—
ATBN 130×16	—	17	—	—	900

在提高环氧树脂韧性的同时，可能会引起耐热性和力学性能的减弱，为了避免这种现象的发生，应选用热塑性与环氧树脂。四功能团环氧树脂(EPON HPT 1071)、固化剂(EPON HPT 1061M)和聚醚酰亚胺的共混体系，如图 1-6 所示。

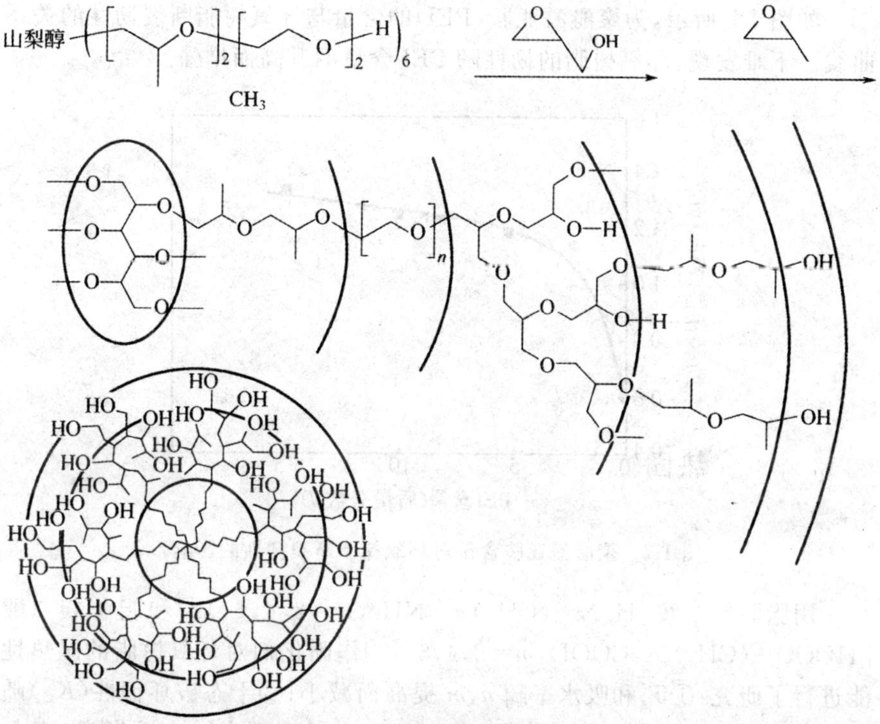

图 1-5 环氧树脂的增韧

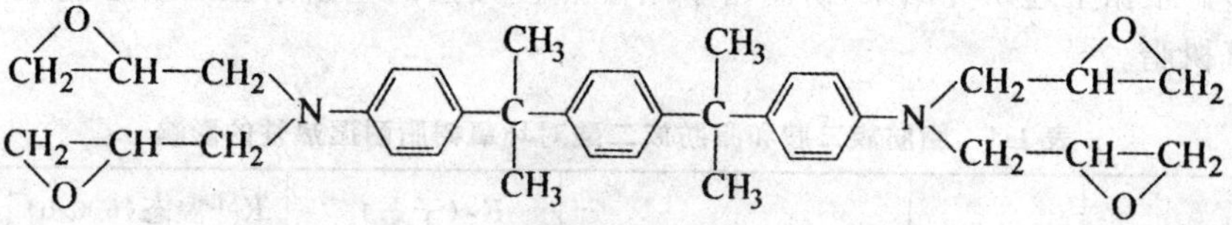

图 1-6 环氧树脂(EPON HPT 1071)、固化剂(EPON HPT 1061M)和聚醚酰亚胺的共混体系

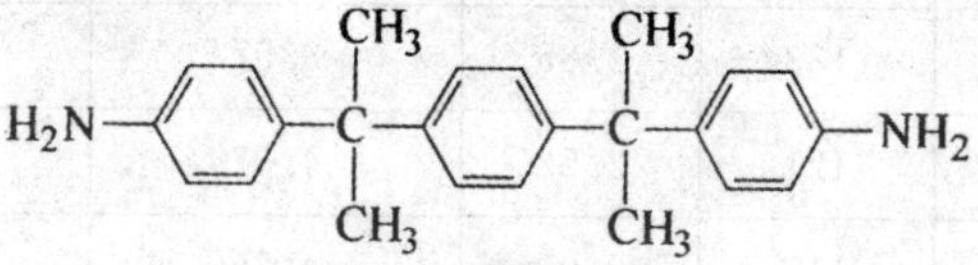

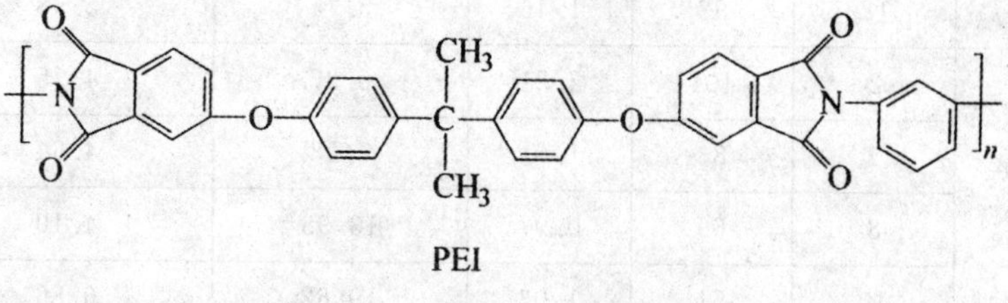

如图 1-7 所示，为聚醚酰亚胺(PEI)的含量与环氧树脂断裂韧性的关系曲线。不难发现，环氧树脂的韧性随 PEI 含量的升高而增强。

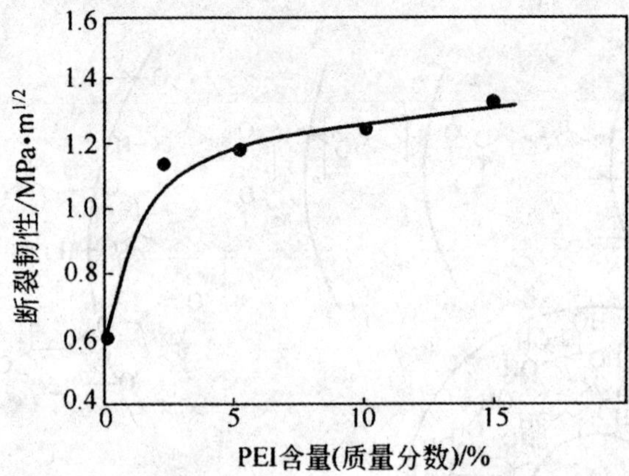

图 1-7　聚醚酰亚胺含量对环氧树脂断裂韧性的影响

用脂肪族二胺[$H_2N—(CH_2)n—NH_2$, $n=2,4,6,12$]和脂肪族二酸[$HOOC—(CH_2)_m—COOH$, $m=2,4,8,10$]作固化剂对环氧树脂的湿热性能进行了研究：①T_g和吸水率随 n、m 提高而减小；②干态破坏韧性(K_C)随 n、m 提高而提高，湿态破坏韧性(K_C)随 n、m 提高而先减小后提高(表 1-3)。根据上述研究结果，研制出了耐湿热性较强的主链刚性的多官能团环氧树脂。

表 1-3　脂肪族二胺和脂肪族二酸对环氧树脂耐湿热性的影响

材料	n 或 m	T_g/℃	吸水率/%	K_C(干态)/9.8 MPa·mm$^{1/2}$	K_C[湿态(600 h)]/9.8 MPa·mm$^{1/2}$
脂肪族二胺	2	133	2.85	3.57	4.63
	4	121	2.52	4.37	4.86
	6	115	2.09	4.75	4.35
	12	93	1.46	5.74	5.58
脂肪族二酸	2	101	2.21	6.37	4.75
	4	83	1.61	7.23	4.64
	8	69	0.97	13.98	4.10
	10	51	1.03	19.62	6.86

1.2.4　互穿聚合物网络

作为高分子共混材料，互穿聚合物网络（Interpenetrating Polymer Networks，IPN）具有拓扑网络结构，由两个较为独立的交联网络构成，能够记为 X/Y IPN，X、Y 分别代表第一个、第二个聚合物网络。按照合成方法的不同，互穿聚合物包括异时互穿聚合物网络和同时互穿聚合物网络。顾名思义，前者是先构成第一个聚合物网络，再形成第二个聚合物网络；而后者是同时构成两个聚合物网络。如果两个聚合物网络都为弹性体，则将其称作互穿弹性体网络。如果一个聚合物网络包含线型高分子，则将其称作半互穿聚合物网络。如图 1-8 所示，为互穿聚合物网络与共交联的聚合物网络的结构。

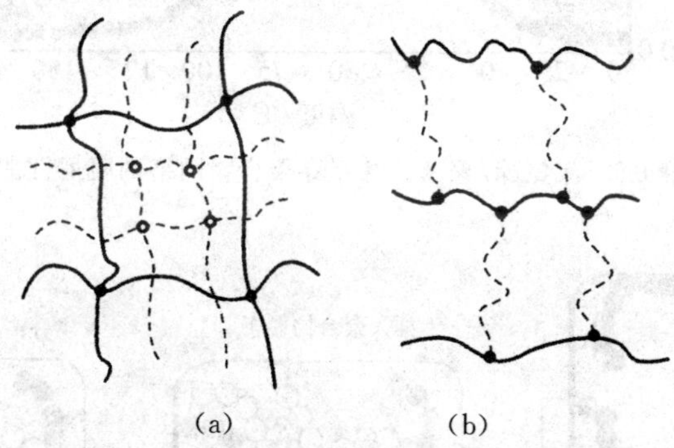

图 1-8　互穿聚合物网络和共交联聚合物网络
(a)互穿聚合物网络；(b)共交联聚合物网络

互穿聚合物网络具有高的阻尼特性，作为阻尼材料有广泛应用。聚氨酯/聚苯乙烯(60/40)与用 TMI 接枝的聚氨酯/聚苯乙烯互穿聚合物网络的 tanδ-温度曲线见图 1-9，2.5％接枝的聚氨酯/聚苯乙烯互穿聚合物网络具有最好的阻尼性能。

苯乙烯和 4-乙烯基苯基二甲基硅烷醇共聚物(ST-VPDMS)：

$$\left[CH_2-CH\right]_m\left[CH_2-CH\right]_n$$

（第一个 CH 连接对位取代苯环，苯环另一端连接 $CH_3-Si-CH_3$，Si 上连接 OH；第二个 CH 连接苯环）

其中，二甲基硅烷醇基团具有氢键给体和可交联性。当 ST-VPDMS 与聚

N-乙烯基吡咯烷(PVPr)共混时可形成聚合物间复合物,80℃时生成半互穿聚合物网络(图 1-10)。

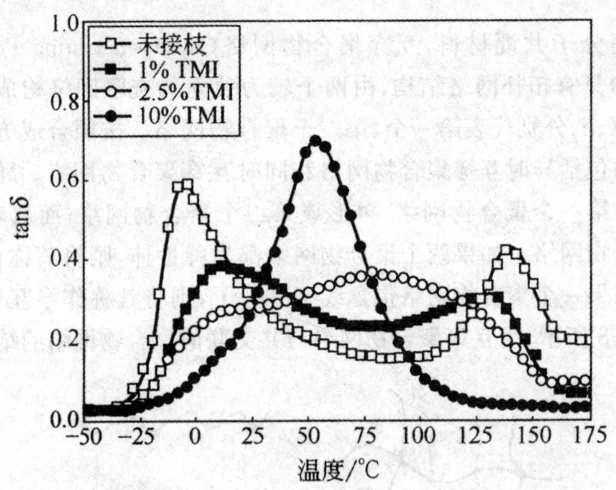

图 1-9 聚氨酯/聚苯乙烯互穿聚合物网络的阻尼性能

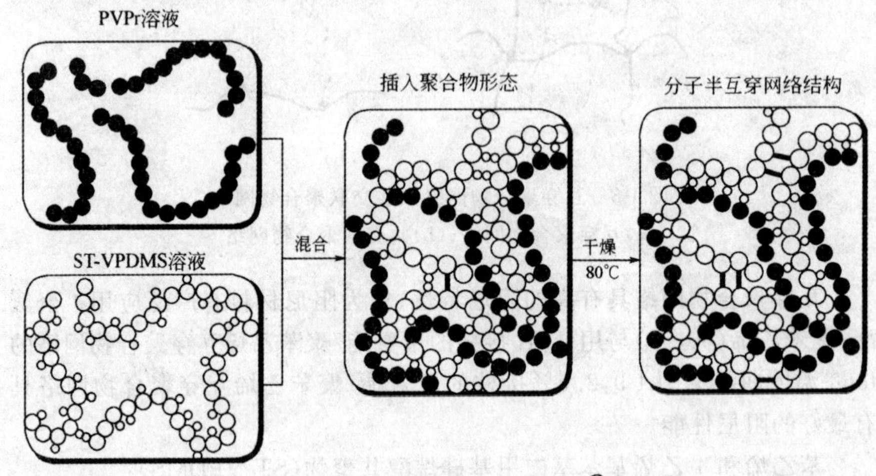

图 1-10 半互穿聚合物网络

1.3 高分子复合的重要意义

随着科学技术水平的不断发展,人类已处于高度信息化社会,人类所追求的生活质量和健康水平也在不断提高。而人类生存的地球正遭受着十分严峻的考验:人口的极度增长使得地球所能提供的淡水资源日趋紧张,可耕地也已经不堪重负;环境污染问题愈演愈烈;能源和原材料的供给十分匮乏。在这样的形式下,为高分子复合材料的发展带来了更大的机遇和挑战;而高分子复合材料的应用也对人类社会的发展起着不可替代的推动作用①。

1.3.1 为信息技术提供服务

高分子复合材料能够用于信息技术的方方面面,如作为信息获得的换能材料,用于信息处理中的芯片封装材料、电路板,用于信息存储的磁性材料,信息传输的复合纤维、护套管、天线反射板,信息执行中的机械结构材料。

1.3.2 为提高人类生活质量做贡献

高分子复合材料具有轻质高强、隔声隔热、减振降噪的优良性能,能够在建设、交通运输方面发挥其优势,使人们的居住和出行更加舒适;高分子复合材料抗冲韧性好,并可制成具有自诊断功能的机敏复合材料,提高人民生活的安全性;高分子复合材料用于修复或人体器官代用品,可提高人类健康水平。

1.3.3 为解决资源短缺和能源危机做贡献

高分子复合材料具有生产工艺耗能少、一次成型、轻量化的优良性能,可以在开发新能源和节约能源方面发挥重要作用,例如可以利用功能复合材料制得光电池、风力发电机叶片和支柱。

高分子复合材料还具有轻质高强、耐腐蚀,能抵抗海水的侵蚀和深水高压的优良性能,因此可将其作为制作航天器和空间站的材料,从而在开发海洋和空间方面发挥其作用。

在挖掘尚未充分利用的资源上,发展了植物纤维、矿物晶须增强的复合材料。通过采用复合材料修复和加固,可延长基础设施的寿命。

---

① 王汝敏,郑水蓉,郑亚萍. 聚合物基复合材料[M]. 2 版. 北京:科学出版社,2011.

1.3.4 在治理环境中发挥作用

部分高分子复合材料可以吸附污染物和降解污染物，不需要后续操作来分离污染物和吸附剂，并且能有效去除低浓度的污染物。解决了使用吸附剂处理水污染时，污染物和吸附剂难以分离，不能有效除去低浓度的污染物的问题。例如，天然气燃料的高分子复合材料高压气瓶，利用废弃物制成高分子复合材料，可化害为利，开发可自然降解的“绿色”复合材料等。

第2章　高分子材料及其制备

相对于传统材料如玻璃、陶瓷、水泥、金属而言，高分子材料是后起之秀，但其发展的速度及应用的广度却大大超过了传统材料，已经成为工业、农业、国防和科技等领域的重要材料。高分子材料既可以用作结构材料也可以用作功能材料。高分子材料科学尽管只有几十年的历史，但在新材料的发展中尤其引人注目，是值得研究并大有发展前途的新兴学科。

2.1　高分子材料的概念

2.1.1　高分子化合物的定义

高分子材料主要由高分子化合物组成，通常将高分子化合物简称为高分子或高聚物(Polymer)，高分子由成百上千个原子组成，即由一种或多种小分子通过主价键连接成的链状或网状的大分子。通常高分子材料中除高聚物成分外，为保证高分子材料的使用效能及经济性，其中往往还要添加各种填料、助剂、颜料等。高聚物的相对分子质量很高，通常在10 000以上，低分子的相对分子质量一般低于1 000，分子量介于高聚物和低分子之间的称为低聚物，又称齐聚物(Oligomer)。一般高聚物的相对分子质量为10^4～10^6，超过这个范围的称为超高分子量聚合物。

所谓“相对分子质量在10 000以上”其实只是一个大概的数值。事实上，对于不同种类的高分子化合物而言，具备高分子特性所必需的相对分子质量下限各不相同，甚至相去甚远。例如一般缩合聚合物(简称缩聚物)的相对分子质量通常在10 000左右或稍低；而一般加成聚合物(简称加聚物)的相对分子质量通常超过10 000，有些甚至高达百万以上。

2.1.2　高分子的基本概念

以聚甲基丙烯酸甲酯(俗称“有机玻璃”，Polymethyl Methacrylate，缩写 PMMA)为例。其结构如下：

$$\mathrm{A{\sim\sim}CH_2-\underset{COOCH_3}{\overset{CH_3}{C}}-CH_2-\underset{COOCH_3}{\overset{CH_3}{C}}-CH_2-\underset{COOCH_3}{\overset{CH_3}{C}}-CH_2-\underset{COOCH_3}{\overset{CH_3}{C}}-CH_2{\sim\sim}B}$$

(Ⅰ)

它是由许多相同的 $\mathrm{-CH_2-\underset{COOCH_3}{\overset{CH_3}{C}}-}$ 作为结构单元联结而成。“ ～～ ”符号代表高分子延伸的主链。为简便起见，其结构式通常写为：

$$\mathrm{\left(CH_2-\underset{COOCH_3}{\overset{CH_3}{C}} \right)_{\mathit{n}}}$$

(Ⅱ)

在结构式中，两端的端基(End Group，A 和 B)只占大分子中很少的一部分，对聚合物性能的影响通常也甚微，且在有时往往也并不确知，所以常略去不写。(Ⅰ)式表示聚合物是由圆括号(也可用方括号)内的结构单元重复联结而成，所以括号内的结构单元也称重复结构单元(Repeating Structure Unit)或重复单元(Repeating Unit)，也称为链节(Chain Element)。式中，$\mathrm{\left(CH_2-C\right)_{\mathit{n}}}$ 是该高分子长链的骨架，即为主链(Main Chain Backbone)；主链旁的$\mathrm{-CH_3}$和$\mathrm{-COOCH_3}$等基团称为侧基。“n”代表重复单元数目，称为聚合度(Degree of Polymerization，$\overline{\mathrm{DP}}$)①。

能够形成聚合物中结构单元的小分子化合物称为单体(Monomer)，它是合成聚合物的原料。由单体合成聚合物的反应称为聚合反应(Polymerization)。

在高分子材料合成发展的早期，曾把聚合反应和聚合物分为两大类，即加聚反应和加聚物，缩聚反应和缩聚物。

加聚反应和加聚物是指生成聚合物的结构单元与其单体相比较，除电子结构有改变外，其所含原子种类、数目均相同的聚合反应和聚合物。在加聚物中，结构单元即重复单元，也称单体单元(Monomer Unit)，三者的含义

---

① 张春红，徐晓冬，刘立佳. 高分子材料[M]. 北京：北京航空航天大学出版社，2016.

是一致的。

缩聚反应和缩聚物是指所生成的聚合物结构单元在组成上比其他相应的原料单体分子少了一些原子的聚合反应和聚合物。这是因为在这些聚合反应中,官能团间进行缩聚反应,失去某种小分子的缘故。例如,由己二酸、己二胺两种单体经缩聚反应(失去小分子水)生成聚己二酰己二胺(尼龙66)的反应:

$$nH_2N(CH_2)_6NH_2 + nHOOC(CH_2)_4COOH \longrightarrow$$

单体(A-R-A 型)　　单体(B-R-B 型)

$$H\!\left[NH(CH_2)_6NH\!-\!CO(CH_2)_4CO\right]_n\!OH + (2n-1)H_2O$$

|←结构单元→|←结构单元→|

|←—— 重复单元(链节) ——→|

这里的结构单元不宜再称为单体单元(因两者组成不同),且和重复单元(链节)的含义也不同。

凡是聚合物中结构单元数目小(2～20),且其端基不清楚者,称为齐聚物或寡聚物(Oligomer)。一般由调聚反应(Telomerization)生成的调聚物(Telomers)也是齐聚物,其端基由所使用的链转移剂而定。遥爪预聚物(Telechelic Polymers)也是低分子量聚合物,但其具有已知的功能团作为两端的端基,常常是最终聚合物产品中间体或聚合物的改性剂。

在加聚反应中,有一种单体进行的聚合反应称为均聚反应,所得的聚合物称为均聚物。由两种或两种以上单体进行的聚合反应称为共聚反应,所得聚合物称为共聚物,相应地有二元、三元、四元等共聚物。

2.1.3　高分子材料的基本特点

高分子材料的基本特点主要表现在以下几个方面。

1. 相对分子质量很大,而且具有多分散性

相对于小分子和中分子化合物而言,相对分子质量大于 10 000 的高分子化合物其分子尺寸无疑要大得多,其分子形态也就更为复杂多样。

高分子材料的强度与分子量密切相关,强度-聚合度关系曲线如图 2-1 所示。A 点是高分子材料开始具备强度的聚合度,A 点以上材料的强度随着分子聚合度的增大而迅速增强;B 点为临界点,该点以后材料的强度增长趋于缓慢;C 点后材料强度不再显著增强。不同高分子材料开始具备强度的聚合度和临界点的聚合度有所不同,如:尼龙初具强度的聚合度约为 40,

临界点的聚合度约为150；纤维素初具强度的聚合度约为60，临界点的聚合度约为250；乙烯基聚合物初具强度的聚合度约为100，临界点的聚合度约为400。

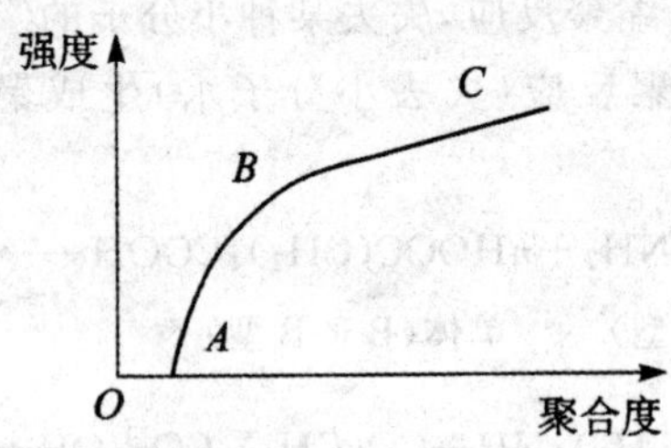

图2-1　高分子材料的强度-聚合度关系曲线

高分子化合物是由相对分子质量大小不等的同系物组成的混合物，其相对分子量只有统计平均意义。不仅如此，即使具有相同平均相对分子量的同一高分子化合物，也可能因其具有不同的多分散性而拥有不完全相同的加工和使用性能。分子量的分布对聚合物的强度有着重要影响，具有较高分子量的部分会增强聚合物的强度，不过会使材料更加难以塑化；而较低的分子量会减弱聚合物的强度，使其更加便于加工成型。基于此，不同用途的聚合物应具备适宜的分子量分布：合成纤维、塑料薄膜分子量分布宜窄，橡胶的分子量分布可较宽。

2.化学组成比较简单，分子结构有规律

如前所述，合成高分子化合物的化学组成相对比较简单，通常由有限的几种非金属元素组成。另外，所有合成高分子化合物的大分子结构都存在一定的规律性，即都是由某些符合特定条件的低分子有机或无机化合物通过聚合反应并按照一定的规律不同种类的单体可以按照两种不同的机理进行聚合反应，生成不同结构类型的高分子化合物。一种情况是单体的化学组成并不改变，只是某些原子之间彼此连接的方式发生了改变——这是合成加成聚合物的一般情况；另一种情况是单体的化学组成和结构都发生了变化——这是合成缩合聚合物的一般情况。

3.分子形态多种多样

多数合成聚合物的大分子为长链线型，常称为“分子链”或“大分子链”。将具有最大尺寸、贯穿整个大分子的分子链称为主链；而将连接在主链上除氢原子外的原子或原子团称为侧基；有时也将连接在主链上具有足够长度的侧基(往往也是由某种单体聚合而成)称为侧链。将大分子主链上带有数

目和长度不等的侧链的聚合物称为支链聚合物。图 2-2(a)、图 2-2(b)分别为线型和支链高分子的局部形态示意图。某些所谓的体型高分子具有三维空间网络结构,用这类高分子做成的物体事实上就是一个分子量几乎无限巨大的“分子”,见图 2-2(c)。由此可见,相对分子量对于体型高分子而言已经失去意义。近年来,已经有大分子主链呈星形、梳形、梯形、球形、环形等特殊结构的聚合物得到研究和报道。

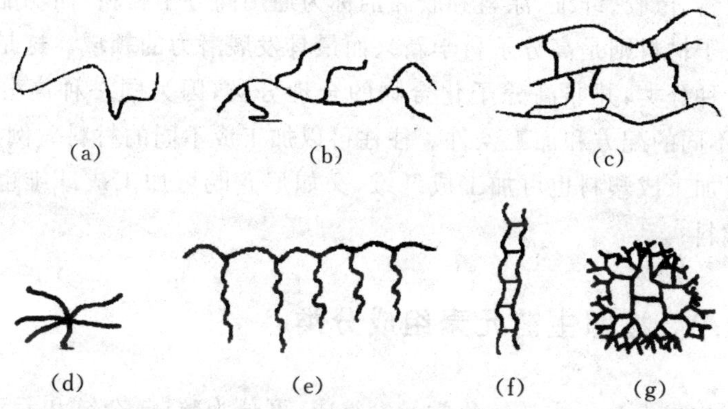

图 2-2　高分子形态示意图

(a)线型高分子;(b)支链高分子;(c)体型高分子;(d)星形高分子;(e)梳形高分子;(f)梯形高分子;(g)树枝状高分子

此外,一般的高分子材料都具有比重小、强度大、耐化学腐蚀等特点。

2.2　高分子材料的分类

高分子材料可以根据其来源、性能、结构、用途等方面来进行分类,下面介绍从不同角度对高分子化合物进行分类的 7 种方法。

2.2.1　按照来源分类

按照来源可将高分子材料分为天然高分子材料和合成高分子材料两大类。前者包括天然无机高分子材料和天然有机高分子材料,例如云母、石棉、石墨等均属于常见的天然无机高分子材料。天然有机高分子则是自然界一切生命赖以存在、活动和繁衍的物质基础,如蛋白质、淀粉、纤维素等便是最重要的天然有机高分子材料。合成高分子材料其实也包括无机和有机两大类,不过在未作说明时往往指合成有机高分子材料,这是本书的主要研究对象,也是下述分类和命名规则的适用对象。

2.2.2 按照材料用途分类

按照高分子材料的用途可分为塑料、橡胶、纤维、涂料、胶黏剂和功能高分子材料 6 大类,其中前 3 类即所谓的“3 大合成材料”。将通用性强、用途较广的塑料、橡胶、纤维、涂料和胶黏剂称为通用高分子材料,而功能性强的功能高分子材料则是高分子科学新兴而最具发展潜力的领域。这是高分子材料的一种分类,并非高分子化合物的合理分类,因为同一种高分子化合物,根据不同的配方和加工条件。往往可以加工成不同的材料。例如,聚氯乙烯既可加工成塑料也可加工成纤维,又如尼龙既可加工成纤维也可加工成工程塑料[①]。

2.2.3 按照主链元素组成分类

按照构成大分子主链的化学元素组成,可分为碳链、杂链和元素有机 3 大类高分子。

1. 碳链高分子

碳链高分子的主链完全由碳原子组成,而取代基可以是其他原子。绝大部分烯烃、共轭二烯烃及其衍生物所形成的聚合物,都属于此类。如:

$+\!\!\!\!(CH_2-CH_2)\!\!\!\!+_n$ 聚乙烯

$+\!\!\!\!(CH_2-\underset{\substack{|\\OH}}{CH})\!\!\!\!+_n$ 聚乙烯醇

$+\!\!\!\!(CH_2-CH=CH-CH_2)\!\!\!\!+_n$ 聚丁二烯

$+\!\!\!\!(CH_2-\underset{\substack{|\\Cl}}{C}=CH-CH_2)\!\!\!\!+_n$ 聚氯丁二烯

$+\!\!\!\!(CH_2-\overset{\substack{CH_3\\|}}{\underset{\substack{|\\COOCH_3}}{C}})\!\!\!\!+_n$ 聚甲基丙烯酸甲酯

① 丁会利,袁金凤,钟国伦,等.高分子材料及应用[M].北京:化学工业出版社,2012.

2. 杂链高分子

杂链高分子的主链除碳原子外，还含有 O、N、S、P 等杂原子，并以共价键互相连接。多数缩聚物如聚酯、聚酰胺、聚氨酯和聚醚等均属于杂链高分子。如：

$\left[R-O-R'-O \right]_n$　聚醚

$\left[\overset{\overset{O}{\|}}{C}-R-\overset{\overset{O}{\|}}{C}-\overset{\overset{H}{|}}{N}-R'-\overset{\overset{H}{|}}{N} \right]_n$　聚氨酯

$\left[O-R-O-\overset{\overset{O}{\|}}{C}-\overset{\overset{H}{|}}{N}-R'-\overset{\overset{H}{|}}{N}-\overset{\overset{O}{\|}}{C} \right]_n$　聚酯

$\left[R-(S)_x-R'-(S)_y \right]_n$　聚硫化物

$\left[\overset{\overset{O}{\|}}{C}-R-\overset{\overset{O}{\|}}{C}-O-R'-O \right]_n$　聚酰胺

3. 元素有机高分子

元素有机高分子的主链不含碳原子，而是由 Si、B、Al、O、N、S、P 或 Ti 等原子构或，不过其侧基上含有由 C、H 等原子组成的有机基团，如甲基、乙基或苯基等。例如，硅橡胶即是元素有机高分子中最重要的品种之一，其分子主链由 Si 和 O 原子交替排列构成。

$\left[\underset{\underset{R'}{|}}{\overset{\overset{R}{|}}{Si}}-O \right]_n$　聚硅氧烷

2.2.4　按照聚合反应类型分类

按照 Carothers 分类法，将聚合反应分为缩合聚合反应（简称缩聚反应）和加成聚合反应（简称加聚反应）两大类，由此而将其生成的聚合物分别归类于缩聚物和加聚物。当然还可以将缩聚物中的某些特殊类型再细分为加成缩聚物（如酚醛树脂）、开环聚合物（如环氧树脂）等。加聚物也可再细分为自由基聚合物、离子型聚合物和配位聚合物等。

2.2.5 按照化学结构分类

参照与之相对应的有机化合物结构,可以将合成高分子化合物分为聚酯、聚酰胺、聚氨酯、聚烯烃等类型。这一分类方法尤其重要,也最为常用,必须重点掌握。

2.2.6 按照聚合物的热行为分类

按照聚合物受热时的不同行为,可分为热塑性聚合物和热固性聚合物两大类。前者受热软化并可流动,多为线型高分子。后者受热转化为不溶、不熔、强度更高的交联体型聚合物。这种分类方法普遍用于工程与商业流通等领域。

2.2.7 按照相对分子质量分类

按照聚合物相对分子质量的差异,一般分为高聚物、低聚物、齐聚物和预聚物等。在通常情况下,相对分子质量小于合格产品的中间体,或者用于某些特殊用途(如涂料、胶黏剂等)的聚合物均属于低聚物。相对分子质量极低、根本不具有高分子材料特性的某些缩聚物曾称为齐聚物(Oligomer),现习惯统称为预聚物。那些可在特定条件下交联固化、最终转化为体型聚合物的低聚物也称为预聚物。

2.3 高分子材料的制备原理

2.3.1 逐步聚合反应

1. 逐步聚合反应的类型及特点

逐步聚合反应是通过单体所带的两种不同的官能团之间的反应而进行的,例如聚酰胺就是通过氨基(—NH_2)和羧基(—COOH)之间的缩聚反应而获得的。在反应初期,绝大部分的单体很快转化成二聚体、三聚体等低聚物,再通过低聚物之间的聚合,使其相对分子质量不断增加。

逐步聚合反应按照其反应机理又可分为:逐步缩聚反应和逐步加聚反

应。逐步缩聚反应因为有官能团之间的缩聚，反应过程中会有小分子副产物产生。

逐步聚合反应的实施方法有溶液缩聚、熔融缩聚、界面缩聚和固相缩聚等。人们所熟知的涤纶、尼龙、聚氨酯、酚醛树脂等高分子材料都是通过逐步聚合反应得到的，而近年来逐步聚合反应在理论和实际上都取得了新的发展，制备出多种超强力学性能及高热性能的高分子材料，如聚碳酸酯、聚砜、聚苯醚等。

2. 线型缩聚反应

能够进行缩聚反应的单体的数目及种类非常多，缩聚反应是逐步聚合反应的主要反应类型。

(1)缩聚反应机理

缩聚反应机理具有如下特点：

①在缩聚反应中并不会产生活性中心，而且具有不同官能团的两分子可以进行反应，反应过程中每一步的速率常数和活化能都相等。

②发生聚合反应的初始阶段，单体会迅速结合为低分子量的聚合物。

③之后的聚合反应往往是由不同的低聚物发生反应，随着反应的不断进行，各物质的相对分子质量也不断增大。而且，各物质的相对分子质量分布得较为广泛。延长聚合反应时间是为了提高聚合物的相对分子质量，并不是为了提高单体转化率。

(2)缩聚反应中的副反应

①环化反应。

单体 $HO—(CH_2)_n—COOH$，当 $n=1$ 时，经双分子缩合反应而形成六元环。

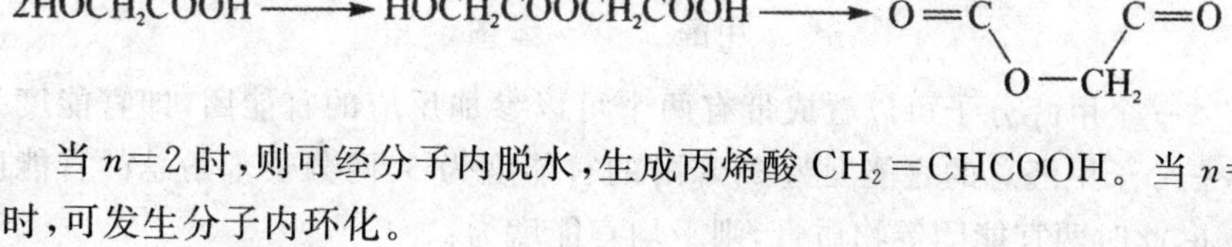

$$2HOCH_2COOH \longrightarrow HOCH_2COOCH_2COOH \longrightarrow \text{O=C} \begin{array}{c} CH_2—O \\ \quad \\ O—CH_2 \end{array} \text{C=O}$$

当 $n=2$ 时，则可经分子内脱水，生成丙烯酸 $CH_2=CHCOOH$。当 $n=3$ 时，可发生分子内环化。

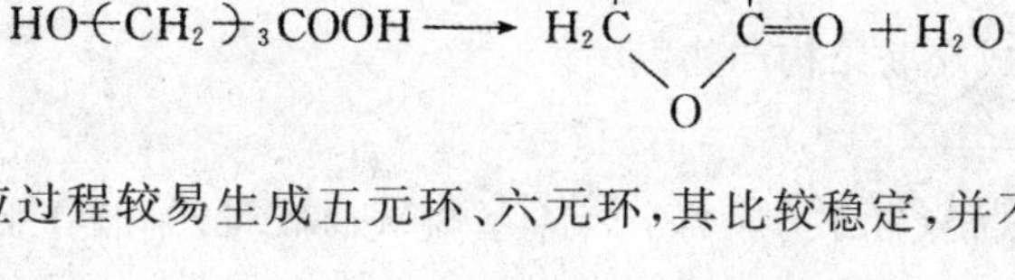

$$HO \leftarrow\!\!\!(CH_2)\!\!\!\rightarrow_3 COOH \longrightarrow \begin{array}{c} CH_2—CH_2 \\ | \qquad\quad | \\ H_2C \qquad C=O \\ \diagdown \quad \diagup \\ O \end{array} + H_2O$$

上述反应过程较易生成五元环、六元环，其比较稳定，并不利于发生线型缩聚反应。当 $n \geqslant 5$ 时，较不易成环，更易发生线型缩聚反应[①]。

②官能团的消去。

脱羧 $\sim CH_2COOH \longrightarrow \sim CH_3 + CO_2$

水解 $\sim COCl + H_2O \longrightarrow \sim COOH + HCl$

成盐 $\sim RNH_2 + HCl \longrightarrow \sim RNH_3^+ Cl^-$

脱氨 $2H_2N \leftarrow CH_2 \rightarrow_n NH_2 \longrightarrow H_2N \leftarrow CH_2 \rightarrow_n NH \leftarrow CH_2 \rightarrow_n NH_3 + NH_3$

此外，生成的高分子也会发生一些副反应，如聚酯的水解、酯交换等。

3. 体型缩聚反应

(1)平均官能度

在缩聚反应中，引入多官能团的单体将产生交联结构(即发生体型缩聚反应)。在合成线型缩聚物时，需要避免交联结构产生。然而，许多情况下要求形成交联结构，比如热固性树脂在加工成型时必须形成体型交联结构才会达到足够的强度。

当多官能团单体是双官能团单体两倍的情况(如下式所示)，可以看到 a—A—a 被封端，反应不能进行下去(只能生成三聚体)。Carothers 提出了平均官能度 f 的概念，只有平均官能度 $f > 2$ 时，才能得到体型结构产物。

$$\text{a—A—a} + 2\ \underset{\underset{\text{b}}{|}}{\text{b—B—b}} \longrightarrow \underset{\underset{\text{b}}{|}}{\text{b—B}}\text{—ba—A—ab—}\underset{\underset{\text{b}}{|}}{\text{B—b}}$$

①两官能团等物质量时，平均官能度 f 的算法。

平均官能度是指平均每一个分子带有的可以参加反应的官能团的数目。例如，

$$3H_2C{=}O + 2\ \text{(苯酚, } C_6H_5OH\text{)}$$

甲醛　　苯酚

一个甲醛分子可以看成带有两个可以参加反应的官能团，即官能度为 2，三分子甲醛总的官能度为 6；苯酚的官能度为 3，两分子苯酚总的官能度为 6，此时两官能团等物质量，则平均官能度为：

$$f = \frac{6+6}{3+2} = 2.4$$

$f > 2$，可以生成交联结构产物。

---

① 张留成，瞿雄伟，丁会利. 高分子材料基础[M]. 3 版. 北京：化学工业出版社，2012.

②两官能团非等物质量时，平均官能度 f 的算法。

当两官能团非等物质量时，用上面平均官能度的算法，将不能得到符合实际的结果。此时，f 可用下式计算：

$$f=\frac{\text{非过量组分 A 的官能团数的 2 倍}}{\text{体系中分子}}=\frac{2n_A f_A}{n_A+n_B}$$

式中，n_A、n_B（$n_A<n_B$）分别为组分 A、B 的分子数或物质的量，f_A 为组分 A 的借能度。

(2)Carothers 方程

体型缩聚反应交联结构的产生是一个逐步的过程，缩聚开始时仅生成支化的低聚物，反应到一定程度时，体系的黏度突然增加，并出现不能流动而具有弹性的凝胶，这种现象被称为凝胶化效应或凝胶作用。出现凝胶时的反应程度称为凝胶点，凝胶点的出现往往在几分钟内迅速发生。

在假定凝胶点时数均聚合度等于无穷大的基础上，Carothers 推导出凝胶点时的反应程度 P_c 与平均官能度 f 的关系，即 Carothers 方程。

设单体混合物的分子数为 N_0，平均官能度为 f，则起始官能团数为 $N_0 f$；设反应后体系的分子数为 N，则参加反应的分子数为 N_0-N，消耗掉的官能团的数目为 $2(N_0-N)$（形成一个键需两个官能团），则凝胶点前的反应程度为：

$$P=\frac{2(N_0-N)}{N_0 f}$$

将 $\overline{X_n}=N_0/N$ 代入上式得

$$P=\frac{2(N_0-N)}{N_0 f}=\frac{2}{f}\left(1-\frac{1}{\overline{X_n}}\right)$$

凝胶时，若假设 $\overline{X_n}$ 无穷大，则临界反应程度 P_c 为：

$$P_c=\frac{2}{f}$$

凝胶点出现初期，体系可分为两部分：凝胶和溶胶。凝胶是体型结构，不溶于溶剂。溶胶仍是线型的或支化的低聚物，存在于凝胶的交联网格当中，可以用溶剂抽提出来。凝胶点后溶胶可以转变成凝胶，但由于交联网格的限制，少量官能团被体型结构固定，不能全部参加反应。所以 Carothers 方程给出的临界反应程度 P_c 一般高于实际测定的值。

2.3.2　自由基聚合反应

合成高分子材料中以自由基链式聚合反应合成的聚合物约占整个命成聚合物品种的 60%，是一类非常重要的聚合反应。化合物的价键以均裂的方式断裂，即 R:R→2R·，产生的自由基可以和单体结合成单体自由基，进而进行链增长反应，最后在一定条件下，增长链自由基经过双分子间反应而消失，反应终止。

1. 自由基和引发剂

自由基是带有未配对独电子的基团，性质不稳定，可进行多种反应。各种自由基的活性次序大致如下：

$H\cdot > CH_3\cdot > C_6H_5\cdot > RCH_2\cdot > R_2CH\cdot > R_3C\cdot > R\dot{C}HCOR > R\dot{C}HCN > R\dot{C}HCOOR > CH_2=CHCH_2\cdot > C_6H_5CH_2\cdot > (C_6H_5)_2CH\cdot > (C_6H_5)_3C\cdot$

最后四个自由基是不活泼自由基，有阻聚作用。

自由基聚合反应常用的引发剂有偶氮类引发剂（偶氮二异丁腈 AIBN、偶氮二异庚腈 ABVN）、过氧化物类引发剂（过氧化二苯甲酰 BPO）、氧化还原体系等，还可以经过光化学引发、电离辐射引发等进行引发聚合反应。

(1)偶氮类引发剂

最常用的有：

偶氮二异丁腈（AIBN）

$$(CH_3)_2\underset{\displaystyle CN}{\underset{|}{C}}-N=N-\underset{\displaystyle CN}{\underset{|}{C}}(CH_3)_2 \longrightarrow 2(CH_3)_2\underset{\displaystyle CN}{\underset{|}{C}}\cdot + N_2\uparrow$$

偶氮二异庚腈（ABVN）

$$(CH_3)_2CHCH_2\overset{\displaystyle CH_3}{\overset{|}{\underset{\displaystyle CN}{\underset{|}{C}}}}-N=N-\overset{\displaystyle CH_3}{\overset{|}{\underset{\displaystyle CN}{\underset{|}{C}}}}CH_2CH(CH_3)_2 \longrightarrow 2(CH_3)_2CHCH_2\overset{\displaystyle CH_3}{\overset{|}{\underset{\displaystyle CN}{\underset{|}{C}}}}\cdot + N_2\uparrow$$

(2)过氧化物类引发剂

常用的有：

过氧化二苯甲酰（BPO）

$$C_6H_5\underset{\displaystyle O}{\underset{\|}{C}}-O-O-\underset{\displaystyle O}{\underset{\|}{C}}C_6H_5 \longrightarrow 2C_6H_5\underset{\displaystyle O}{\underset{\|}{C}}-O\cdot \longrightarrow 2C_6H_5\cdot + 2CO_2\uparrow$$

过氧化十二酰（LPO）、过氧化二叔丁基也是常用的低活性引发剂。高活性的过氧化物引发剂有过氧化二碳酸二异丙酯 $[(CH_3)_2CHOCO]_2O_2$ (IPP)、过氧化二碳酸二环已酯 $(C_6H_{11}OCO)_2O_2$ (DCPD)、过氧化乙酰基环己烷磺酰（ACSP）是活性极大的不对称过氧化物类引发剂。

$$\text{(H)}{-}SO_2{-}O{-}O{-}\underset{\underset{O}{\|}}{C}{-}CH_3 \longrightarrow \text{(H)}{-}SO_2{-}O\cdot + \cdot O{-}\underset{\underset{O}{\|}}{C}{-}CH_3$$

此外常用的还有水溶性的过硫酸盐，如过硫酸钾和过硫酸铵：

$$KO{-}\underset{\downarrow\atop O}{\overset{O\atop\uparrow}{S}}{-}O{-}O{-}\underset{\downarrow\atop O}{\overset{O\atop\uparrow}{S}}{-}OK \longrightarrow 2KO{-}\underset{\|\atop O}{\overset{O\atop\|}{S}}{-}O\cdot$$

它一般用于乳液聚合和水溶液聚合。

(3)氧化还原体系

过氧化物作为引发剂，与还原剂组成的体系为氧化还原引发体系。在过氧化物中加入还原剂，能够使反应需要的活化能减小。由过氧化氢和亚铁盐构成的氧化还原体系如下所示：

$$HO-OH+Fe^{2+}\longrightarrow HO\cdot+OH^{-}+Fe^{3+}$$

可使分解活化能由 217.7 $kJ\cdot mol^{-1}$降至 39.4 $kJ\cdot mol^{-1}$。

2. 自由基聚合机理

一般由链引发、链增长和链终止以及可能伴有的链转移反应等基元反应组成。

(1)链引发

通过链引发反应可以得到自由基活性中心。利用引发剂的引发反应包括如下两步。

①引发剂 I 分解，形成初始自由基的吸热反应：

$$I\longrightarrow 2R\cdot$$

②初始自由基与单体加成，形成单体自由基的放热反应：

$$R\cdot+CH_2{-}\underset{\underset{X}{|}}{CH}\longrightarrow R{-}CH_2{-}\underset{\underset{X}{|}}{CH}\cdot$$

(2)链增长

通过链引发反应得到的单体自由基会结合第二个单体，通过进行加成反应得到新的自由基，该过程即为链增长反应。

$$RCH_2\underset{\underset{X}{|}}{CH}\cdot+CH_2{=}\underset{\underset{X}{|}}{CH}\longrightarrow RCH_2\underset{\underset{X}{|}}{CH}CH_2\underset{\underset{X}{|}}{CH}\cdot\cdots\longrightarrow$$

$$RCH_2\underset{\underset{X}{|}}{CH}{+}CH_2\underset{\underset{X}{|}}{CH}{+}_{n}CH_2\underset{\underset{X}{|}}{CH}\cdot$$

为方便起见，常将上述链自由基表示为 $\sim\!\sim\!\sim CH_2\underset{\substack{|\\ X}}{CH}\cdot$。

在链增长反应中，结构单元间的结合可能存在“头-尾”和“头-头”（或“尾-尾”）两种方式：

$$\sim\!\sim\!\sim CH_2\underset{\substack{|\\ X}}{CH}\cdot + CH_2{=}\underset{\substack{|\\ X}}{CH} \longrightarrow \begin{cases} \sim\!\sim\!\sim CH_2\underset{\substack{|\\ X}}{CH}CH_2\underset{\substack{|\\ X}}{CH}\cdot \text{头-尾} \\ \sim\!\sim\!\sim CH_2\underset{\substack{|\\ X}}{CH}\underset{\substack{|\\ X}}{CH}CH_2\cdot \text{头-头} \end{cases}$$

按头-尾方式连接时，取代基 X 与单电子都在同一个碳原子上，例如苯基一类的取代基能够与单电子产生共轭稳定的效果，再由于相邻亚甲基形成的超共轭效应，会使得到的自由基更加稳定，增长反应活化能较低。而按头-头方式连接时，则无此种共轭效应，反应活化能就高一些。另外，—CH_2一端空间位阻较小，也有利于头—尾连接。因此，在烯类单体的自由基聚合中，单体主要按头—尾方式连接。

对于共轭双烯类的自由基聚合还有 1,4-加成和 1,2-加成两种可能的方式。

(3)链终止

两个链自由基的独电子相互结合成共价键，形成大分子的反应为偶合终止反应。

$$\sim\!\sim\!\sim CH_2\underset{\substack{|\\ X}}{CH}\cdot + \cdot\underset{\substack{|\\ X}}{CH}CH_2\sim\!\sim\!\sim \longrightarrow \sim\!\sim\!\sim CH_2\underset{\substack{|\\ X}}{CH}{-}\underset{\substack{|\\ X}}{CH}CH_2\sim\!\sim\!\sim$$

某些链自由基夺取另一自由基的氢原子，会发生歧化反应，称为歧化终止。

$$\sim\!\sim\!\sim CH_2\underset{\substack{|\\ X}}{CH}\cdot + \cdot\underset{\substack{|\\ X}}{CH}CH_2\sim\!\sim\!\sim \longrightarrow \sim\!\sim\!\sim CH_2\underset{\substack{|\\ X}}{CH_2} + \underset{\substack{|\\ X}}{CH}{=}CH\sim\!\sim\!\sim$$

通过哪种方式发生链终止反应，这受到单体类型和聚合反应条件的影响。例如，苯乙烯聚合反应多发生偶合终止；而甲基丙烯酸甲酯的聚合反应多发生歧化终止。

(4)链转移

进行自由基聚合的反应中，链自由基结合单体、溶剂、引发剂或大分子上的一个原子，进而使反应终止，被夺取原子的分子则变为自由基，继续进行链增长反应，此类聚合反应即为链转移反应。向单体、溶剂 Y—Z 和引发剂 R—R 的链转移可分别表示为：

$$\sim\!\!\sim CH_2-\underset{X}{\underset{|}{CH}}\cdot + CH_2{=}\underset{X}{\underset{|}{CH}} \rightarrow \begin{cases} \sim\!\!\sim CH_2-\underset{X}{\underset{|}{CH_2}} + CH_2{=}\underset{X}{\underset{|}{C}}\cdot \\ \sim\!\!\sim CH{=}\underset{X}{\underset{|}{CH}} + CH_3-\underset{X}{\underset{|}{CH}}\cdot \end{cases}$$

$$\sim\!\!\sim CH_2-\underset{X}{\underset{|}{CH}}\cdot + Y\text{-}Z \longrightarrow \sim\!\!\sim CH_2-\underset{X}{\underset{|}{CH}}-Y + Z\cdot$$

$$\sim\!\!\sim CH_2-\underset{X}{\underset{|}{CH}}\cdot + R\text{-}R \longrightarrow \sim\!\!\sim CH_2-\underset{X}{\underset{|}{CH}}-R + R\cdot$$

上述链转移反应的发生会降低聚合产物的分子量，如果聚合反应得到的自由基未发生活性的改变，那么后续聚合反应的速率并不会因为分子量的降低而发生改变。一些情况下，需要控制产物的分子量，这就需要向其中引入链转移剂。例如在丁苯橡胶生产中，加入十二硫醇来调节分子量。这种链转移剂也称为分子量调节剂。

链自由基亦可能向已经终止了的大分子进行链转移反应，其结果形成支链大分子。

$$\sim\!\!\sim CH_2-\underset{X}{\underset{|}{CH}}\cdot + \sim\!\!\sim CH_2-\overset{H}{\overset{|}{\underset{X}{\underset{|}{C}}}}\sim\!\!\sim \longrightarrow \sim\!\!\sim CH_2-\underset{X}{\underset{|}{CH_2}} + \sim\!\!\sim CH_2\dot{\underset{X}{\underset{|}{C}}}\sim\!\!\sim$$

$$\xrightarrow{CH_2{=}CHX} \sim\!\!\sim CH_2\overset{X}{\overset{|}{\underset{\underset{\underset{X}{|}}{CH_2\dot{C}H}}{\underset{|}{C}}}}\sim\!\!\sim$$

经由自由基聚合而商品化的高分子材料有聚乙烯、聚苯乙烯、乙烯基类聚合物（聚氯乙烯、聚偏氯乙烯、聚醋酸乙烯酯及其共聚物和衍生物）、丙烯酸类（丙烯酸、甲基丙烯酸甲酯及其酯类，丙烯酰胺等均聚物及其共聚物）、含氟聚合物（聚四氟乙烯、聚三氟氯乙烯、聚氟乙烯）等。

2.3.3　离子型聚合反应

离子型聚合反应是合成高分子化合物的重要反应。离子型聚合反应属链式聚合反应，活性中心是离子。

化合物的价键以异裂的方式断裂，即 $R_1:R_2 \rightarrow R_1^+ + R_2^-$，因此，根据增长链活性中心离子是阳离子或阴离子将离子型聚合反应分为阳离子聚合和阴离子聚合。在离子型聚合中，由于增长链具有相同电荷的活性中心，因此不能发生双分子反应而终止增长，仅能依靠单分子终止或向溶剂等的转移反应实现，有的甚至不能发生链终止而以“活性聚合链”的形式长期存在于溶剂中。

1. 阳离子聚合反应

(1)链引发

阳离子聚合反应常用的引发剂有 Lewis 酸、质子酸、碳阳离子盐的离解等，还可以通过电子转移引发、高能辐射引发。

下面介绍 H_2O/Lewis 酸为引发体系的阳离子聚合反应。链引发的第一个步骤为 Leweis 酸与 H_2O 发生络合反应得到阳离子，第二个步骤为阳离子与单体结合。

$$BF_3 + H_2O \rightleftharpoons H^+(BF_3OH)^-$$

$$H^+(BF_3OH)^- + M \xrightarrow{k_i} HM^+(BF_3OH)^-$$

阴离子作为反离子与阳离子结合为离子对，反应中选用不同极性的溶剂，则得到具有不同紧密性的离子对。

$$H_2O \cdot BF_3 \rightleftharpoons H^+(BF_3OH)^- \rightleftharpoons H^+ \parallel (BF_3OH)^- \rightleftharpoons H^+ + (BF_3OH)^-$$

共价络合物　　紧密离子对　　溶剂隔离离子对　　溶剂化自由离子

需要强调的是，离子聚合反应对单体有高度的选择性，阳离子只能引发那些含有给电子取代基如烷氧基、苯基和乙烯基类烯类单体聚合，如异丁烯和烷基乙烯基醚等。

(2)链增长

离子对与单体发生连续的亲电加成反应使链增长。

$$\sim\sim C^+R_2 + nH_2C{=}CR_2 \longrightarrow \sim\sim CR_2 \left(CH_2{-}CR_2 \right)_{n-1} CH_2{-}C^+R_2$$

(3)链转移与链终止

离子型聚合反应的链增长活性中心具有相同电荷，因此仅能通过单基反应来终止反应的进行，不能通过双基反应实现。

①向单体转移终止。

链增长活性中心转移到单体，会使链增长末端转化为不饱和结构从而终止该反应，从而使反应终止，还会形成新的单体阳离子。

$$\sim\sim C^{+}(CH_3)_2 + CH_2{=}C(CH_3)_2 \longrightarrow \sim\sim C(=CH_2)CH_3 + CH_3{-}C^{+}(CH_3)_2$$

上述反应能够运用单分子机理得以实现，其具体过程为，链增长的末端转变为不饱和结构，从而使反应终止，有 H^+ 产生，产生的 H^+ 会与单体结合得到单体阳离子；另外，该反应也能运用双分子机理，其具体过程为，一方面链增长末端转化为不饱和结构；另一方面 H^+ 与单体发生加成反应。阳离子聚合反应进行终止反应主要是通过向单体转移得以实现，其链转移常数 C_M 比自由基聚合的 C_M 高 2～3 个数量级。

②向反离子转移终止。

增长活性中心向反离子转移从而使反应终止，会使链增长末端转化为不饱和结构，产生的引发剂/共引发剂络合物会再次引发聚合反应。故动力学链并不会发生终止，只有相对分子质量有所降低。

$$\sim\sim C^{+}(CH_3)_2(BF_3OH)^- \longrightarrow \sim\sim C(=CH_2)CH_3 + H^+(BF_3OH)^-$$

③与反离子结合终止。

若反离子具有较大的亲核性，链增长活性中心会与反离子以共价键的形式结合从而使反应终止，活性中心的浓度也会相应降低。

$$-CH_2-CH^{+}(C_6H_5)(OOCCF_3)^- \longrightarrow -CH_2-CH(C_6H_5)-OOCCF_3$$

④与反离子碎片结合终止。

$$\sim\sim C^{+}(CH_3)_2(BF_3OH)^- \longrightarrow \sim\sim C(CH_3)_2{-}OH + BF_3$$

此时动力学链终止，活性中心浓度降低。

⑤外加终止剂终止。

向反应中加入终止剂也是终止阳离子聚合反应的主要方式，虽然实际上也发生了活性链向终止剂的转移，但是所生成的离子并不具备引发性，故不能得到新的动力学链。

$$\sim\sim\sim Mn^{+}(BF_3OH)^{-} + XP \longrightarrow \sim\sim\sim MnP + X^{+}(BF_3OH)^{-}$$

终止剂通常是水、醇、醚、胺等物质，用量极少时是共引发剂，用量大时是终止剂。

2. 阴离子聚合反应

(1)链引发

根据所用催化剂类型的不同，引发反应有两种基本类型。

①催化剂 R—A 分子中的阴离子直接加到单体上形成活性中心。

$$R\text{-}A + CH_2{=}\underset{\displaystyle Y}{\underset{|}{CH}} \longrightarrow RCH_2{-}^{-}\underset{\displaystyle Y}{\underset{|}{C}}HA^{+}$$

以烷基金属(如 LiR)和金属络合物(如碱金属的蒽、萘络合物)为催化剂时即得此种情况。

②单体与催化剂通过电子转移形成活性中心。

$$e + CH_2{=}\underset{\displaystyle Y}{\underset{|}{CH}} \longrightarrow \dot{C}H_2{-}^{-}\underset{\displaystyle Y}{\underset{|}{CH}}:$$

例如，以碱金属为催化剂时即为此种情况：

$$Na + CH_2{=}\underset{\displaystyle C_6H_5}{\underset{|}{CH}} \longrightarrow Na^{+-}\underset{\displaystyle C_6H_5}{\underset{|}{CH}}{-}\dot{C}H_2 \longrightarrow Na^{+-}\underset{\displaystyle C_6H_5}{\underset{|}{CH}}{-}CH_2{-}CH_2{-}^{-}\underset{\displaystyle C_6H_5}{\underset{|}{CH}}Na^{+}$$

阴离子只能引发那些含有强吸电子基团如硝基、氰基、酯基、苯基和乙烯基等烯类单体聚合。

(2)链增长

引发阶段形成的活性阴离子继续与单体加成，形成活性增长链，如：

$$C_4H_9CH_2{-}^{-}\underset{\displaystyle C_6H_5}{\underset{|}{CH}}Li^{+} + nCH_2{=}\underset{\displaystyle C_6H_5}{\underset{|}{CH}} \xrightarrow{k_p} C_4H_9{+}CH_2{-}\underset{\displaystyle C_6H_5}{\underset{|}{CH}}{+}_nCH_2{-}^{-}\underset{\displaystyle C_6H_5}{\underset{|}{CH}}Li^{+}$$

(3)链终止

阴离子聚合中一个重要的特征是在适当的条件下可以不发生链转移或链终止反应。当重新加入单体时，又可开始聚合，聚合物分子量继续增加。甲基丙烯酸甲酯在丁基锂和二乙基锌催化络合物 $C_4H_9^{-}[LiZn(C_2H_5)_2]^{+}$ 作用下的聚合情况就是如此。如图 2-3 所示。

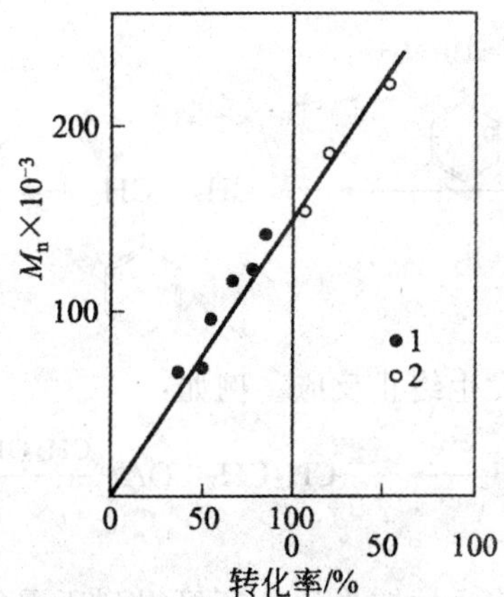

图 2-3　甲基丙烯酸甲酯聚合时聚合物的分子量和转化率关系

1—加入第一批单体；2—加入第二批单体

阴离子聚合中，由于活性链离子间相同电荷的静电排斥作用，不能发生类似自由基聚合那样的偶合或歧化终止反应；活性链离子对中反离子常为金属阳离子，碳-金属键的解离度大，也不可能发生阴阳离子的化合反应；如果发生向单体链转移反应，则要脱 H^+，这要求很高的能量，通常也不易发生；因此，只要没有外界引入的杂质，链终止反应是很难发生的。

阴离子聚合的链终止反应如何进行，依具体体系的情况而定。一般是阴离子发生链转移或异构化反应，使链活性消失而达终止。所以它们的终止反应速率属于一级反应。

①链转移反应。活性链与醇、酸等质子给予体或与其共轭酸发生转移：

$$\sim\sim\bar{C}HA^+ + CH_3OH \longrightarrow \sim\sim CH_2 + CH_3OA$$
$$\quad\ |\qquad\qquad\qquad\qquad\quad\ |$$
$$\quad\ Y\qquad\qquad\qquad\qquad\quad\ Y$$

$$\sim\sim{}^-CHA^+ + RH \longrightarrow \sim\sim CH_2 + R^-\ A^+$$
$$\quad\ |\qquad\qquad\qquad\qquad\ |$$
$$\quad\ Y\qquad\qquad\qquad\qquad\ Y$$

如果转移后生成的产物 $R^-\ A^+$ 很稳定，不能引发单体，则 RH 相当于阴离子聚合的阻聚剂。如果转移后产物 $R^-\ A^+$ 还相当活泼，并可继续引发单体，则 RH 就起分子量调节剂的作用。例如甲苯在某些阴离子聚合中就常作链转移剂使用，还可节约引发剂用量。

②活性链端发生异构化。如：

$$\sim\sim CH_2—{}^-CHNa^+ \longrightarrow \sim\sim CH_2—CH—CH{=}CH + NaOH$$
$$\qquad\qquad\quad |\qquad\qquad\qquad\qquad\quad |\qquad\qquad\ |$$
$$\qquad\qquad C_6H_5\qquad\qquad\qquad\quad C_6H_5\qquad\ C_6H_5$$

$$\sim\sim CH_2-\overset{-}{C}HNa^+ (C_6H_5) \longrightarrow \sim\sim CH_2-CH_2(C_6H_5) + \sim\sim \overset{-}{C}(Na^+)(C_6H_5)-CH=CH(C_6H_5)$$

③与特殊添加剂发生终止反应。例如：

$$\sim\sim {}^{-}CH_2A^+ + \underset{\diagdown O \diagup}{CH_2-CH_2} \longrightarrow \sim\sim CH_2CH_2{}^{-}OA^+ \xrightarrow{CH_3OH} \sim\sim CH_2CH_2CH_2OH$$

加入的终止剂除使活性链失活外还可得到所需的端基，此种方法可用以制备“遥爪”或“星形”聚合物。

反离子、溶剂和反应温度对聚合反应速率、聚合物分子量和结构规整性有关键性的影响。

阴离子聚合中显然应选用非质子性溶剂，如苯、二氧六环、四氢呋喃、二甲基甲酰胺等，而不能选用质子性溶剂，如水、醇等，否则溶剂将与阴离子反应使聚合反应无法进行。

在无终止反应的阴离子聚合体系中，反应总活化能常为负值，故聚合速率随温度升高而下降，而聚合物的分子量则减小。

2.3.4 自由基共聚合反应

两种或两种以上的单体共同参加的聚合反应叫作共聚合反应。相应地，聚合物含有两种或以上单体的结构单元称作共聚物。共聚物在性能上往往不同于一种单体构成的均聚物，而是具有两种单体均聚物共同的、综合的优越性能，甚至产生全新的聚合物品种。

1. 二元共聚物的结构特点和分类

二元共聚物按其结构特点可分为嵌段共聚物、接枝共聚物、交替共聚物、无规共聚物，其结构见图 2-4。

(1)嵌段共聚物

共聚物中两种单体结构单元 M_1 与 M_2 成段出现。

(2)接枝共聚物

共聚物主链由一种单体的结构单元构成，支链由另一种单体的结构单元构成。

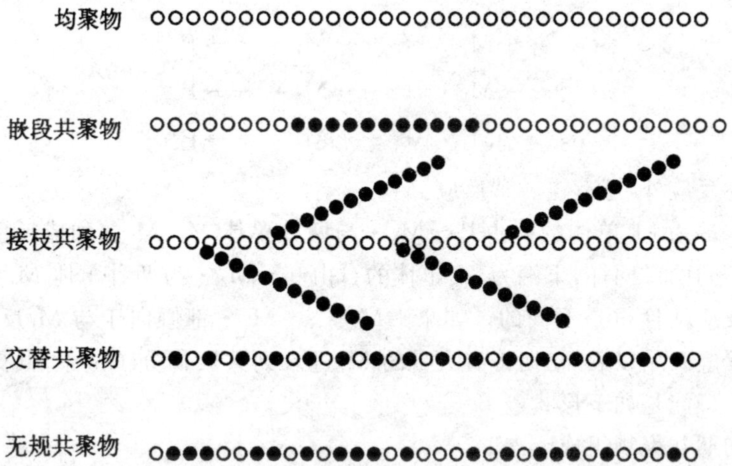

均聚物

嵌段共聚物

接枝共聚物

交替共聚物

无规共聚物

图 2-4　二元共聚物的结构示意图

(3)交替共聚物

M_1、M_2交替地排列在大分子链中。

(4)无规共聚物

共聚物中两种单体结构单元 M_1、M_2无规则地排列在大分子链中。

事实上，单一的均聚物很少，绝大多数高分子材料都是经过共聚改性或共混改性的。共聚合反应是高分子合成工业最重要的反应之一，在高分子材料设计方面正在起着越来越重要的作用，其中应用最广泛的是自由基共聚合，其次是活性阴离子共聚合及配位共聚合。

2. 共聚合反应机理

链引发：

$$I \rightarrow 2R\cdot \qquad \text{(初级自由基)}$$

$$R\cdot + M_1 \rightarrow M_1\cdot \qquad \text{(单体 } M_1 \text{ 自由基)}$$

$$R\cdot + M_2 \rightarrow M_2\cdot \qquad \text{(单体 } M_2 \text{ 自由基)}$$

链增长：

$$\sim\sim M_1\cdot + M_1 \xrightarrow{k_{11}} \sim\sim M_1M_1\cdot$$

$$\sim\sim M_1\cdot + M_2 \xrightarrow{k_{12}} \sim\sim M_1M_2\cdot$$

$$\sim\sim M_2\cdot + M_1 \xrightarrow{k_{21}} \sim\sim M_2M_1\cdot$$

$$\sim\sim M_1\cdot + M_2 \xrightarrow{k_{22}} \sim\sim M_2M_2\cdot$$

链终止：

$$\sim\sim M_1 \cdot + \sim\sim M_1 \cdot \longrightarrow P$$

$$\sim\sim M_1 \cdot + \sim\sim M_2 \cdot \longrightarrow P$$

$$\sim\sim M_2 \cdot + \sim\sim M_2 \cdot \longrightarrow P$$

除上述反应外，还有链转移反应。

末端为 M_1 单体的自由基～M_1·与两种单体 M_1、M_2 的加成反应活性将是不同的。同样，末端为 M_2 单体的自由基～M_2·与两种单体 M_1、M_2 的加成反应活性也是不同的。如果～M_1·、～M_2·都倾向于与 M_1 反应，则共聚反应开始以后，初期将有大量的 M_1 进入到共聚物分子链中，共聚物的组成将可能是如下形式：

初期共聚物组成

$$M_1M_1M_1M_1M_2M_1M_1M_1M_2M_1M_1M_1M_2M_1$$

中期共聚物组成

$$M_1M_1M_2M_2M_1M_2M_1M_1M_1M_2M_1M_1M_2M_2M_1M_1M_1M_2M_1$$

后期共聚物组成

$$M_2M_2M_2M_2M_1M_2M_2M_2M_1M_1M_2M_2M_2M_2M_2M_2$$

由于聚合初期、中期单体 M_1 大量进入共聚物分子链，到后期几乎没有 M_1 参加共聚合反应，得到的产物基本是 M_2 的均聚物。这是自由基共聚合反应的一个非常显著的特点：共聚物组成随反应时间而改变。产生的根源是不同自由基与不同单体的反应活性不同。

2.4　高分子材料的合成方法

高分子材料的合成方法或聚合实施方法是实现聚合反应的重要方面，链式聚合反应采用的方法主要有本体聚合、悬浮聚合、乳液聚合和溶液聚合。

根据聚合物在其单体和聚合溶剂中的溶解性质，本体聚合和溶液聚合都存在均相和非均相两种情况。当生成的聚合物溶解于单体和所用的溶剂时，即为均相聚合，例如苯乙烯的本体聚合和在苯中的溶液聚合。若生成的聚合物不溶于单体和所用溶剂时则为非均相聚合，亦称沉淀聚合。例如，聚氯乙烯不溶于氯乙烯，在聚合过程中从单体中沉析出来，形成两相。

气态和固态单体也能进行聚合，分别称为气相聚合和固相聚合，都属于本体聚合。

各种聚合实施方法的相互关系列于表 2-1。

表 2-1　聚合体系和实施方法示例

单体-介质体系	聚合方法	聚合物-单体(或溶剂)体系	
		均相聚合	沉淀聚合
均相体系	本体聚合	—	
	气态	—	乙烯高压聚合
	液态	苯乙烯,丙烯酸酯类	氯乙烯,丙烯腈
	固态	—	丙烯酰胺
	溶液聚合	苯乙烯-苯 丙烯酸-水 丙烯腈二甲基甲酰胺	苯乙烯-甲醇 丙烯酸-己烷
非均相体系	悬浮聚合	苯乙烯 甲基丙烯酸甲酯	氯乙烯 四氟乙烯
	乳液聚合	苯乙烯,丁二烯	氯乙烯

离子型聚合、配位离子聚合的催化剂活性会被水所破坏,所以,一般只能选取溶液聚合和本体聚合的方法;缩聚反应一般选用熔融缩聚、溶液缩聚和界面缩聚三种方法。

2.4.1　本体聚合法

本体聚合法指的是使用单体、引发剂或催化剂,而不加入其他物质进行的聚合反应。本体聚合反应的优点为,不进行溶剂回收和精制的步骤,仅需要进行简单的后处理操作,即可得到纯净的产品,常用于制作板材、型材等透明制品。采用本体聚合法进行链式聚合反应时,由于瞬间会释放出大量反应热,并且随着聚合反应的不断进行,体系黏度会大幅度增加,这会使散热变得更加困难,因此会发生局部过热,产品变色,甚至发生爆聚现象。反应过程中如何及时释放反应热,是进行高分子材料合成的关键。

2.4.2　悬浮聚合法

悬浮聚合法,也称作珠状聚合法,是指通过分散剂和搅拌的双重作用,使液态单体分散到悬浮介质中,在引入油溶性引发剂的条件下发生聚合反应。采用悬浮聚合方法,应选用液态单体或通过增大压强而呈液态且不溶于悬浮介质的单体，通常选用水作为悬浮介质。悬浮聚合产物有两种状态，一种为透明的小圆珠，另一种为形状不规则的固体粉末。在聚合物与单体互溶的情况下，得到的产物呈珠状，如苯乙烯、甲基丙烯酸甲酯得到的聚合产物。在聚合物与单体不互溶的情况下，得到的产物呈粉末状，如氯乙烯的聚合物。

进行悬浮聚合时，分散剂的选择以及机械搅拌的程度均会对悬浮聚合反应的进行以及产物的性能（疏松程度、粒径分布）产生直接影响。

1. 液滴分散和成粉过程

大多数乙烯基单体，例如苯乙烯、甲基丙烯酸甲酯、氯乙烯等，在水中的溶解度仅为万分之几到千分之几，我们常认为其与水并不互溶。若把此类单体倒入水中，单体会浮在水面，形成两层。

如图 2-5 的过程①、②所示，在机械搅拌的作用下，会在单体液层出现剪切力，进而分散出液滴；剪切力会将大液滴分散为更多的小液滴。由于单体层和水层间界面张力的存在，单体液滴会接近于球形。界面张力越大，会使单体液滴越接近球形，且液滴越大；反之，界面张力越小，得到的液滴也越小。综合来看，剪切力和界面张力对液滴起到的是完全相反的作用，在两种力共同作用的情况下，会使液滴发生一系列的分散和黏合，直到达到一定的动态平衡，会使液滴处于一个平均粒度。但液滴的大小仍具有一定的分布，这是由于机械搅拌对反应器的不同部分具有不同的影响。

搅拌停止后，液滴将聚集黏合变大，最后仍与水分层，如图 2-5 中③、④、⑤过程。单靠搅拌形成的液滴分散液是不稳定的。

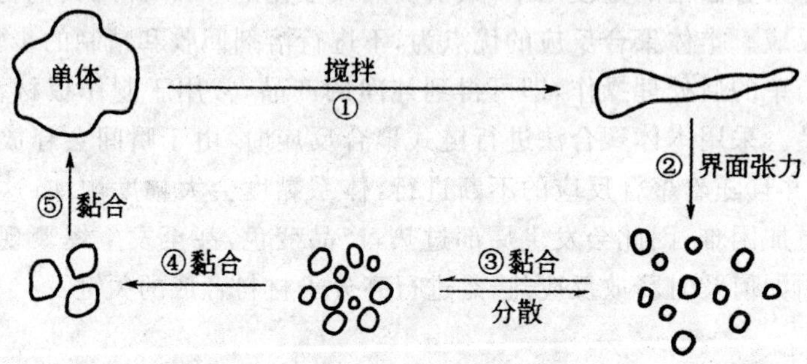

图 2-5　悬浮单体液滴分散黏合示意[①]

在未聚合阶段，两单体液滴碰撞时，可能弹开，也可能聚集成大液滴，大

---

① 张春红，徐晓冬，刘立佳. 高分子材料[M]. 北京：北京航空航天大学出版社，2016.

液滴也可能被打散成小液滴。当悬浮单体聚合到一定程度,当转化率达到 20%,则在单体液滴中仍会存在一定量的聚合物,使体系变得黏稠;当转化率达到 60%～70%,液滴转化为固体粒子,不会发生黏结成块的情况。因此,应在体系中添加适量的分散剂,这样可以将液滴保护起来,使其避免发生黏结。

2.分散剂及其分散作用

用于悬浮聚合的分散剂,大致可以分成下列两类,作用机理也有差别。

(1)水溶性有机高分子物质

高分子分散剂吸附在单体液滴表层,从而得到一层保护膜,进而保护胶体。如图 2-6 所示,为聚乙烯醇的分散作用示意图。介质的黏度上升,这会阻碍液滴间的黏合。另外,明胶、部分醇解的聚乙烯醇等的水溶液会使液滴周围的表面张力和界面张力下降,这会使液滴变得更小。

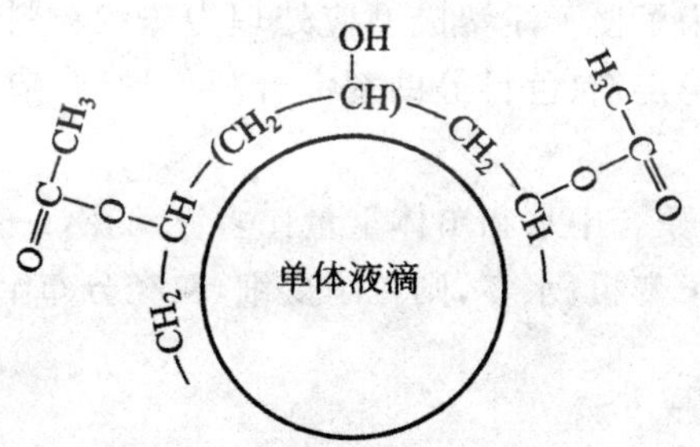

图 2-6　聚乙烯醇分散作用

(2)不溶于水的无机粉末

对于碳酸镁、碳酸钙、碳酸钡、硫酸钡、硫酸钙、磷酸钙、滑石粉、高岭土、白垩等,此类分散剂主要是通过细粉末吸附于液滴表面来发挥机械隔离的效果,如图 2-7 所示。

碳酸镁微粒可以由碳酸钠溶液和硫酸镁溶液加入聚合釜中直接形成。

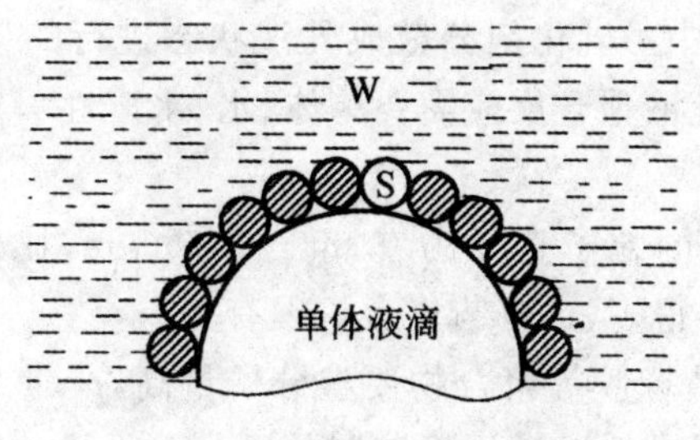

图 2-7　无机粉末分散作用

W—水;S—粉

应根据聚合物的种类和颗粒要求来选择不同的分散剂。这需要根据颗粒大小、性状、树脂的透明性和成膜性等来确定，例如聚苯乙烯、聚甲基丙烯酸甲酯要求透明，以选用碳酸镁为宜，因为残留碳酸镁可用稀硫酸除去。

聚苯乙烯是透明珠粒状。聚氯乙烯树脂颗粒则希望表面疏松，以利于增塑剂的吸收。因此，除了上述主分散剂外，有时还另加少量表面活性剂，作为助分散剂，如十二烷基硫酸钠、十二烷基磺酸钠、环氧乙烷缩聚物、磺化油等。但表面活性剂不宜多加，否则容易转变成乳液聚合。

聚乙烯醇、明胶等主分散剂的用量约为单体量的0.1%，助分散剂则为0.1%～0.03%。

3.颗粒大小和形态

不同情况下，聚合物的颗粒形态和大小有所不同。例如聚苯乙烯、聚甲基丙烯酸甲酯等，为了便于注塑成型应处理为珠状粒料；而聚氯乙烯，为了有助于与增塑剂、稳定剂、色料等助剂混合塑化均匀，应处理为表面粗糙疏松的粉料。

工业生产悬浮聚合中水和单体重量比多波动在(1～3)∶1范围内。水少，容易结饼或粒子变粗；水多，则粒子变细，粒径分布窄。

4.微悬浮聚合

悬浮聚合的液滴直径一般为50～2 000 μm，产物颗粒直径大致与单体液滴相当。但近年来发展了称为微悬浮聚合的方法，可将单体液滴及新制得的聚合物颗粒粒径达到0.2～2 μm，比一般乳液聚合产物粒径还要小。微悬浮法已在工业上用来制备高质量的聚氯乙烯糊树脂。

2.4.3 乳液聚合法

单体在水介质中由乳化剂分散成乳液状态进行的聚合称作乳液聚合。通常情况下，进行乳液聚合反应需要单体、水、水溶性引发剂、乳化剂四类物质参与。

乳液聚合产物的粒子直径为0.05～0.15 μm，比悬浮聚合常见粒子50～2 000 μm要小得多，这也与聚合机理有关。

丁苯橡胶、丁腈橡胶等聚合物要求分子量高，产量又大，工业上适盘采用连续法生产，少量杂质对通用橡胶制品质量并无显著影响。因此，这类聚合物常选用乳液聚合法生产。生产人造革用的糊状聚氯乙烯树脂也采用乳液法，其产量占聚氯乙烯树脂总产量的 15%～20%。此外，聚甲基丙烯酸甲酯、聚乙酸乙烯酯、聚四氟乙烯等也有采用乳液法生产的。

1. 乳化剂及乳化作用

一般来说，乳化剂由亲水的极性基团和疏水（或亲油）的非极性基团两部分构成。例如硬脂酸钠皂（$C_{17}H_{35}COONa$）中的十七烷基（$C_{17}H_{35}$—）是疏水基团，羧酸钠（—COONa）是亲水基团。

当乳化剂在水介质中的含量很低时，其能够以分子分散状态溶于水介质中；当乳化剂在水介质中的含量达到某一水平时，50～100 个乳化剂分子会形成聚集体，该聚集体即为胶束。所形成的胶束为球形，其平均直径约 5×10^{-9} m，其表面排列着一层乳化剂分子，每一分子的离子端指向外围水相，烃基端指向胶束中心。能够形成胶束的最低乳化剂浓度，称作临界胶束浓度 CMC。例如硬脂酸钠的 CMC 约 0.13 kg·m^{-3}。

在机械搅拌作用下，溶液中更多的单体分散为细小的液滴。液滴周围会吸附一层乳化剂分子，烃基末端附在液滴表面，极性基团指向水介质，形成了带电的保护层，这样，乳液能够在停止搅拌后稳定较长时间，不会出现分层。但经历长时间的放置后，也会有分层趋势。

乳化剂是能使界面张力显著降低的物质，因此，乳液液滴直径很小，为 0.5～10 μm，比悬浮聚合时液滴 0.01～5 mm 要小得多，但比增溶胶束却要大上百倍。

单体和乳化剂在水中形成分子溶解、胶束、增溶胶束和液滴的分散情况如图 2-8 所示。

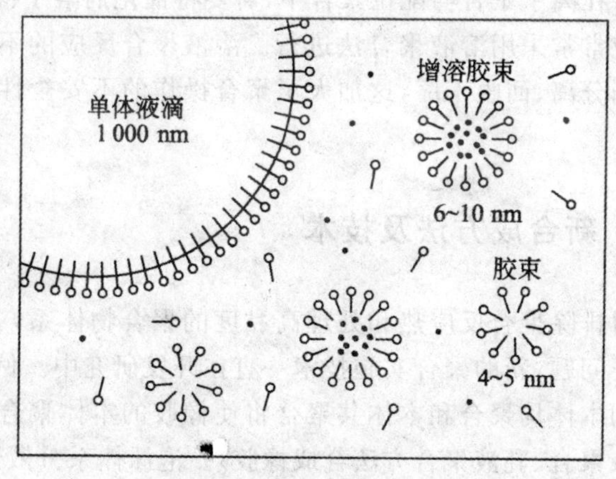

图 2-8　单体和乳化剂在水中分散示意

◦—乳化剂分子；·—单体分子

由以上分析可知，乳化剂有三种作用：降低界面张力、在液滴表面形成保护周和对单体的增溶作用。

2. 乳液聚合机理

在讨论乳液聚合机理以前，应该区别两类乳液聚合：一类是用非水溶性引发剂（如偶氮二异丁腈、过氧化二苯甲酰、异丙苯过氧化氢）的乳液聚合；另一类是用水溶性引发剂（过硫酸钾、异丙苯过氧化氢＋Fe^{2+}）的真正乳液聚合。

采用非水溶性引发剂时，聚合大部分在液滴内进行，最后形成的聚合物粒子与原始液滴大小基本相同（0.5～10 μm），这部分聚合机理与本体聚合或悬浮聚合相同。除了这部分珠状粗粒产物外，由于一部分自由基在水相中引发聚合，还会形成相当数量（约 50%）粒子小于 0.5 μm 的稳定聚合物胶乳，如乙酸乙烯酯的聚合。

以下着重讨论用水溶性引发剂的真正乳液聚合的机理。选取一“理想体系”作为研究对象，所谓“理想体系”，是由难溶于水的单体、水、水溶性引发剂、乳化剂四部分组成，苯乙烯、水、过硫酸钾、肥皂体系就是典型例子。

2.4.4 溶液聚合法

单体溶解在溶剂中进行的聚合称为溶液聚合。若生成的聚合物可以溶于溶剂则为均相溶液聚合，反之则为非均相溶液聚合。溶液聚合反应最大的优点在于，溶剂便于反应热的排出，从而减少了局部过热现象，更容易控制反应速率。在离子聚合与配位聚合中，需要将催化剂溶于特定的溶剂中，故这两种反应常常采用溶液聚合法进行。溶液聚合反应的不足之处在于，需要进行溶剂分离、回收工序，这加大了聚合操作的不安全性，增大了其生产成本。

2.4.5 新合成方法及技术

如何及时排除聚合反应热和处理高黏度的聚合物体系，一直是聚合实施过程的主要问题，新的聚合实施技术一直在开发研究中。例如，在螺杆挤出机中进行的本体均聚合和本体共聚合将使橡胶的本体聚合成为可能（通常只能用溶液聚合、乳液聚合方法合成橡胶）。泡沫体系分散聚合在处理水溶性单体在高浓度、溶胶、凝胶、淤浆分散体系聚合方面有非常独到之处。泡沫体系分散聚合是用体系产生的或外部通入的气体（如 N_2、CO_2）将单体和聚合产物分隔成无数细小的泡沫表面膜，从而排除聚合热的聚合过程。因此，可以有效地处理高浓度体系聚合热的释放问题。

2.5　高分子材料的前景展望

随着生产水平和科学技术的高速发展，对高分子材料的要求也不断提高。从目前来看，高分子材料正朝着高性能化、高功能化、复合化、智能化和绿色化的方向发展[①]。

2.5.1　高性能化

进一步提高高分子材料的耐高温、耐磨、耐老化、耐腐蚀性以及高机械强度等性能是其今后的重要发展方向。高分子材料的高性能化的未来研究方向如下：

①研究新型的高分子聚合物。

②从催化体系、合成工艺方面入手，进行高分子的改性。

③通过新的加工方法改变聚合物的聚集态结构。

④通过微观复合方法，对高分子材料进行改性。

2.5.2　复合化

单一材料具有一些难以避免的缺陷，为了发挥不同材料的优势，可将其制成高分子复合材料，从而实现经济效益的最大化。高性能的结构复合材料是新材料革命的重要发展方向，如今多用于航空、航天、造船、海洋工程等方面。复合材料未来的主要研究方向如下：

①高强度、高模量的纤维增强材料的研究与开发。

②合成具有高强度、优良加工性能和优良耐热性能的基体树脂。

③界面性能、黏接性能的提高及评价技术的改进等方面。

2.5.3　智能化

智能材料指的是材料本身具有生物性质的高级智能特性，如预知预告

① 丁会利，袁金凤，钟国伦，等. 高分子材料及应用[M]. 北京：化学工业出版社，2012.

性、自我诊断、自我识别，这对高分子材料的发展具有一定的挑战。高分子智能材料可以用于医学方面，如微胶囊材料的使用，此类材料可以根据人体状态来控制药剂的释放。

2.5.4 绿色化

高分子材料的应用极大地方便了人们的日常生活，不过，其对环境造成的污染也较为显著。为了更好地保护环境，研究人员更加重视能节约能源与资源、污染排放少、对环境污染小，且可以循环利用的高分子材料。总的来说，高分子材料绿色化发展的研究方向如下：

①开发原子经济的聚合反应。

②选用无毒无害的原料。

③利用可再生资源合成高分子材料。

④高分子材料的再循环利用。

第3章　通用高分子材料

所谓通用高分子材料指的是工业上能够大规模生产，且已经普遍应用的诸如建筑、交通运输、农业、电子工业等方面的高分子材料。

通用高分子材料用途广泛，主要包括橡胶、塑料、纤维等。

3.1　高分子材料的结构

聚合物结构主要有两种结构，一种是大分子本身的结构，另一种是大分子之间的相互排列顺序。大分子可形成不同层次的结构组织；在光学或电子显微镜中可观察到这些不同层次结构组织的形状和内部结构，常称为形态结构或形态。

3.1.1　大分子链的组成和构造

大分子链的组成和构造包括大分子键的连接方式、空间结构、序列、化学组成以及大分子键的几何形状。

1. 大分子链的化学组成

根据主链的不同，通用高分子材料可分为三类，分别是碳链大分子、杂链大分子与元素有机大分子。由于大分子链的化学组成各不相同，聚合物也表现出截然不同的性质。

2. 结构单元的连接方式

大分子链是多个结构单元以共价键的方式连接而成的。缩聚反应时，结构单元的连接方式基本是固定的，但加聚反应所生成的大分子结构较为复杂，存在许多可能的连接方式。例如 $CH_2═CH_3—R$ 型的烯烃单体，设有取代基 R 的一端称为“头”，另一端称为 R“尾”，则存在头-尾、头-头或尾-尾连接的不同方式。双烯类单体聚合时，除了“头”“尾”连接的现象外，还存在 1,4-加成、1,2-加成及 3,4-加成等问题。

结构单元的连接方式对聚合物的化学、物理性能有明显影响。例如,用聚乙烯醇制维纶时,只有头-尾连接时才能与甲醛缩合生成聚乙烯醇缩甲醛。头-头连接时不能进行缩醛化。当大分子中含有很多头-头连接时,便剩下很多羟基不能与甲醛进行缩合。有些维纶纤维缩水性很大,主要原因即在于此。此外,由于羟基分布不规则,强度亦下降。

3. 结构单元的空间排列方式

(1)几何异构

在双烯类单体采取 1,4-加成的连接方式时,因大分子主链上存在双键,所以有顺式和反式之分。例如,天然橡胶是顺式 1,4-加成的聚异戊二烯,古塔波胶是反式 1,4-加成的聚异戊二烯。由于结构不同,两者性能迥异。天然橡胶是很好的弹性体,密度为 0.90 g·cm^{-3},熔点 $T_m=30℃$,玻璃化温度 $T_g=-70℃$,能溶于汽油、CS_2 及卤代烃中。古塔波胶由于等同周期小,容易结晶,无弹性,密度为 0.90 g·cm^{-3},$T_m=65℃$,$T_g=-53℃$。又如顺式聚丁二烯为弹性体,可作橡胶用,而反式聚丁二烯只能作塑料用。

(2)结构单元的旋光异构

如果一个碳原子连接的四个基团各不相同,这类碳原子称为不对称碳原子。如对单烯烃聚合物大分子

$$\left[CH_2-\overset{*}{C}H \right]_n \quad (\text{*CH 上连 } R)$$

可视为每个链节上星号所示的碳原子都为不对称碳原子,因为此碳原子两边所连接的碳链长度或结构不同,因而可视为两个不同的取代基。

由于每一个不对称的碳原子的连接方式都有两种可能的构型,即 D-型和 L-型。因此,如果一个大分子链含有 n 个不对称碳原子,那么它就有 2^n 个可能的排列方式。这种排列大体可分为三类:第一类是各个不对称碳原子具相同的结构,即它们都是 D-型或 L-型,这种排列方式称为全同立构;第二类是若两者交替出现,则称为间同(间规)立构;第三类是若 D-型及 L-型无规分布,则称为无规立构。全同立构和间同立构都属于有规立构,可通过等规聚合(即定向聚合)的方法制得此类聚合物。

对于低分子物质,不同的空间构型常有不同的旋光性。但对大分子链,虽然含有许多不对称碳原子,但由于内消旋或外消旋的缘故,一般并不显示旋光性。

大分子的立体规整性对聚合物性能有很大影响。有规立构的大分子由于取代基在空间的排列规则,大都能结晶,强度和软化点也较高。

表 3-1 列举了几种常见立体异构聚合物性能比较。

表 3-1　不同立体异构高聚物性能比较

高聚物	熔点 T_m/℃	玻璃化温度/℃	密度/g·cm^{-3}
全同立构聚丙烯	165	−35	0.92
无规立构聚丙烯	约 80	−14	0.85
全同立构聚乙烯醇	212		12～1.31
间同立构聚乙烯醇	267		1.30
全同立构聚苯乙烯	230	100	1.127
无规立构聚苯乙烯		90～100	1.052
无规 PMMA		104	1.188
全同 PMMA	160	45	1.22
间同 PMMA	200	115	1.19

4. 大分子链骨架的几何形状

大分子链骨架的几何形状可分为线形、支链、网状和梯形等类型。

所谓线性大分子是指整个分子在空间的排列就像一条长链，没有支链。支链大分子则相反，它的主链上带有多个长短不同的支链或基团。产生支链的原因与单体的种类、聚合反应机理及反应条件有关。

星形大分子、梳形大分子和枝状大分子其实都是特殊的支链大分子。

大分子通过化学键在空间上形成了具有空间三维结构的网状大分子。这里的“分子”已不同于一般分子的含义。这种交联聚合物的特点是不溶不熔，表征这种交联结构的参数是交联点密度或交联点之间的平均分子量。

支链会使大分子的排列杂乱，空间利用率低，因此，支链大分子的密度较小，同时其结晶度也有所下降。高压聚乙烯（支链大分子）、低压聚乙烯（线形大分子）及交联聚乙烯的性能比较示于表 3-2。

形状类似“梯子”和“双股螺旋”的大分子，分别称为梯形及双螺旋形大分子。例如聚丙烯腈在氮气保护并隔绝氧气条件下加热，可形成梯形结构的产物，即所谓的碳纤维。这类大分子是双链构成的，一般具有优异的耐高温性能。

表 3-2　高压聚乙烯(LDPE)、低压聚乙烯(HDPE)及交联聚乙烯的性能

性能	LDPE	HDPE	交联聚乙烯
密度/g・m^{-3}	0.91～0.94	0.95～0.97	0.95～1.40
结晶度(X 射线法)/%	60～70	95	
熔点/℃	105	135	
拉伸强度/MPa	6.9～14.7	21.6～36.5	9.8～20.7
最高使用温度/℃	80～100	120	135
用途	薄膜	硬塑料制品、管材、单丝等	海底电缆、电工器材

在这里顺便提出大分子链的端基。端基在大分子链中所占的比重虽很小，但其作用不容忽视；端基不同时，聚合物的性能也有所不同，特别是对化学性质和热稳定性的影响更为明显。例如，聚甲醛的—OH 端基被酯化后可提高热稳定性。聚碳酸酯的端羟基和端酰氯基都将促使聚碳酸酯的高温降解。所以，在聚合过程中加入苯酚之类的单官能物进行“封端”可显著提高产物的热稳定性。

5. 共聚物大分子链的序列结构

由两种或者两种以上结构单元构成的大分子都是按照一定的序列在空间上排列的，所谓序列结构指的是各个分子单元在大分子中的排列顺序。以 M_1、M_2 两种单体的共聚物为例，其大分子链一般可看作由 $\text{-}(M_1)\text{-}_{m_1}$ 和 $\text{-}(M_2)\text{-}_{m_2}$ 靠两种链段无规连接而成。m_1 及 m_2 分别表示 M_1 序列和 M_2 序列的长度，可取由 1 到任意正整数的数值。序列结构就是指 M_1 及 M_2 序列的长度分布。

共聚物大分子在空间上的序列结构主要有三种。

①交替型 ～～$M_1M_2M_1M_2$～～，即交替共聚物。

②嵌段及接枝型 ～～$M_1M_1M_1M_1M_2M_2M_2M_2$～～ 及 ～～$M_1M_1M_1M_1M_1$～～ / $M_2M_2M_2$～～，即嵌段及接枝共聚物。

③无规型 ～～$M_1M_1M_2M_1M_2M_2M_2M_2M_1M_1M_2M_2$～～，即无规共聚物的情况。

由于空间序列的不同，共聚物的性能也存在差异。如 25%的苯乙烯和 75%丁二烯，当其发生无规聚合时则生成橡胶类物质——丁苯橡胶；当发生嵌段共聚时，则生成两相结构的热塑性弹性体。

3.1.2 大分子链的构象

前面谈到的结构单元的连接方式、几何异构、旋光异构、大分子链骨架的几何形状、共聚物的序列结构等，都属于化学结构，几何异构和旋光异构称为构型(Configuration)。构型不同时，分子的形状也不同，但要改变构型非破坏化学键不可。通常，大分子链由许多 C—C 单键、C—N 单键、C—O 单键和 Si—O 单键组成，这些都统称为 σ 键。由于 σ 键的电子云在空间分布上是对称的，因此通过 σ 键结合的分子可以发生相对旋转，这种旋转又称之为分子内旋转。若假定取代基对这种旋转没有阻碍作用，这样的旋转称为自由内旋转。此时，大分子的每一个单键在空间的位置只受键角的影响，如图 3-1 所示。从图中的位置关系可以看出：第三个键与第一个键相比，其空间的灵活度很高。两键的距离越远，其相互影响力就越小。设想一下，大分子的第($i+1$)个键与第一个键的相互影响已经微乎其微。也可以将整个大分子看成由若干 i 键的段落相互连接而成，这种段落称为链段，链段的运动是相互独立的。因此，大分子的分子内旋转使得大分子具有很大的柔性，所以大分子存在的形态多样，我们将每一种形态对应的原子及键的空间排列称为构象(Conformation)。构象实际上是由分子的热运动而产生，是物理的状态。

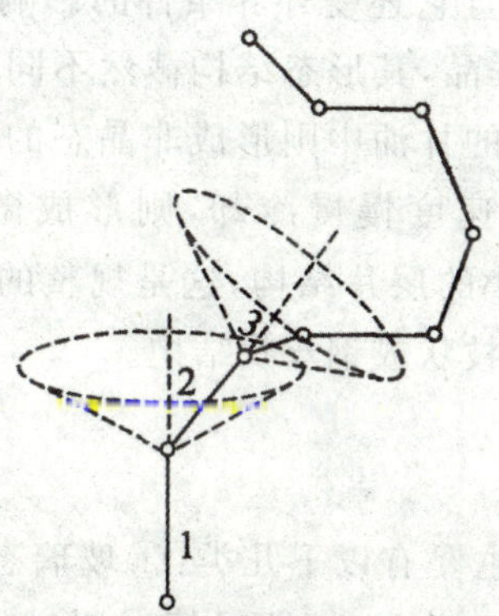

图 3-1　大分子链的内旋转

3.1.3 聚合物凝固态结构

所谓聚合物凝固态是指在分子间作用之下，大分子链相互聚集而形成的组织结构；聚合物凝固态结构又可分为晶态结构与非晶态结构。经大量实验表明，结构简单、规则以及分子间作用力强的大分子更容易形成晶态结构；相对而言，那些结构复杂且不规则的大分子往往形成非晶态的结构。当然聚合物能否结晶以及结晶程度的大小，尚与外界条件有密切关系。表3-3列举了结晶和无定形聚合物类型，当然这种分类并不是十分严格的。

表3-3　结晶和非晶聚合物

项目	结晶聚合物	非晶聚合物	介于二者之间的聚合物（结晶度较低）
一般特征	具有较强的分子间力，结构规整	无规立构均聚物、无规共聚物、热固性塑料	
例子	聚乙烯、等规聚丙烯、聚四氟乙烯、聚酰胺、聚对苯二甲酸乙二醇酯、聚碳酸酯、聚氧化乙烯、纤维素、聚甲醛	聚苯乙烯（立体无规）、氯化聚乙烯、聚甲基丙烯酸甲酯、聚氨酯、脲醛树脂、酚醛树脂、环氧树脂、不饱和聚酯	天然橡胶、聚异丁烯、丁基橡胶（高应变下结晶） 丁基橡胶、聚乙烯醇、聚氯乙烯（下结晶） 聚三氟氯乙烯

聚合物凝固态与低分子凝固态相比具有以下特点：①聚合物晶态并不是100%存在的，其中还有定量的非晶态。②聚合物凝固态的结构不但与大分子链本身有关系，而且它还受外界条件的影响。例如，同一种尼龙6，在不同条件下所制备的样品，其形态结构截然不同。将尼龙6的甘油溶液加热至260℃，倾入25℃的甘油中则形成非晶态的球状结构。如将上述溶液以1～2℃·min^{-1}的速度慢慢冷却，则形成微丝结构。冷却速度为40℃·min^{-1}时，形成细小的层片结构，这是规整的晶体结构。若将尼龙6的甲酸溶液蒸发，则得到枝状或钢丝状结构。

1.非晶态结构

聚合物非晶态结构主要有以下几类：①玻璃态；②橡胶态；③黏流态；④结晶高聚物中的非晶区结构。非晶态聚合物在空间排列的特点是杂乱的、无序的，对X射线衍射无清晰点阵图案。

关于非晶态聚合物的结构，目前尚有争论，有两种不同的基本观点，即两种不同的基本模型：Flory的无规线团模型和叶叔酋（Yeh）的折叠链缨状胶束粒子模型。还有其他一些模型，但都介于二者之间。

Flory等人利用热力学的方法测定了大分子链均方末端距与回转半径、温度的关系。实验结果表明：非晶态聚合物在任何体系中都是以无规线团的形式存在，线团之间是无规的缠绕，由此产生了一定的自由体积，在此基础上提出了单相无规线团模型。非晶态聚合物的空间结构可形象地比喻为羊毛杂乱排列而形成的毛毡。非晶态聚合物不存在任何有序的区域结构，这一点可以解释橡胶的弹性等行为，但下列事实不能用这一模型来解释。①部分聚合物存在瞬间结晶的现象：聚合物分子从杂乱的状态迅速发展到规则排列，这是很难想象的。②由 Flory 无规线团模型可知，非晶态的自由体积应为 35%，实际上非晶态仅有 10%左右的自由体积，因此很多人对无规线团模型提出了异议，并提出了自己的观点，其中最具代表性的是 Yeh，他在 1972 年年提出了非晶态聚合物的折叠链缨状胶束模型，如图 3-2 所示。他认为非晶态聚合物并不是完全无序的，即存在局部有序的区域，故而这一模型又称为两相结构。这一模型认为聚合物有两个区域：一个是大分子链折叠而成的“球粒”或“链结”，其尺寸为 3～10 nm；另一个是球粒之间的区域，是完全无规的，其尺寸为 1～5 nm。

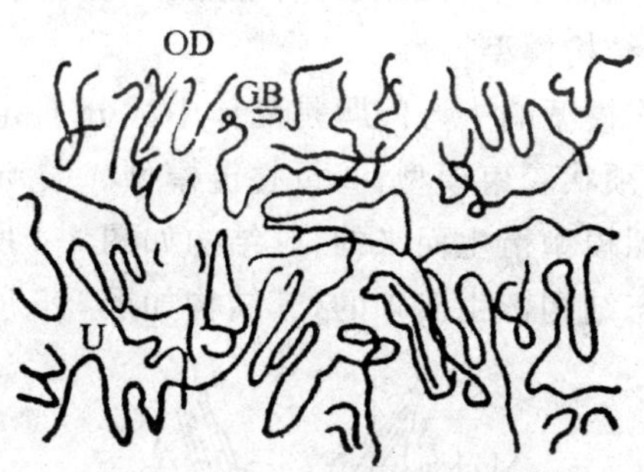

图 3-2　折叠链缨状胶束粒子模型

OD—有序区；GB—晶界区；U—粒间区

2. 晶态结构

同一般的低分子晶体相比，聚合物晶体表现出不确定的熔点、缓慢的结晶速度以及晶体的不完善性，这些特点来源于大分子的结构特征。一个大分子能够占据多个格子点，占据格子点的并不是整个大分子，而是大分子中的某些结构单元或者某一段落。因此，可以说一个大分子可以贯穿若干个晶胞。因此，聚合物晶体结构包括晶胞结构、晶体中大分子链的形态以及单晶和多晶的形态等。

(1)晶胞结构

聚合物晶体晶胞中，大分子主链和垂直于主链方向上的原子间距各不相同，从而使得聚合物不能形成立方晶系。一般取大分子链的方向为 Z 轴方向，晶胞结构和晶胞参数取决于大分子的化学结构、构象与结晶条件。如

图 3-3 所示为聚乙烯的晶胞结构。

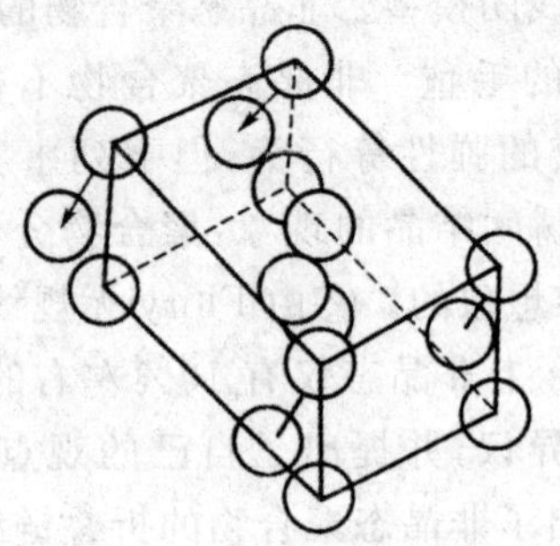

图 3-3　聚乙烯晶胞结构

聚合物晶胞中,大分子链可采取不同的构象(形态)。聚乙烯、聚乙烯醇、聚丙烯腈、涤纶、聚酰胺等晶胞中,大分子链大都为平面锯齿状;而聚四氟乙烯、等规聚丙烯等晶胞中,大分子链呈螺旋形态。

(2)聚合物晶态结构模型

聚合物晶态结构模型的中心问题是晶体中大分子链的堆砌方式。其基本模式有两种:①缨须状胶束模型;②折叠链模型。缨须状胶束模型是由非晶态结构的无规线团模型衍生而来的,其结构如图 3-4 所示;折叠链模型是从局部有序的非晶态结构衍生出来的,其结构如图 3-5 所示。

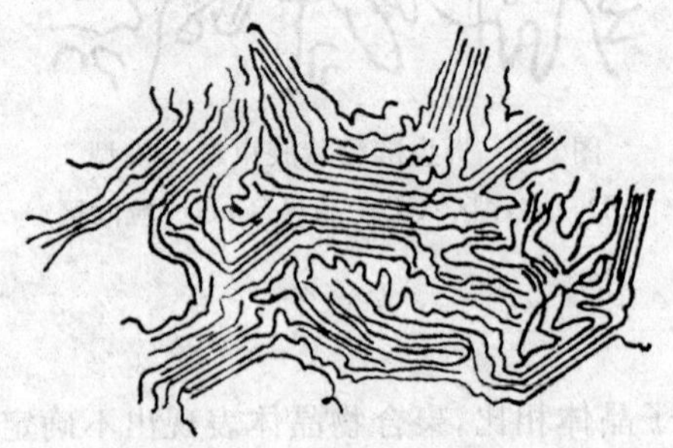

图 3-4　缨须状胶束模型

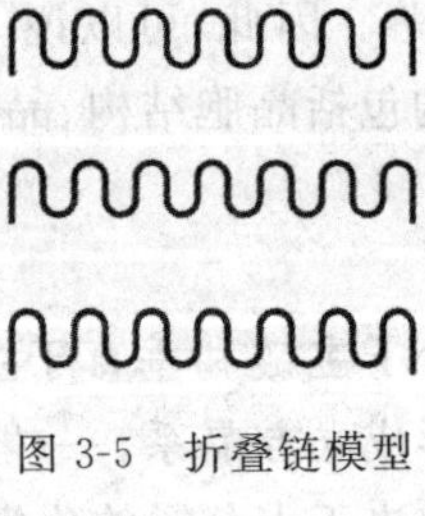

图 3-5　折叠链模型

缨须状胶束模型认为，聚合物结晶存在两类区域，即结晶区和非晶区，结晶区为胶束，非晶区为胶束间。这种模型一直受到人们的认可，主要是它能够解释一些事实。例如晶区和非晶区之间的强力结合而形成具有优良力学性能的结构等。但此模型难以解释另外一系列事实，因而提出了折叠链结构模型。

折叠链模型的要点是，在聚合物晶体中，大分子链是以折叠的形式堆砌起来的。近年来许多人将上述两种模型的概念加以融合，又提出了一系列模型，但基本上仍在上述两种模型的范畴之内。

对于聚合物结晶度较高的情况，折叠链模型较为适用。高结晶度情况下，也存在许多缺陷，其中有以下几种：①点缺陷，如空出的晶格位置和在缝隙间的原子、链端、侧基等；②位错，主要是螺型位错和刃型位错。螺型位错使晶体生长成螺旋形，这在聚合物单晶和聚合物本体中都常见到；③二维缺陷，如折叠链表面；④链无序缺陷，如折叠点、排列改变等；⑤非晶态缺陷，即无序范围较大的区域。

当聚合物为低结晶度及中等结晶度时，缨状胶束模型的概念更适用一些。

(3)聚合物结晶形态

根据结晶条件的不同，聚合物可以生成单晶体、树枝状晶体、球晶以及其他形态的多晶聚集体。多晶体基本上是片状晶体的聚集体。

聚合物单晶都是折叠链构成的片晶，链的折叠方向与晶面垂直。单晶的生长规律与低分子晶体相同，往往沿螺旋位错中心盘旋生长而变厚。一般而言，聚合物单晶只能从聚合物稀溶液中、极慢速条件下生成。浓溶液和熔体一般形成球晶或其他形态的多晶体。

聚乙烯在高静压和较高温度下结晶时，可以形成伸直链片晶，其厚度与大分子链长度相当，厚度的分布与分子量分布相对应。这是热力学上最稳定的晶体。尼龙6、涤纶等也可以生成伸直链片晶。

球晶是微小片晶聚集而成的多晶体，直径可达几十至几百微米，可用光学显微镜直接观察到。在偏光显微镜的正交偏振片之间，呈现特有的黑十字消光或带有同心环的黑十字图形。球晶是由扭曲的晶片构成，晶片之间由微丝状的系结链联系在一起。系结链可能是由分子链聚集而成的伸直链带状晶体构成，这种系结链使聚合物晶体具有较好的强度和韧性。

聚合物受到切应力影响，在结晶时通常会形成一长串半球状晶体，称为串晶。这种串晶具有伸直链结构的中心轴，它的周围生长着折叠链构成的片晶。正是由于中心链伸直结构的中心轴的存在，所以串晶的力学强度较高。

聚合物晶体结构可分为以下三种组合方式:①分子链的组合方式是以无规线团而形成的非晶态结构;②分子链是以折叠式、横向有序的排列而成的片晶;③伸直平行取向的伸直链晶体。

事实上,任何聚合物都可认为是由以上三种结构按照不同的比例混合而成的。结晶部分含量的多少用结晶度来表示,测定结晶度的方法通常有密度法、红外光谱法、X 射线衍射法等;不同的方法涉及不同的有序度,所以测定结果也有差别。

3.2 高分子材料的性能

由于高聚物的相对分子质量很大且具有多分散性,结构的复杂性,使其在性能上有别于小分子,有其独特性。下面仅从力学性能、热性能与化学反应性能方面简单给予介绍,更多的性能特点在以后的章节中依据具体材料给予详细介绍。

(1)力学性能

低分子聚合物通常没有强度,为结晶性的硬固体。相反,高分子聚合物的性质变化较大,从软的橡胶状到硬的金属状都有存在,而且它还具有较高的强度、断裂伸长率、弹性、硬度以及耐磨性等力学性能。由于高分子材料的密度较小,因而其强度可与金属匹配。

(2)热性能

低分子有明确的沸点和熔点,可成为固相、液相和气相。高分子可分为热固性材料和热塑性材料,其中热塑性高分子材料在加热达到某一温度时会发生软化或熔融,变成流动态,冷却后成型;热固性高分子材料则不同,它在加热时会固化形成网状结构而成型。

高分子没有气相。虽然大多数高分子材料的单体可以汽化,但形成高分子量的聚合物后直至分解也无法汽化。就像一只鸽子可以飞上蓝天,但用一根长绳子拴住一千只鸽子,很难想象它们能一起飞到天上。高分子链之间有很强的分子间作用力,因其作用力之和远大于组成高分子材料的共价键作用力,是其难以汽化的原因。

(3)化学反应性

高分子材料的化学反应性体现出自身的特征,主要表现为:

①在化学反应中,扩散因素通常会决定反应速率,官能团的反应能力受聚合物相态、大分子形态等因素的直接影响。

②分子链上相邻官能团之间由于静电、空间位阻等因素的存在,因而对

化学反应也产生了极大地影响，有时反应不能完全进行。

例如，聚氯乙烯用 Zn 粉处理，脱氯并形成环状结构：

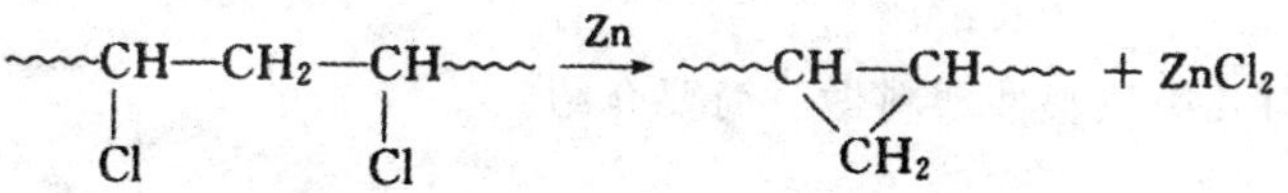

$$\sim\sim CH(Cl)-CH_2-CH(Cl)\sim\sim \xrightarrow{Zn} \sim\sim \underset{\diagdown CH_2 \diagup}{CH-CH}\sim\sim + ZnCl_2$$

实验表明，最大反应率在 86%左右。结构解释如下：

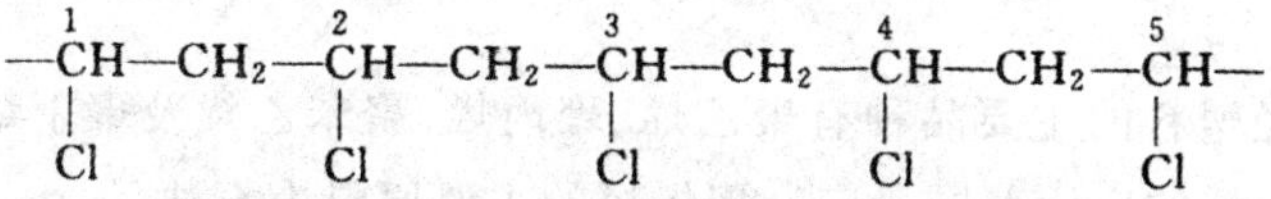

$$-\overset{1}{C}H(Cl)-CH_2-\overset{2}{C}H(Cl)-CH_2-\overset{3}{C}H(Cl)-CH_2-\overset{4}{C}H(Cl)-CH_2-\overset{5}{C}H(Cl)-$$

将分子链中某一段相邻的 5 个链接中带 Cl 的碳原子分别标以 1、2、3、4、5，若 1、2 和 4、5 位置先行与 Zn 反应，那么 3 位置的 Cl 原子就不可能进行反应。数学推导证明，未反应的 Cl 应占全部 Cl 的 13.5%。这与此反应最大反应率在 86%左右相吻合。

此外，高分子材料在物理因素，如热、应力、光、辐射线等作用下还会发生相应的降解、交联等化学反应。

3.3　塑料

3.3.1　塑料简介

作为高分子材料主要品种之一的塑料，目前大批量生产的已有 20 余种，少量生产和使用的则有数百种，对塑料有各种不同的分类。

根据受热后形状以及性能的不同，塑料可分为热塑性和热固性两类。热塑性塑料的特点是受热后变软，冷却后又恢复到原来的硬度，这两种状态往复循环，可以反复成型，因而对塑料的再生有很大的意义。热塑性塑料占有塑料总产量的 70%以上，其中应用最多的有聚乙烯、聚丙烯和聚氯乙烯。热固性塑料是由单体直接形成或通过交联线性预聚体而形成，热固性塑料与热塑性塑料最大的区别是，一旦成型后，加热也不会恢复到原来的形状。因此，对热固性塑料而言，其聚合过程（特制最后固化阶段）和成型过程同时进行，生成的制品是不溶不熔的，常见的热固性塑料主要有酚醛树脂、不饱和聚酯、环氧树脂、氨基树脂等。

按塑料使用范围的不同又可将其分为通用塑料和工程塑料两大类。所谓通用塑料指的是生产量较大、价格较低、力学性能能够满足一般的需求、主要用于非结构材料的使用塑料，常见的有聚乙烯、聚氯乙烯、聚丙烯、聚苯乙烯等。而工程塑料主要用作结构材料，它能够经受一定范围内的温度和环境的考验，同时兼具优良的力学性能、耐热性能、耐磨性能与良好的尺寸稳定性。

下面对几类热塑性塑料做一简要介绍。

3.3.2 聚烯烃塑料

聚烯烃塑料的主要品种有聚乙烯、聚丙烯、聚苯乙烯及聚丁烯，其中聚乙烯和聚丙烯的应用范围最广。聚烯烃的主要原料为石油。

(1)聚乙烯

聚乙烯(PE)是乙烯聚合而成的聚合物，分子式为 $\left[CH_2—CH_2 \right]_n$。作为塑料使用时，其分子量要达 10 000 以上。

聚乙烯最先是由英国 ICI 公司发明的，1939 年开始采用高压法生产低密度聚乙烯；1957 年德国和美国采用低压催化法生产高密度聚乙烯；与此同时，美国还采用中压法生产中密度聚乙烯和高密度聚乙烯。聚乙烯是现在全世界产量最多的塑料品种，1987 年美国年产量超过 800 万 t，居各国的首位；日本聚乙烯的产量仅次于聚氯乙烯。我国引进几项大的乙烯工程后，1988 年聚乙烯产量开始超过聚氯乙烯，达到 80 万 t；而 1981 年时我国聚乙烯产量仅约 33 万 t，美国当年是 545 万 t；而到 2009 年，我国聚乙烯产量达到 812.85 万 t，聚乙烯总进口量 740.85 万 t，预计到 2016 年，中国的聚乙烯产能将达到 1 350 万 t，约占全球总产能的 14.6%。但即便这样，中国仍将是一个净进口国。

①合成方法。目前，单体乙醇的制取主要是通过石油烷烃裂解后，分离精制而得的，此外通过乙醇脱水、乙炔加氢、天然气分离出乙烯等方法制得。

②性能。聚乙烯为白色、半透明、柔韧性好且无毒的材料，其密度比水轻，介电能力优良。遇火后迅速燃烧，火焰上端呈黄色而下端为蓝色，燃烧时产生熔融滴落。透水率低，对有机蒸气透过率则较大。聚乙烯的透明度随结晶度增加而下降，一般经退火处理后不透明而淬火处理后透明。在一定结晶度下，透明度随分子量增大而提高。

线性高密度聚乙烯熔点范围为 132～135℃，支化低密度聚乙烯熔点较低(112℃)且转变温度范围宽。聚乙烯的玻璃化转变温度为−125℃左右。

常温下聚乙烯具有极好的稳定性，它不溶于任何已知的溶剂中，只在矿物油、凡士林、植物油等中发生永久性局部变化。温度达到 70℃以上，可少量溶于甲苯、乙酸戊酯、三氯乙烯、松节油、氯代烃、四氢化萘、石油醚及石蜡中。

除了上述性能之外，聚乙烯还具有优异的化学稳定性。能够耐受大多数酸碱的腐蚀。发烟硫酸、浓硝酸等在室温下能缓慢作用于聚乙烯。当温度升高至 90℃以上，硫酸和硝酸能够迅速破坏聚乙烯。

当聚乙烯带有多个支链时，它很容易发生光氧化、热氧化以及臭氧分解；受紫外线照射后可发生光降解。辐射之下，聚乙烯可发生交联、断链、形成不饱和基团等反应，其中以交联反应为主。

聚乙烯还具有优异的力学性能。结晶部分使聚乙烯具有较高的强度，非结晶部分使其具有良好的柔韧性和弹性。聚乙烯的力学性能与分子量大小有关系，且随分子量增大而提高，超过 1 500 000 分子量的聚乙烯是极为坚韧的材料，常用于工程塑料。

根据聚乙烯种类的不同其用途也不相同。比如高压聚乙烯多数用于薄膜制品，少数用于管材、注射成型制品、电线包覆层等。中、低压聚乙烯主要以注射成型制品及中空制品为主；超高分子量聚乙烯由于其具有优异的综合性能，因此可作为工程塑料使用。

聚乙烯塑料主要的使用领域有电线绝缘、管材、薄膜、容器、板材等。

采用辐射法或者化学法可以对聚乙烯进行交联以提高其耐热性、强度以及尺寸的稳定性；也可用Cl_2 氯化制得氯化聚乙烯。乙烯与丙烯酸乙酯或乙酸乙烯酯共聚可制得相应的共聚物 EEA 和 EVA。

(2)聚丙烯

聚丙烯(PP)的分子式为：

$$\left[CH_2-\underset{\displaystyle CH_3}{\underset{|}{CH_2}} \right]_n$$

其分子量一般为 100 000～500 000 万。

1957 年由意大利 Montecatini 公司工业化生产了聚丙烯，经过十几年的发展，1975 年世界聚乙烯总产量已达 4×10^6 t。

首先生产了聚丙烯，经过十几年的发展，至 1975 年世界总产量已达 4×10^6 t。当前聚丙烯已经成为发展速度最快的塑料品种之一。目前大量生产的聚丙烯 95％为等规聚丙烯；生产等规聚丙烯也会产出一定量的无规聚丙烯。间规聚丙烯是采用特殊的齐格勒催化剂在 －78℃ 下低温聚合而得。

①合成方法。聚丙烯的生产一般采用 Ziegler-Natta 催化剂，其工艺流程也与低压聚乙烯相同。聚合过程中有 5％～7％的无规聚丙烯生成，可通过己烷、庚烷溶剂进行萃取分离，这是由于等规聚丙烯结晶部分不会在溶剂

中溶解而无规物能够溶剂。在正庚烷中不溶解部分的质量分数称为聚丙烯的等规度。

②性能。聚丙烯的主要物性及力学性能如表 3-4 所示。

表 3-4　聚丙烯物理及力学性能

性能	数据	性能	数据
密度/$g \cdot cm^{-3}$	0.9	断裂伸长率/%	200～700
熔点/℃	165～170	弯曲强度/10^3kPa	49～58.8
脆折点/℃	−10	弹性模量/10^4kPa	98～980
拉伸强度/10^3kPa	29.4	缺口冲击强度(悬臂梁法)/($kJ \cdot m^{-2}$)	5～10

聚丙烯在耐酸碱腐蚀方面优于 PE 和 PVC，且具有良好的耐热性能，对 80%的硫酸可耐 100℃。聚丙烯在加工过程中易受光、热、氧等外界条件的降解与老化，所以要添加适量的稳定剂。聚丙烯易燃且伴随浓浓的黑烟。

聚丙烯由于软化温度高、化学稳定性好且力学性能优良，因此应用十分广泛。主要用于制造薄膜、电绝缘体、容器、包装品等，还可用作机械零件如法兰、接头、汽车零部件、管道等。此外，聚丙烯还可拉丝成纤维。

3.3.3　聚乙烯醇及其衍生物塑料

(1)聚乙烯醇

聚乙烯醇(PVA)，结构式为：

$$\left[\underset{\mathrm{OH}}{\underset{|}{\mathrm{CH}}}-\overset{\mathrm{H_2}}{\mathrm{C}}-\underset{\mathrm{OH}}{\underset{|}{\mathrm{CH}}}-\mathrm{CH_2} \right]_n$$

是聚乙酸乙烯酯(PVAc)的水解产物。由于水解过程中有少量降解，故聚合度稍小于相应的 PVAc。PVA 为白色或奶黄色粉末，是结晶性聚合物，熔点 220～240℃，T_g为 85℃，吸湿性大。PVA 能溶于水，160℃开始脱水，发生分子内或分子间的醚化反应，醚化的结果使水溶性下降，耐水性提高；用醛处理生成缩醛而丧失水溶性。用含有 5%磷酸的 PVA 水溶液制成的薄膜加热至 110℃变为淡红色，并完全不溶于水。聚乙烯醇的性能主要决定于水解度、含水量和分子量。

PVA 可用浇铸法及挤出法制成薄膜，用于包装，特别在食品包装方面应用前景很大。PVA 的主要用途是制聚乙烯醇缩醛树脂，其次是用作织物处理剂、乳化剂、黏合剂等。

(2)聚乙烯醇缩醛

聚乙烯醇缩醛是聚乙烯醇与甲醛、乙醛或丁醛等醛类的缩合产物。作为塑料使用的主要是聚乙烯醇缩丁醛(PVB)。

PVB 是透明、韧性、惰性材料,主要是用流延法或挤出与热压相结合的方法制成薄膜。由于其对玻璃有高黏力,所以 PVB 薄膜主要用作安全玻璃夹层。PVB 也可挤出成型制成软管或硬管使用。

3.3.4 丙烯酸塑料

丙烯酸塑料(Acrylic)包括丙烯酸类单体的均聚物、共聚物及共混物为基的塑料。作塑料用的丙烯酸类单体主要有丙烯酸、甲基丙烯酸、丙烯酸甲酯、甲基丙烯酸甲酯、2-氯代丙烯酸甲酯、2-氰基丙烯酸甲酯,其通式为

$$CH_2{=}\overset{\overset{\displaystyle R'}{|}}{C}{-}COOR$$

丙烯酸塑料中以聚甲基丙烯酸甲酯最为重要。

(1)聚甲基丙烯酸甲酯

聚甲基丙烯酸甲酯(PMMA),俗称有机玻璃,是甲基丙烯酸甲酯(MMA)的均聚物:

$$n\,CH_2{=}\underset{\underset{\displaystyle COOCH_3}{|}}{\overset{\overset{\displaystyle CH_3}{|}}{C}} \longrightarrow \left[H_2C{-}\underset{\underset{\displaystyle COOCH_3}{|}}{\overset{\overset{\displaystyle CH_3}{|}}{C}} \right]_n$$

①合成方法。MMA 可按自由基机理或阴离子机理聚合成 PMMA,分子量一般为 500 000～1 000 000。按自由基聚合机理聚合得无规立构 PMMA;按阴离子机理聚合得有规立构、可结晶的 PMMA。当前工业生产的 PMMA 都是按自由基聚合机理聚合而得,可用引发剂引发,亦可进行辐射、光及热聚合,聚合方式分本体聚合、悬浮聚合、溶液聚合及乳液聚合四种。乳液聚合主要用来制造胶乳,用于皮革和织物处理。

单体 MMA 的制备主要有丙酮氰醇法和异丁烯氧化法两种方法。

②性能。PMMA 是透明性最好的聚合物,但表面硬度较低,易被硬物划伤起痕,有可燃性。但 PMMA 具有优良的耐候性,耐稀无机酸、油、脂,不耐醇、酮,溶于芳烃及氯代烃,与显影液不起作用。PMMA 具有某些独特的电性能,在很高的频率范围内其功率因数随频率升高而下降,耐电弧及不漏电性均良好。玻璃熔化温度为 104℃左右。

PMMA在飞机、汽车上用作窗玻璃和罩盖。在建筑、电气、光学仪器、医疗器械、装饰品等方面都有广泛应用。

(2)聚2-氯代丙烯酸甲酯

聚2-氯代丙烯酸甲酯为2-氯代丙烯酸甲酯(即a-氯代丙烯酸甲酯)的均聚物,在紫外线或热作用下能引发其快速聚合。

$$n\mathrm{CH_2{=}C(Cl)(COOCH_3)} \longrightarrow \mathrm{[\!-H_2C{-}C(Cl)(COOCH_3)-\!]}_n$$

其性能与PMMA相近,表面硬度比PMMA高,但耐候性稍差。其拉伸强度、弯曲强度及硬度、耐划痕性均优于PMMA。

3.3.5 工程塑料

虽然工程塑料的发展仅有短短的五十年时间,但其发展速率远远超过工程塑料。当前工程塑料的发展已处于性能优化阶段,以进一步追求性能与价格之间的平衡性。由于工程塑料具有优异的综合性能,它的使用价值远远超过通用塑料。常见的工程塑料主要有7种,分别是聚酰胺、聚碳酸酯、聚甲醛、改性聚苯醚、聚酯、聚砜和聚苯硫醚,下面以聚酰胺和聚碳酸酯为例进行说明。

1. 聚酰胺

聚酰胺俗称尼龙(Nylon),简写为PA,因聚合物主链上含有酰胺基团而得名,可由二元酸与二元胺缩聚而得,也可由内酰胺自聚制得。尼龙作为应用最早的工程塑料,其产量很大,约为工程塑料总产量的三分之一。

(1)性能

尼龙是结晶性的聚合物,酰胺基团之间的氢键非常强烈,因此具有极好的力学性能。与金属相比,除了硬度不及金属外,其比抗拉强度远高于金属,比抗压强度与金属接近,因此在某些应用中可以代替金属。抗弯强度约为抗张强度的1.5倍。尼龙有一定的吸湿性,随着吸湿量的增加,尼龙的屈服强度呈下降趋势,屈服伸长率增加。其中尼龙66的屈服强度比尼龙6和尼龙610大。加入玻璃纤维可大大提高尼龙的抗拉强度。尼龙的抗冲强度较一般塑料高很多,其中以尼龙6的性能最好。与抗拉、抗压强度的情况相反,随着水分含量的增大、温度的提高,其抗冲强度提高。尼龙的疲劳强度为抗张强度的20%～30%,其疲劳强度低于钢,与铸铁和铝合金等金属材料相近。疲劳强度随着尼龙分子量的增大而提高，随吸水率增加而下降。尼龙具有优良的耐摩擦性和耐磨耗性，其摩擦系数为 0.1～0.3，约为酚醛塑料的 1/4，是巴比合金的 1/3。尼龙对钢的摩擦系数在油润滑下明显下降，但在水润滑下却比干燥时高。添加二硫化钼、石墨、PE 或聚四氟乙烯粉末可降低摩擦系数和提高耐磨性。各种尼龙中，以尼龙 1010 的耐磨性最好，约为铜的 8 倍。

尼龙的使用温度一般为 −40～100℃，其具有良好的阻燃性；在湿度较高的条件下也具有较好的电绝缘性；尼龙耐油、耐溶剂性良好。其缺点是吸水性较大，影响其尺寸稳定性。

(2)成型加工与应用

尼龙的加工方法有多种，注射、挤出、模压、吹塑等都可以加工成型，其中最常用的是注射成型法。

为了达到一定的效果，尼龙塑料中也常加入一些添加剂，如稳定剂、增塑剂等。由于尼龙具有优良的力学性能、耐腐蚀性能、自润滑摩擦性能等，因此它可以在很多领域得到广泛应用，如作为储油容器、各种机械、电气的部件等。

(3)主要品种

尼龙 66 是产量最大的品种，其次是尼龙 6，再次是尼龙 610 和尼龙 1010。尼龙 1010 是中国 1958 年首先研究成功并于 1961 实现工业化生产的。

(4)改性和新型的聚酰胺

改性和新型的聚酰胺主要有：①增强尼龙；②单体浇铸尼龙；③反应注射成型尼龙；④芳香族尼龙。这些新品与尼龙相比，各方面的性能均有所提升。以芳香族尼龙为例进行说明。

芳香族尼龙是 20 世纪 60 年代由美国杜邦公司开发制成的具有耐高温、耐辐射、耐腐蚀的尼龙新品种，目前应用最多的是聚间苯二酰间苯二胺和聚对苯酰胺。

聚间苯二甲酰间苯二胺(商名品 Nomex)，由间苯二甲酰氯和间苯二胺通过界面缩聚法制得，其结构式为：

$$\left[-\overset{O}{\overset{\|}{C}}-C_6H_4-\overset{O}{\overset{\|}{C}}-\overset{H}{\overset{|}{N}}-C_6H_4-\overset{H}{\overset{|}{N}}- \right]_n$$

Nomex 在 340～360℃很快结晶，晶体熔点为 410℃，分解温度 450℃，脆化温度 −70℃，可在 200℃连续使用。Nomex 耐辐射，具有优异的力学性能和电性能，拉伸强度为 80～120 MPa，压缩强度为 320 MPa，抗压模量高达 4

400 MPa。Nomex 通常用铝片浸渍后剥离的方法制取薄膜，亦可层压制取层压板，为 H 级绝缘材料。

聚对苯酰胺(商名品 Kevlar)由对氨基苯甲酸或对苯二甲酰氯与对苯二胺缩聚而成，其结构式为：

$$\left[-NH-\langle C_6H_4\rangle-\overset{\overset{\displaystyle O}{\|}}{C}-\right]_n$$

Kevlar 具有高强度、低密度、耐高温等一系列优异性能，利用其液晶流变特性，也就是可实现高浓度、低黏度纺丝，用以制造超高强度、耐高温纤维，亦可用作塑料，制成薄膜和层压材料。

⑤透明尼龙。普送尼龙是结晶型聚合物，产品呈乳白色。要获得透明性，必须抑制晶体的生成，使其形成非晶态聚合物。一般采用主链上引入侧链的支化法及与不同单体进行共缩聚方法来实现。透明尼龙具有高度透明、低吸水性、耐热水性及耐抓伤性，并且仍有一般尼龙所具有的优良力学强度。目前主要品种是支化法透明尼龙 Trogamid-T 和共缩聚法透明尼龙 PACP-9/6。

Trogamid-T 是采用支化法、以三甲基己二胺(TMD)和对苯二甲酸为原料缩聚而成，其结构式为：

$$\left[-OC-\langle C_6H_4\rangle-CONH-\underset{\underset{\displaystyle CH_3}{|}}{\overset{\overset{\displaystyle CH_3}{|}}{C}}-CH_2-CH_2-CH_2-CH_2-NH-\right]_n$$

Trogamid-T 具有自熄性，可采用注射、挤出和吹塑法成型。

PACP-9/6 是采用共缩聚法，以 2,2-双(4-氨基环己基)丙烷与壬二酸和己二酸共缩聚而得，其结构式为：

$$\left[-NH-\langle C_6H_{10}\rangle-\underset{\underset{\displaystyle CH_3}{|}}{\overset{\overset{\displaystyle CH_3}{|}}{C}}-\langle C_6H_{10}\rangle-NH-\overset{\overset{\displaystyle O}{\|}}{C}-(CH_2)_x-\overset{\overset{\displaystyle O}{\|}}{C}-\right]_n$$

PACP-9/6 玻璃化温度高达 185℃，热变形温度 160℃，可采用注射、挤出、吹塑等方法成型。

⑥高抗冲尼龙。高抗冲尼龙是以尼龙 66 或尼龙 6 为基体，通过与其他聚合物共混的方法来进一步提高抗冲强度的新品种。杜邦公司最早于 1976 年开发成功，商品名为 Zytel ST。其抗冲强度比一般尼龙高 10 倍。Zytel ST 是以尼龙 66 为基体，近年来日本开发的 EX 系列则以尼龙 6 为基体。

⑦电镀尼龙。过去电镀塑料主要为 ABS 塑料，近年来开发了电镀尼龙，如日本东洋纺织公司的 T-777 具有与电镀 ABS 相同的外观，但性能更

为优异。尼龙电镀的工艺原理是，通过化学处理（浸蚀）先使制品表面粗糙化，再使其吸附还原催化剂（催化工艺），然后再进行化学电镀和电气电镀，使铜、镍、铬等金属在制品表面形成密实、均匀和导电性薄层。

2. 聚碳酸酯

聚碳酸酯（PC）是分子主链中含有 $\left[ORO-\overset{O}{\overset{\|}{C}}\right]$ 基团的线型聚合物。根据 R 基团种类的不同，可分为脂肪族、脂环族、芳香族及脂肪族-芳香族聚碳酸酯等多种类型。目前用作工程塑料的聚碳酸酯以双酚 A 型的芳香族聚碳酸酯为主。近年来研制了具有阻燃性的卤代双酚 A 聚碳酸酯以及有机硅一聚碳酸共缩聚物。

当前生产聚碳酸酯的主要公司有德国的拜耳、美国的通用电器及莫贝、日本的帝人及三菱化成等。2000 年世界产量约 1.6×10^6 t。拜耳公司聚碳酸酯的产量最大。

PC 的主要原料为双酚 A。PC 的结构式为：

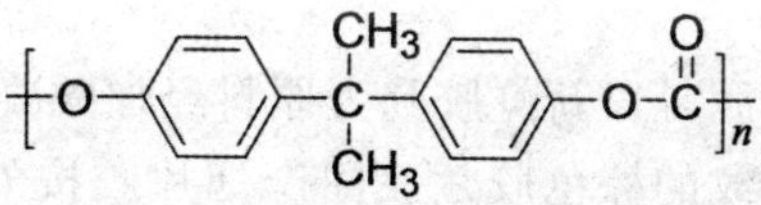

$$\left[O-C_6H_4-\underset{CH_3}{\overset{CH_3}{\underset{|}{\overset{|}{C}}}}-C_6H_4-O-\overset{O}{\overset{\|}{C}}\right]_n$$

其合成方法主要有两种：一种是光气法；另一种是酯交换法。

PC 的玻璃化温度为 145～150℃，脆化温度在－100℃，最高使用温度为 135℃，热变形温度为 115～127℃（马丁耐热）。PC 是淡黄色的聚合物，其质地坚硬且柔韧，具有良好的尺寸稳定性、耐蠕变性、耐热性及电绝缘性。当然其缺点也不容忽视，制品往往易开裂、易高温水解、易腐蚀，且耐磨性和耐疲劳性都较低。

PC 的应用及其广泛，在电气、机械、光学、医药等领域都有广泛的应用，常用于制造机器的零部件、105℃的 A 级绝缘材料、空气调机器壳子等。

3.4　橡胶

3.4.1　天然橡胶

天然橡胶（Natural Rubber，NR）是指从植物中获得的橡胶，这类植物主要有巴西橡胶、银菊、橡胶草、杜仲草等。其中巴西橡胶含胶量最多，且质量好，容易采集，据统计世界上 98％的天然橡胶来自于巴西橡胶树。巴西橡胶树适宜在热带和亚热带生长，在东南亚地区巴西橡胶树生长旺盛，有90%以上的橡胶产于东南亚国家，以马来西亚、印度尼西亚、斯里兰卡和泰国为主；印度及中国南部、新加坡、菲律宾也有一定的种植。据统计世界橡胶消耗量的40%来自天然橡胶。

1. 天然橡胶的制备与分类

天然橡胶的制备的原材料是新鲜橡胶，将刚流出的新鲜胶乳经过一定的加工处理得到浓缩胶乳和干胶。浓缩乳胶的固含量为60%以上。根据制造方式的不同，得到的干胶品种也有所不同。制造烟片胶、绉片胶、风干片胶和颗粒胶的原则步骤基本相同，包括稀释、除杂质、凝固、脱水分、干燥、分级和包装几个步骤，但各步骤的实施工艺方法略有不同。

固体天然橡胶主要有三类，分别是固体天然橡胶、特制固体天然橡胶以及改性天然橡胶和它的衍生物。

(1)通用固体天然橡胶

通用固体天然橡胶传统的品种是烟胶片（烟片胶）、皱胶片和颗粒胶（标准胶）。

①烟片胶。烟片胶是以新鲜胶乳为原料经加酸凝固、压片、熏烟等工序制成的表面带菱形花纹的棕色胶片。国产烟片胶按外观质量、化学成分和物理机械性能分为1＃、2＃、3＃、4＃、5＃级和等外级，其质量依次降低；在国际上按外观质量分为特级（No. 1 XRSS）、一级（No. 1 RSS）、二级（No. 2 RSS）、三级（No. 3 RSS）、四级（No. 4 RSS）、五级（No. 5 RSS）和等外级，其质量也按顺序降低。熏烟时干燥的烟气含有杂酚油，对橡胶有防老化和防腐作用，因此烟胶片综合性能好，保存期长，是天然橡胶中物理机械性能最好的品种，可用于轮胎和其他一般橡胶制品。

②绉片胶。绉片胶制造方法与烟片胶基本相同，只是干燥时用热空气而不用熏烟，有白绉片和褐绉片两种。白绉片在胶乳凝固前加入亚硫酸钠漂白，因而颜色洁白，其质量比烟片胶略差，优于褐绉片，适于浅色和彩色制品。褐绉片只适宜作一般橡胶制品。

国内按外观质量、化学成分和物理机械性能将白绉片分为特一级、一级、二级、三级共四个等级；将褐绉片分为一级、二级、三级共三个等级。

国际上按外观质量将白绉片分为厚、薄两个品种各四个等级，即特级（No. 1X）、一级（No. 1）、二级（No. 2）、三级（No. 3）；将褐绉片也按厚、薄两个品种各分为三个等级（No. 1X、No. 2X、No. 3X）。

③颗粒胶（标准胶）颗粒胶是20世纪60年代发展的天然橡胶新品种，最早由马来西亚生产。它是把压皱的胶片先通过造粒机制成小颗粒橡胶，

经空气干燥而制成。其颗粒大小为 1～5 mm,易于干燥,生产周期大幅度缩短,产品质量易于控制。颗粒胶按生胶的物理化学性能标准进行分级,更能合理区分和判别生胶的内在质量,故又叫标准天然橡胶,各个产胶国家都有自己的技术标准。

标准天然橡胶的分级标准以机械杂质含量和橡胶经 140℃×30 min 热处理以后的塑性保持率(PRI)作为重要的技术指标,PRI 值大,则橡胶的抗氧化性能好,塑炼时塑性增加速率较慢,反之亦然。

(2)特制固体天然橡胶

特制固体天然橡胶是采用某些特殊的方法将普通的天然橡胶制成具有特殊操作性能或物理化学性能的生胶。主要品种有恒黏度橡胶、低黏度橡胶、易操作橡胶、纯化天然橡胶、散粒天然橡胶、轮胎橡胶、充油天然橡胶、炭黑共沉胶、黏土共沉胶和胶清橡胶等。

(3)改性天然橡胶和衍生物

天然橡胶经化学处理,改变了原来的化学结构和物理状态,或与其他高聚物接枝、掺混后,具有不同于普通天然橡胶的操作特性和用途。此类橡胶有难结晶橡胶、接枝天然橡胶、热塑性天然橡胶、环化天然橡胶、环氧化天然橡胶、液体天然橡胶、氯化橡胶、氢氯化橡胶等。

2. 天然橡胶的组成和结构

(1)天然橡胶的组成

天然橡胶的主要成分是橡胶烃,此外还有 5%～8%的非橡胶烃类物质,通过对 35 种烟胶片和 102 种皱胶片的组成分析,得出了天然橡胶的化学组成,如表 3-5 所示。

表 3-5　天然橡胶的化学组成(平均值)　　单位:%

品种	橡胶烃	丙酮抽出物	蛋白质	灰分	水分
烟胶片	93.30	2.89	2.82	0.39	0.61
皱胶片	93.58	2.88	2.82	0.30	0.42

(2)天然橡胶的结构

天然橡胶的主要成分橡胶烃是顺式－1,4-聚异戊二烯的线型高分子化合物,其结构式为:

$$\left[CH_2 - \underset{\displaystyle CH_3}{\overset{}{C}} = \underset{\displaystyle H}{C} - CH_2 \right]_n$$

n 值平均为 5 000～10 000，相对分子质量分布指数（Mw/Mn）很宽（2.8～10），呈双峰分布，相对分子质量在 30 000～30 000 000 万之间。因此，天然橡胶具有良好的物理机械性能和加工性能。

天然橡胶在常温下是无定形的高弹态物质，但在较低的温度（－50～10℃）下或应变条件下可以产生结晶。天然橡胶的结晶为单斜晶系，晶胞尺寸 $a=1.246$ nm，$b=0.899$ nm，$c=0.810$ nm，$\alpha=\gamma=90°$。在 0℃，天然橡胶结晶极慢，需几百个小时，在－25℃结晶最快，天然橡胶结晶速率与温度关系如图 3-6 所示。天然橡胶在拉伸应力作用下容易发生结晶，拉伸结晶度最大可达 45%。软质硫化天然橡胶的伸长率与结晶程度的关系如图 3-7 所示。

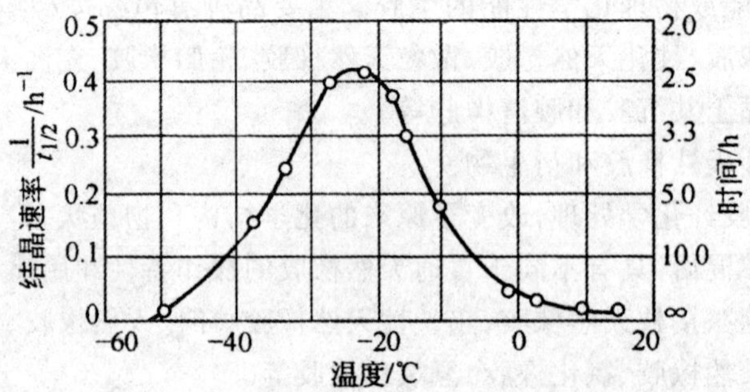

图 3-6　天然橡胶结晶速率与温度的关系

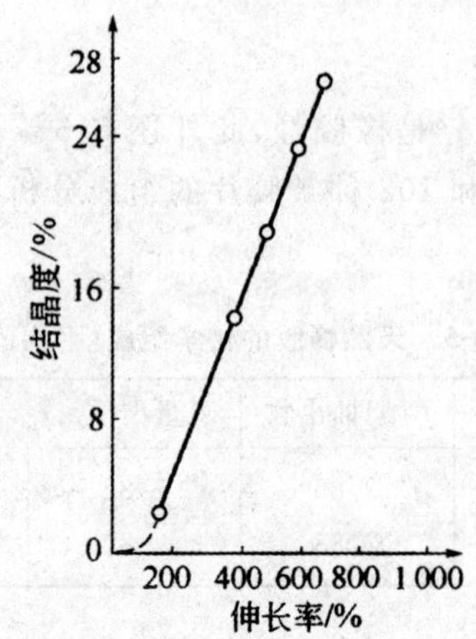

图 3-7　硫化天然橡胶的伸长率与结晶程度的关系

3.4.2 合成橡胶

1. 二烯类橡胶

二烯类橡胶包括二烯类均聚橡胶和二烯类共聚橡胶。属于前一类的有聚丁二烯橡胶、聚异戊二烯橡胶和聚间戊二烯橡胶等；属于后一类的主要是丁苯橡胶、丁腈橡胶和丁吡橡胶等。

二烯类共聚橡胶主要是由自由基型聚合反应制得，发展较早，而由于二烯类单体聚合时常形成各种立体异构体，直到1954年发明了Ziegler-Natta催化剂后，才制成了立体规整性好的二烯类均聚橡胶。

(1)聚丁二烯橡胶

聚丁二烯橡胶是以1,3-丁二烯为单体聚合而得到的一种通用合成橡胶，1956年美国首先合成了高顺式丁二烯橡胶；中国于1967年实现顺丁橡胶的工业化生产。在世界合成橡胶中，聚丁二烯的产量和消耗量仅次于丁苯橡胶，居第二位。

①种类和制法。按聚合方法不同，聚丁二烯橡胶可分为溶液聚合(溶聚)丁二烯橡胶、乳液聚合(乳聚)丁二烯橡胶和本体聚合丁钠橡胶三种。按分子结构分类，可分为顺式聚丁二烯和反式聚丁二烯；而顺式聚丁二烯橡胶又依顺式含量不同分为三类：用钴或镍化物构成的Ziegler-Natta催化体系制得的高顺式(96%～98%)聚1,4-丁二烯；以钛化物体系制得的中顺式(86%～95%)聚丁二烯以及以烷基锂催化剂制得的低顺式(35%～40%)聚丁二烯。

a. 溶聚丁二烯橡胶，它是丁二烯单体在有机溶剂中，利用Ziegler-Natta催化剂、碱金属或其他有机化合物催化聚合的产物。使用不同的催化剂可制得高顺式聚丁二烯橡胶、低顺式聚丁二烯橡胶和反式聚1,4-丁二烯橡胶三种产品。

b. 乳聚丁二烯橡胶，它是丁二烯单体在去离子水介质中进行乳液聚合的产物。其顺式1,4-结构含量为10%～20%，反式1,4-结构含量为58%～75%，1,2-结构含量低于25%。平均分子量在10万左右。

c. 丁钠橡胶，它是以金属钠为催化剂，丁二烯单体进行本体聚合的产物。1932年前苏联开始工业化生产。因其性能不太好，未大规模发展。

②性能与应用。聚丁二烯橡胶中最重要的品种是溶聚高顺式丁二烯橡胶。其性能特点是：弹性高，耐低温性能好，耐磨性能优异，生热量低，耐屈挠性好，与其他橡胶的相容性好。其缺点是拉伸强度和抗撕裂强度都低于

天然橡胶;作为轮胎时抗湿滑性能不佳;加工性能不好且黏着性能差。高顺式聚丁二烯橡胶具有优异的高弹性、耐寒性和耐磨耗性能,主要用于制造轮胎,也用于制造胶鞋、胶带、胶辊等耐磨性制品。

(2)丁苯橡胶

丁苯橡胶是以丁二烯和苯乙烯为单体共聚而得的高分子弹性体。其结构式为:

$$-\!\left(CH_2-CH=CH-CH_2\right)_x\!\left(CH_2-\underset{\underset{CH_2}{\overset{\|}{CH}}}{CH}\right)_y\!\left(CH_2-\underset{C_6H_5}{CH}\right)_z\!-$$

丁苯橡胶是最早工业化的合成橡胶,1937 年德国首先实现工业化生产。目前丁苯橡胶的产量约占合成橡胶总产量的 55%,其产量和消耗量在合成橡胶中占第一位。

丁苯橡胶的主要品种如图 3-8 所示。

丁苯橡胶具有优良的耐磨性、耐油性和耐老化性,且其硫化曲线平坦,不容易焦烧和过硫,与其他橡胶的相容性良好。其缺点是弹性、耐寒性、耐撕裂性和黏着性能均次于天然橡胶,且其纯胶强度低,滞后损失大,生热高,硫化速度慢。

丁苯橡胶的生产成本很低,它的不足之处可以通过调配而得到弥补。因此,丁苯橡胶用途仍然十分广泛,可用于制造轮胎及其他橡胶制品。

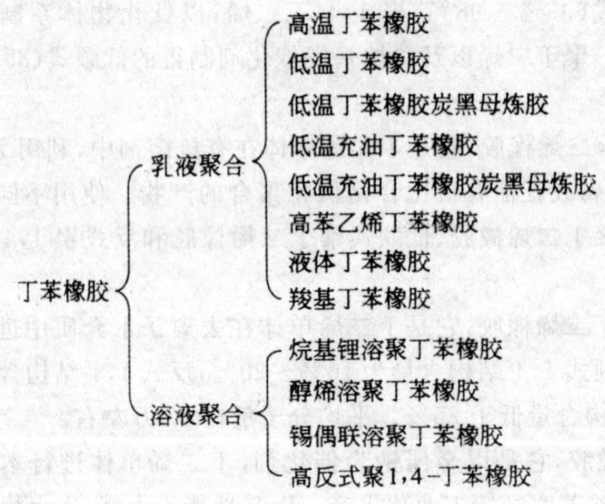

图 3-8 丁苯橡胶的主要品种

(3)丁腈橡胶

丁腈橡胶是以丁二烯和丙烯腈为单体、经乳液共聚而制得的高分子弹性体。其结构式为：

$$\text{-}\!\!\left[\text{-}(CH_2\text{—}CH\text{=}CH\text{—}CH_2)_x\text{-}(CH_2\text{—}\underset{\underset{CN}{|}}{CH})_y\text{-}\right]\!_n$$

丁腈橡胶是以耐油性而著称的特种合成橡胶。1937 年德国首先投入工业化生产。

丁腈橡胶可按丙烯腈含量、分子量、聚合温度等因素分类。丁腈橡胶中丙烯腈含量一般在 15%～50%范围内，按其含量不同分成五种，如表 3-6 所示。固体丁腈橡胶分子量达几十万，门尼黏度在 20～140，按门尼黏度可分成许多类。依聚合温度不同，可分为热聚丁腈橡胶和冷聚丁腈橡胶。前者聚合温度为 25～50℃，而后者为 5～20℃。

表 3-6　各种丁腈橡胶的丙烯腈含量

名称	丙烯腈含量/%	名称	丙烯腈含量/%
极高丙烯腈丁腈橡胶	43 以上	中丙烯腈丁腈橡胶	25～30
高丙烯腈丁腈橡胶	36～42	低丙烯腈丁腈橡胶	24 以下
中高丙烯腈丁腈橡胶	31～35		

2. 氯丁橡胶

氯丁橡胶是 2-氯-1,3-丁二烯聚合而成的一种高分子弹性体。其结构式为：

$$\text{-}\!\left[CH_2\text{—}\underset{\underset{Cl}{|}}{C}\text{=}CH\text{—}CH_2\right]\!_n$$

氯丁橡胶是合成橡胶的主要品种之一，于 1931 年在美国首先实现工业化生产。

氯丁橡胶根据其性能和用途分为通用型和专用型两大类。通用型氯丁橡胶又可分为硫黄调节型和非硫黄调节型。前者是以硫黄作调节剂，秋兰姆作稳定剂；后者系采用硫醇作调节剂。专用型氯丁橡胶是指用作黏合剂及其他特殊用途的氯丁橡胶。

工业上采用乙炔法和丁二烯法制造氯丁二烯。乙炔法是将乙炔气体通入氯化亚铜·氯化铵络盐的溶液中，使之二聚生成乙烯基乙炔，再在氯化亚铜催化剂的作用下，与氯化氢反应制得氯丁二烯。

丁二烯法是丁二烯经氯化、异构化、脱氯化氢等过程制取氯丁二烯。

氯丁橡胶普遍采用乳液聚合法进行生产，以松香酸皂为乳化剂，过硫酸钾为引发剂。硫调节型氯丁橡胶的聚合温度为 40℃；非硫调节型一般在

10℃以下。聚合后经凝聚、水洗、干燥而得成品。

氯丁橡胶具有优异的耐燃性，是通用橡胶中耐燃性最好的；优良的耐油、耐溶剂、耐老化性能，其耐油性仅次于丁腈橡胶而优于其他通用橡胶。氯丁橡胶是结晶性橡胶，有自补强性，生胶强度高，还具有良好的黏着性、耐水性和气密性，其耐水性是合成橡胶中最好的，气密性比天然橡胶大5～6倍。

氯丁橡胶的缺点是电绝缘性较差，耐寒性不好，密度大，贮存稳定性差，贮存过程中易硬化变质。

氯丁橡胶具有较好的综合性能和耐燃、耐油等优异特性，广泛用于各种橡胶制品，如耐热运输带、耐油、耐化学腐蚀胶管和容器衬里、胶辊、密封胶条等。

3.聚异丁烯和丁基橡胶

(1)聚异丁烯

聚异丁烯是异丁烯的聚合产物，是接近无色或白色的弹性体。其结构式为：

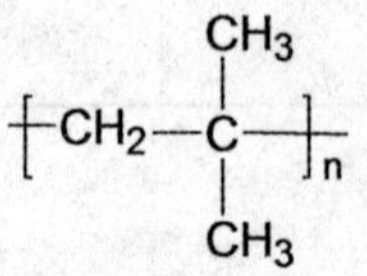

$$\left[\!-CH_2-\underset{\displaystyle CH_3}{\overset{\displaystyle CH_3}{\underset{|}{\overset{|}{C}}}}-\!\right]_n$$

聚异丁烯是第一个实现工业化生产的聚烯烃，1931年在美国首先投入工业化生产。

聚异丁烯是异丁烯在阳离子催化剂作用下，由低温聚合而制得的。工业上采用两种生产工艺：一种是在三氟化硼存在下，于蒸发的乙烯介质中，在转动的链带上进行异丁烯的聚合，如图3-9所示。异丁烯预冷至－30～－40℃，借液体乙烯蒸发可降至－90℃。聚合物用刀具从链带上切下，经混炼-塑炼机混匀后切成小块而得成品。另一种是在带搅拌的聚合釜内，在三氯化铝存在下，于氯甲烷溶液中进行异丁烯的聚合。

异丁烯具有高变饱和结构，所以耐热性、耐老化性和耐化学腐蚀性好，分解温度达300℃。聚异丁烯耐寒性好，－50℃下仍能保持弹性。此外，还具有优异的介电性能，优良的防水性和气密性，以及与橡胶和填料的混溶性。聚异丁烯耐油性差，还具有冷流性。由于分子链不含双键，所以不能用硫黄硫化。

聚异丁烯广泛用来与天然橡胶、合成橡胶和填料并用。其硫化胶可用于制作防水布、防腐器材、耐酸软管、输送带等。

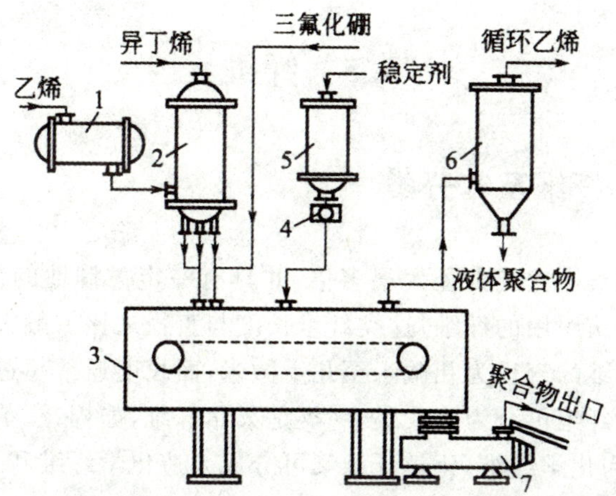

图 3-9　在三氯化硼存在下于蒸发的乙烯介质中制取异丁烯的工艺流程

1—液体乙烯收集槽；2—蛇管冷却器；3—聚合装置；4—视镜；

5—稳定剂计量槽；6—吸附塔；7—混炼-塑炼机

(2)丁基橡胶

丁基橡胶是异丁烯和少量异戊二烯的共聚物。为白色或暗灰色透明弹性体，其结构式为：

$$-\!\!\left(\underset{\underset{CH_3}{|}}{\overset{\overset{CH_3}{|}}{C}}-CH_2\right)_x CH_2-\overset{\overset{CH_3}{|}}{C}=CH-CH_2-\!\!\left(CH_2-\underset{\underset{CH_3}{|}}{\overset{\overset{CH_3}{|}}{C}}\right)_y$$

丁基橡胶于 1943 年在美国开始工业化生产。由于性能好，发展较快，已成为通用橡胶之一。

丁基橡胶是气密性最好的橡胶，其气透率约为天然橡胶的 1/20，顺丁橡胶的 1/30。因此可广泛用于汽车内胎、无内胎轮胎的气密层。丁基橡胶的耐热性、耐候性和耐臭氧老化性都很突出，最高使用温度可达 200℃。在长时间的烈日暴晒下结构也不容易改变，因此可用于蒸汽软管、耐热输送带和耐热垫片等。此外，其耐腐蚀性能、防震性能和耐水性都非常优异。其缺点是硫化速度很慢，需长时间的高温硫化，自黏性和互黏性较差，与其他橡胶相容性不好，耐油性较差。

3.5 纤维

3.5.1 纤维及其分类

纤维是指长度比其直径大很多倍,并具有一定柔韧性的纤细物质。本章只是讨论供纺织用的纤维,这类纤维长度与直径之比一般大于1 000∶1,典型的纺织纤维的直径为几微米至几十微米,而长度通常超过 25 mm。

根据来源纤维可分为两大类:一类是天然纤维,如棉花、羊毛、蚕丝和桑麻等;另一类为化学纤维,化学纤维又可分成人造化学纤维和合成化学纤维(简称为合成纤维)。纤维的主要类型如图 3-10 所示。

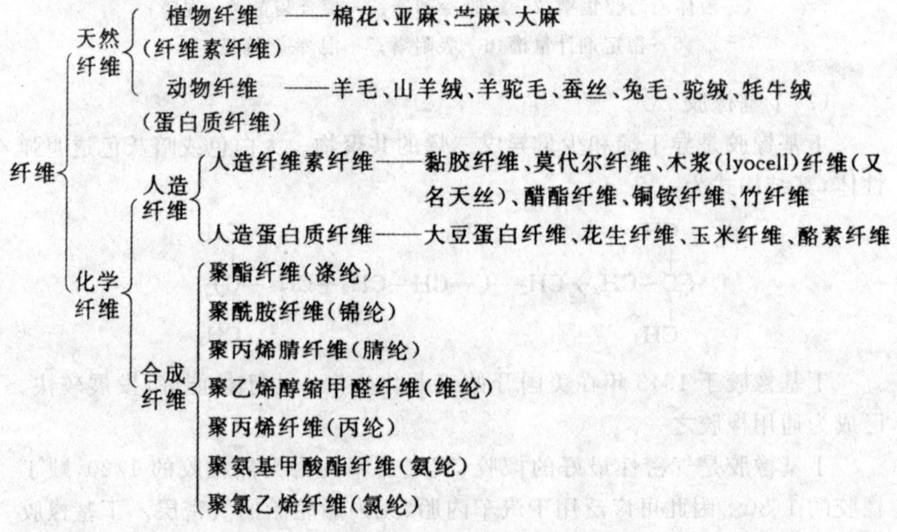

图 3-10 纤维的分类

人造纤维是以天然高聚物为原料,经过化学处理与机械加工而制得的纤维。其中以含有纤维素的物质如棉短绒、木材等为原料的称为纤维素纤维;以蛋白质为原料的称为再生蛋白质纤维。

合成纤维是由合成高分子化合物加工制成的纤维。根据大分子主链的化学组成,又分为杂链纤维和碳链纤维两类。合成纤维品种繁多,已经投入工业生产的有三四十种。其中最主要的是聚酯纤维(涤纶)、聚酰胺纤维(锦纶)和聚丙烯腈纤维(腈纶)三大类,这三大类纤维的产量占合成纤维总产量的 90%以上。

3.5.2　天然纤维

天然纤维很早就被人们所利用，天然纤维有植物纤维与动物纤维之分。植物纤维主要是棉纤维和麻纤维；动物纤维主要是羊毛和蚕丝。

棉纤维主要由纤维素组成，占 90%～94%，还有少量的水分、脂肪、蜡质和灰分。纤维素是由许多失水 p 葡萄糖基连接而成的天然高分子，其分子式为$(C_6H_{10}O_5)_n$，n 为平均聚合度，一般为 1 000～15 000。它的截面由许多同心层组成，外形层为纺锤形，纤维长度与直径之比可达 1 000～3 000，如图 3-11 所示。

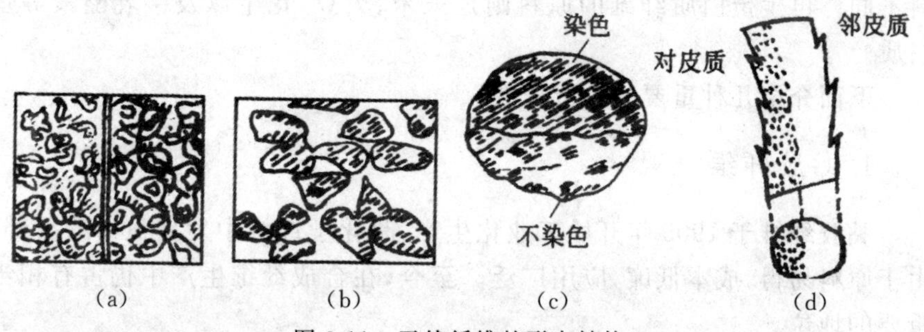

图 3-11　天然纤维的形态结构
(a)棉花的横截面；(b)蚕丝的横截面；
(c)羊毛不同染色的横截面；(d)羊毛不对称皮质的名称和性质

棉纤维强度较低，延伸率较低，但湿强度较高。

麻纤维是那些一年或多年生双子叶植物的韧皮纤维与单子叶植物叶纤维的总称，其中苎麻纤维与亚麻纤维最为常见。

麻纤维的组成与棉纤维很相似，其截面多为扁圆形、椭圆形和多角形等。

麻纤维最显著的特点是：干、湿强度高，延伸率低，初始模量高，耐腐蚀性好。

毛纤维主要是动物纤维，以羊毛为主，其组成主要是蛋白质。毛纤维具有较好的弹性，较好的吸湿率且耐酸性好。缺点是强度不高，耐热性与耐碱性差。

蚕丝又称为天然丝。生丝是由两根丝纤朊(75%～82%)被丝胶朊(18%～25%)黏接而成。丝胶朊能溶于热水或弱碱性溶液中。除去丝胶朊而得的丝纤朊，俗称熟丝，白色，柔软，有光泽，强度高，是热和电的不良导体。

3.5.3　人造纤维

人造纤维是以天然聚合物为原料，经过化学处理与机械加工而制得的化学纤维。人造纤维有良好的吸湿性、透气性和染色性，手感柔软，富有光泽，是一类重要的纺织材料。

人造纤维按化学组成可分为：再生纤维素纤维、纤维素酯纤维、再生蛋白质纤维三类。再生纤维素纤维是以含纤维素的农林产物，如木材、棉短绒等为原料制得，纤维的化学组成与原料相同，但物理结构发生变化。纤维素酯纤维是以纤维素为原料，经酯化后纺丝制得的纤维，纤维的化学组成与原料不同。再生蛋白质纤维的原料则是玉米、大豆、花生以及牛乳酪素等蛋白质。

下面介绍几种重要的人造纤维。

1. 黏胶纤维

黏胶纤维于 1905 年开始工业化生产，是化学纤维中发展最早的品种。由于原料易得，成本低廉，应用广泛。至今，在合成纤维生产中仍占有相当重要的地位。

黏胶纤维是以木材、棉短绒、甘蔗渣、芦苇为原料，以纤维素磺酸酯为溶液，经湿法纺丝制成的。先将原料经预处理提纯，得到 α-纤维素含量较高的“浆粕”，再依次通过浓碱液和二硫化碳处理，得到纤维素磺原酸钠，再溶于稀氢氧化钠溶液中而成为黏稠的纺丝液，称为黏胶。黏胶经过滤、熟化（在一定温度下放置 18～30 h，以降低纤维素磺原酸酯的酯化度）、脱泡后，进行湿法纺丝，凝固浴由硫酸、硫酸钠和硫酸锌组成。其纤维素磺原酸钠与硫酸作用而分解，从而使纤维素再生而析出。最后经过水洗、脱硫、漂白、干燥即得到黏胶纤维。

黏胶纤维的化学组成与棉纤维基本相同，因此它们的性能也很相似。具体表现为良好的吸湿性、透气性、染色性以及纺织加工性。然而由于黏胶纤维的大分子链聚合度比棉纤维低，分子取向度较小，分子链间排列也没有棉纤维紧密，因而某些性能比棉纤维差。

黏胶纤维可纯纺，也可以与其他纤维混纺。黏胶纤维的应用非常广泛，黏胶纤维也称为人造丝，也是毛纺厂最主要的原料之一。棉型黏胶短纤维又称为人造棉，可以织成各种美丽的人造棉布。

近年来黏胶纤维又有了新的发展，一种高湿模量黏胶纤维被合成。由于其大分子取向度高、结构均匀，同时它还在坚牢度、耐水洗性、抗皱性和形状稳定性方面性能突出，十分接近优质棉。

2. 铜铵纤维

所谓铜铵纤维是指将提纯的纤维素溶解在铜氨溶液中，纺织而成的一种再生纤维素纤维。它与黏胶纤维相同，都是将含 α-纤维素高的“浆粕”作为原料，溶于铜氨溶液中，由此而制成浓度很高的纺丝液，纺丝一般采用溶液法。由喷丝头的细口压入纯水或稀酸的凝固浴中，在高度拉伸(约 400 倍)的同时，逐渐固化形成纤维。可制得极细的单丝。

纺好的铜氨纤维在外观和手感以及柔韧性方面与蚕丝非常相似，其他性质与黏胶纤维相似，纤维截面为圆形。一般铜铵纤维纺制成长纤维，特别适合于制造变形竹节丝，纺成很像蚕丝的粗节丝。铜铵纤维适于织成薄如蝉翼的织物和针织内衣，穿用舒适。

3. 醋酯纤维

醋酯纤维又称为醋酸纤维素纤维，它是以醋酸纤维素为原料，经过乙酰化后纺丝而制成的人造纤维。醋酸纤维素是以精制棉短绒为基材，经过酯化反应得到三醋酸纤维素。将得到的三醋酸纤维素在稀醋酸中进行部分水解后，即可得到二醋酸纤维素，酯化度为 75%～80%。因此，由醋酸纤维使用原料以及酯化度的不同可将其分为两类，分别是二醋酯纤维和三醋酯纤维。通常所说的醋酸纤维指的是二醋酯纤维。醋酯纤维的应用也在扩展，它不仅制造工业用品，在丝绸工业中也有应用。

4. 再生蛋白质纤维

再生蛋白质纤维简称蛋白质纤维，是用动物或植物蛋白质为原料制成。主要品种有酪朊纤维、大豆蛋白质纤维、玉米蛋白质纤维和花生蛋白质纤维。其物理和化学性质与羊毛相近似，染色性能很好。但一般强度较低，湿强度更差，因而应用不普遍。通常切断成短纤维，可以纯纺或与羊毛、黏胶纤维和锦纶短纤维等混纺。

3.5.4　合成纤维的主要品种

合成纤维发展于 20 世纪 40 年代，合成纤维自问世以来，由于其优异的性能而发展迅速。

合成纤维的应用从开始的纺织领域延伸到国防领域、航天领域、交通领域、医疗、通信等多个领域，它是不可或缺的重要材料。

合成纤维品种繁多，但从性能、应用范围和技术成熟程度方面看，重点发展的是聚酰胺、聚酯和聚丙烯腈纤维三类。

1. 聚酰胺纤维

聚酰胺纤维(Polyamide Fiber，PA)是指分子主链含有酰胺键 $-\overset{O}{\overset{\|}{C}}-NH-$ 的一类合成纤维。美国和英国称为“尼龙(Nylon)或耐纶”，德国称为“贝纶(Perlon)”，日本称为“阿米纶(Amilon)”等。聚酰胺品种很多，我国主要生产聚酰胺6、聚酰胺66和聚酰胺1010等。后者以蓖麻油(Castor Oil)为原料，是我国特有的品种。

(1)性能特点

①耐磨性好。优于其他天然纤维，比棉花高10倍，比羊毛高20倍，是黏胶纤维的50倍。

②强度高、耐冲击性好。聚酰胺纤维的结晶度、取向度以及分子间作用力大，因此它是强度较高的合成纤维品种之一。纺织用聚酰胺长丝的断裂强度为4.4～5.7 cN/dtex，作为特殊用途的聚酰胺强力丝的断裂强度可高达6.2～8.4 cN/dtex。

③弹性高，耐疲劳性好。聚酰胺纤维的回弹性极好，例如尼龙6长丝在伸长10%的情况下，回弹率为99%，可经受数万次双挠曲，比棉花高7～8倍。

④密度小。除聚丙烯和聚乙烯纤维外，它是所有纤维中最轻的，密度仅为 $1.04\times10^3\sim1.14\times10^3\ kg/m^3$。

⑤聚酰胺纤维的缺点。其缺点是弹性模量小，使用过程中易变形，耐热性及耐光性较差。

(2)聚酰胺纤维应用

聚酰胺纤维可以纯纺和混纺，用作各种衣料及针织品，特别适用于制造单丝、复丝弹力丝袜，耐磨又耐穿。工业上主要用作轮胎帘子线、工业滤布、渔网、安全网、运输带、绳索以及降落伞、宇宙飞行服等军用物品。

2. 聚酯纤维

聚酯纤维(Polyester Fiber)是由聚酯树脂经熔融纺丝和后加工处理制成的一种合成纤维。聚酯树脂是由二元酸和二元醇经缩聚而制得。其大分子主链中含有酯基 $-\overset{O}{\overset{\|}{C}}-O-$，故称聚酯纤维。

(1)聚酯纤维的品种

聚酯纤维的品种很多，但目前主要品种是聚对苯二甲酸乙二酯(Polyethylene Terephthalate,PET)纤维,其是由对苯二甲酸或对苯二甲酸二甲酯和乙二醇缩聚制得的。我国聚酯纤维的商品名称为“涤纶”,俗称“的确良”。国外商品名称有“达柯纶(Dacron)”“特丽纶(Terylene)”“拉芙桑(ΠaBcaH)”等。

聚酯纤维于 1953 年投入工业化生产,由于性能优良、用途广泛,是合成纤维中发展最快的品种,产量居第一位。

工业化生产的聚酯纤维主要有:聚对苯二甲酸-1,4-环已烷二甲酯纤维,聚对、间苯二甲酸乙二酯纤维,低聚合度聚对苯二甲酸乙二酯纤维聚醚酯纤维,含有二羧基苯磺酸钠的聚对苯二甲酸乙二酯纤维。

(2)聚酯纤维的性能

①强度高。短纤维强度为 2.6～5.7 cN/dtex,高强力纤维为 5.6～8.0 cN/dtex。它的湿态强度与干态强度基本相同。耐冲击强度比锦纶高 4 倍,比黏胶纤维高 20 倍。

②弹性好。弹性接近羊毛,当伸长 5%～6%时,几乎可以完全恢复。耐皱性超过其他纤维,即织物不褶皱,尺寸稳定性好。在大规模生产的合成纤维中,以聚酯纤维的初始模量最高,其值可高达 14.01～17.55 GPa,这使织物的尺寸稳定、不变形、不走样、褶裥持久。

③吸湿性低。涤纶内部分子排列紧密,表面光滑,而且分子间缺少亲水基团,因此它居于极低的回潮率,为 0.4%～0.5%,远低于腈纶的 1%～2%和棉纶的 4%,所以它也具有良好的绝缘性。

④耐热性好。聚酯纤维软化点为 230～240℃,熔点为 255～260℃,分解点为 300℃,比聚酰胺耐热性好。

⑤耐磨性好。耐磨性仅次于棉纶。

⑥耐光性好。耐光性仅次于腈纶。

⑦耐腐蚀。耐漂白剂、有机烯烃、石油产品及无机酸的腐蚀;耐碱、不怕酶,但热碱能使其分解。

⑧染色性较差。

(3)聚酯纤维的应用

聚酯纤维因其弹性好、织物容易洗干、形状保持能力好且不用熨烫,所以被大量作为纺织材料。

工业上,聚酯纤维也被用作绝缘材料、运输带、渔网和轮胎的帘子线等,在轮胎中的应用如图 3-12 所示。

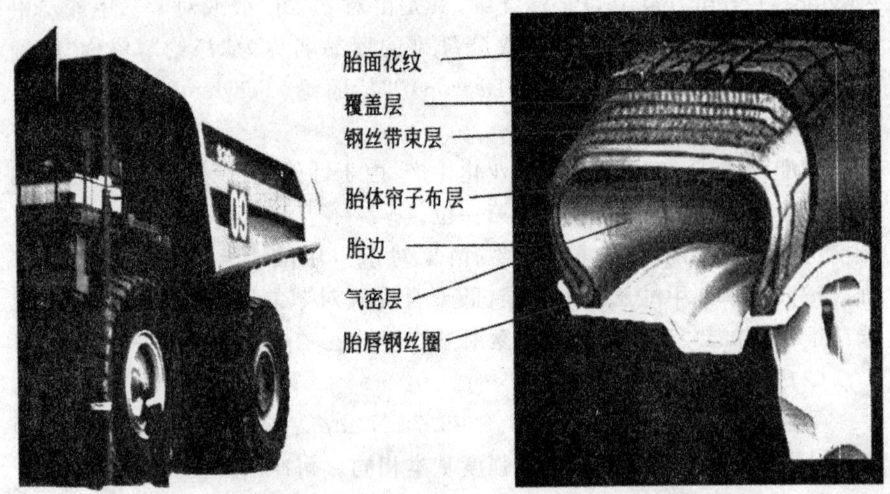

图 3-12　聚酯纤维在汽车外胎中的应用

3. 聚丙烯腈纤维

聚丙烯腈纤维(Polyacrylonitrile Fibre,PAN)是以丙烯腈 $CH_2{=}CH(CN)$ 为原料聚合成聚丙烯腈,而后纺制成的合成纤维。在我国其商品名称为“腈纶”,国外的商品名称有“奥伦”“珀纶”“开司米纶”等。

100 年前,聚丙烯腈已经被制取,但由于没有适合的溶剂,故没有被制成纤维。1942 年美国和德国都发现了二甲基甲酰胺溶剂,由此聚丙烯腈纤维诞生了。之后,美国杜邦公司将其工业化生产,随着研究的扩大,越来越多的溶剂被发现,由此而形成了多种生产工艺。

聚丙烯腈纤维自工业化以来,其发展速度可谓是十分迅速,就产量而言,它仅次于聚酯纤维和聚酰胺纤维。

由于聚丙烯腈大分子链上的氰基极性大,使分子间的作用力强,分子排列紧密,因此其纺织的纤维硬而脆,难以染色。1954 年,德国人采用丙烯酸甲酯与丙烯腈的共聚物制得了纤维,并改进了纤维的性能,大大提高了纤维的实用性,促进了聚丙烯腈纤维的发展。

(1)聚丙烯腈纤维性能

①柔软性和保暖性好。外观和手感都很像羊毛,因此有“合成羊毛”之称。

②耐光性和耐辐射性优异。在所有大规模生产的合成纤维中,以腈纶对日光及大气作用的稳定性最好。经日光和大气作用一年后,大多数纤维均损失原强度的 90%～95%,而腈纶的强度仅下降 20%左右。

③弹性模量高腈纶的弹性模量仅次于聚酯纤维，比聚酰胺纤维高 2 倍，因此腈纶的保型性好。

④具有极好的化学稳定性和较好的耐热性。

⑤优良的耐霉菌和耐虫蛀性腈纶对空气、土壤、淡水和海水中的霉菌都能抵抗。如将腈纶埋在热带气候(31℃，相对湿度 97%)的土壤中，经 6 个月后未发现受损伤的痕迹，而棉制帆布在同样条件下进行试验，10 天内即完全腐烂。腈纶通常不发生虫蛀现象。

(2)聚丙烯腈纤维应用

腈纶广泛用于各种织物，如地毯、船帆、军用帆布、帐篷等，它常和羊毛混合做成各类纺织品。聚丙烯腈中空纤维膜具有良好的透析、超滤和反渗透等功能，因此可用于医疗器械、人工器官、纯净水的制造、污水的处理等。共聚单体含量低的普通腈纶，经过预氧化处理和碳化，就得到含碳量达 93%的耐高温的纤维，若经过更高的温度处理，则得到耐 3 000℃高温的纤维。

4. 聚乙烯醇纤维

聚乙烯醇纤维(Polyvinyl Acetals，PVA)是以聚乙烯醇原料纺丝制得的合成纤维。因其具有水溶性，起初无法用作纺织纤维，将这种纤维经甲醛处理所得到的聚乙烯醇缩甲醛纤维，具有良好的耐热性能和机械性能，于 1950 年进行工业化生产。我国商品名为“维纶”，国外商品名有“维尼纶”“维纳纶”等。低分子量聚乙烯醇为原料经纺丝制得的纤维是水溶性的，称为水溶性聚乙烯醇纤维。一般的聚乙烯醇纤维不具备必要的耐热水性，实际应用价值不大。

20 世纪 30 年代初期，德国瓦克化学公司成功研制了聚乙烯醇纤维。后来，日本的樱田一郎、矢泽将英，朝鲜的李升基将聚乙烯醇纤维用甲醛处理，得到了耐水较好的聚乙烯醇缩甲醛纤维。后来日本的一家公司开始规模化生产聚乙烯醇缩甲醛纤维。到了 1984 年聚乙烯醇纤维的产量达到了 94 kt。

(1)生产方法

聚乙烯醇纤维所用的原料聚乙烯醇的平均分子量为 60 000～150 000，热分解温度为 200～220℃，熔点为 225～230℃。

聚乙烯醇纤维可用湿法纺丝和干法纺丝制得。将热处理后的聚乙烯醇纤维经缩醛化处理可得聚乙烯醇缩甲醛纤维。缩醛化处理过程是将丝束经水洗除去芒硝(硫酸钠)后，从醛化溶液(由醛化剂甲醛、稀释剂水、催化剂硫酸、阻溶胀剂硫酸钠组成)中通过，再经水洗的过程。也可将丝束切成短纤维,用气流输送至后处理机,在不锈钢网上进行缩醛化处理。

为改善纤维性能,可将含有交联剂硼酸的聚乙烯醇溶液(含量为16%)进行湿法纺丝,所得初生纤维在碱性凝固浴中凝固,经中和、水洗和多段高倍拉伸和热处理,则可获得强度达106~115 cN/dtex的长丝。这种产品称为含硼湿法长丝。

(2)性能特点

聚乙烯醇纤维具有良好的性能,而且材料易于获取,它具有和棉花相似的性质,因此人们将它称为“合成棉花”。该产品最大的特点是其良好的吸湿性能(5%),这与棉花(7%)十分接近;在强度方面它的性能更为突出,为棉花的1.5~2倍,可以与棉纶、涤纶媲美。除此之外,它还具有良好的耐腐蚀、耐虫蛀、耐日晒性能。

聚乙烯醇纤维的缺点也不容忽视,如它的弹性较差、颜色不够鲜艳、耐热性极差、软化点低且耐水性不好。

(3)主要用途

聚乙烯醇缩甲醛纤维的应用主要有船上的帆布、防水布、滤布、运输带、包装材料等海上作业材料。高强度、高模量的长丝还可用作运输带的骨架材料、胶管、胶布和胶鞋的衬里材料,除此之外它还可以用作自行车的车胎帘子线。聚乙烯醇缩甲醛纤维能够耐受水泥碱性的腐蚀,并且与水泥的亲和性好,因此它可以代替石棉作为水泥制品的增强材料。可与棉混纺,制作各种衣料和室内用品,也可生产针织品。但耐热性差,制得的织物不挺括,且不能在热水中洗涤。此外,在无纺布、造纸等方面也有使用价值。

水溶性聚乙烯醇纤维可与其他纤维混纺,再在纺织加工后被溶去,得到细纱高档纺织品,也可制得无捻纱或无纬毯。还可作为胶黏剂用于造纸,以提高纸的强度和韧性。此外,还可制特殊用途的工作服、手术缝合线等。

第4章　高分子复合材料的制备

高分子复合材料主要包括橡胶、合成树脂和合成纤维。由于聚合物具有价廉、质轻、耐化学性、易加工成型等一系列特点,因而广泛应用于生活中。本章从高分子复合材料的组成入手,阐述了高分子复合材料的制备方法,并单独研究了高分子纳米复合材料的制备方法。

4.1　高分子复合材料的组成

4.1.1　聚合物基体

高分子复合材料基体的主要组分是聚合物,可以分为热塑性树脂和热固性树脂两大类。热固性树脂包括环氧树脂、不饱和聚酯树脂、酚醛树脂等,热塑性树脂包括聚酰胺、聚砜、聚酰亚胺、聚酯等。

热固性树脂基复合材料是目前研究得最多、应用得最广的一种复合材料。它具有质量轻、强度高、模量大、耐腐蚀性好、电性能优异、原料来源广泛,加工成型简便、生产效率高等特点,并具有材料可设计性以及其他一些特殊性能,已成为国民经济、国防建设和科技发展中无法取代的重要材料。在热固性树脂基复合材料中使用最多的树脂仍然是酚醛树脂、不饱和聚酯树脂和环氧树脂这三大热固性树脂。

1. 环氧树脂

(1)概述

环氧树脂是一类品种繁多、不断发展的合成树脂,其作为基体树脂已大量应用于复合材料生产,尤其是前为增强复合材料,并广泛用于机械、电机、化工、航空航天、船舶、汽车、建筑等行业。

环氧树脂(Epoxy Resin,EP)是指分子中含有两个或两个以上环氧基团 $\left(\begin{array}{c} \quad O \\ -\underset{H}{C}—\underset{H}{C}- \end{array}\right)$ 的高分子低聚物或化合物。环氧基团可以位于分子链的末端、

中间或成环状结构。环氧基是环氧树脂的特性基团，环氧基含量多少是环氧树脂作为复合材料树脂基体最为重要的指标，直接影响复合材料的性能。

环氧树脂的品种很多，根据它们的分子结构，大体上可以分为五大类。

①缩水甘油醚类：

$$R-OCH_2CH\underset{O}{-}CH_2$$

②缩水甘油酯类：

$$R-CO_2-CH_2CH\underset{O}{-}CH_2$$

③缩水甘油胺类：

$$R-NH-CH_2CH\underset{O}{-}CH_2$$

④线形脂肪族类：

$$RCH\underset{O}{-}CHR'-CH\underset{O}{-}CH-R''$$

⑤脂环族类：

$$\text{(双环氧环己烷结构：}H_2C,\ HC,\ O\text{)}$$

上述①～③类环氧树脂是由环氧氯丙烷与含有活泼氢原子的化合物（如酚类、醇类、有机羧酸类、胺类等）缩聚而成的。第④类和第⑤类环氧树脂是由带双键（$\gt C=C\lt$）的烯烃用过乙酸或在低温下用过氧化氢进行环氧化而生成的。

(2)双酚 A 型环氧树脂和酚醛多环氧树脂

双酚 A 型环氧树脂(DGEBA)是由环氧氯丙烷与二酚基丙烷缩聚而成的聚合物，它具有一般聚合物的通性。采用不同的原料配比可以合成出不同相对分子质量的树脂，其结构式如下：

$$CH_2\underset{O}{-}CH-CH_2-[O-C_6H_4-C(CH_3)_2-C_6H_4-O-CH_2-CH(OH)-CH_2]_n-O-C_6H_4-C(CH_3)_2-C_6H_4-O-CH_2-CH\underset{O}{-}CH_2$$

式中，$n=0\sim19$，平均相对分子质量 300～7 000。当 $n=0.1\sim0.2$ 时，树脂为黏度为 6～16 Pa·s 的琥珀色或淡黄色的液体。当 n 接近 2 时树脂变为固体。相对分子质量为 300～700，软化点小于 50℃称为低相对分子质量树脂(或软树脂)；相对分子质量在 1 000 以上，软化点大于 60℃称为高相对分子质量树脂(或硬树脂)。前者主要应用于浇铸、胶接、复合材料等方面，而后者主要应用于油漆、涂料等方面。

(3)脂肪多元醇缩水甘油醚型环氧树脂

脂肪多元醇缩水甘油醚分子中含有两个或两个以上的环氧基，这类树脂绝大多数黏度很低，大多数品种具有水溶性。其中最常见的是丙三醇环氧树脂(甘油环氧树脂)，其结构如下：

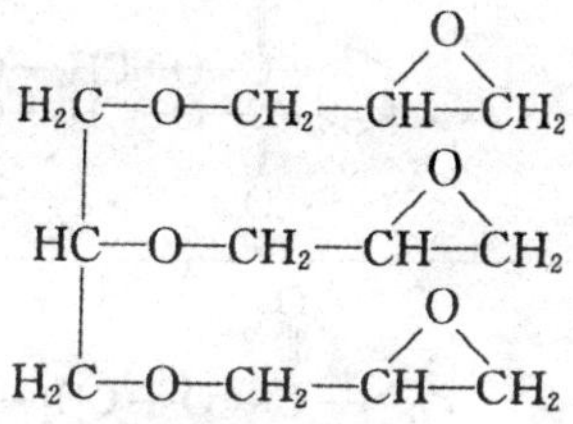

$$\begin{array}{l} H_2C-O-CH_2-\overset{\;\;O}{CH-CH_2} \\ \;\;| \\ HC-O-CH_2-\overset{\;\;O}{CH-CH_2} \\ \;\;| \\ H_2C-O-CH_2-\overset{\;\;O}{CH-CH_2} \end{array}$$

丙三醇环氧树脂具有很强的黏合力，可用作黏合剂，它可以与二酚基丙烷型环氧树脂混合使用，以降低操作黏度和增加固化体系的韧性。此外，它还可用作毛织品、棉布和化学纤维的处理剂，处理后的织物具有防皱、防缩和防虫蛀等优点。

(4)缩水甘油酯类环氧树脂

与二酚基丙烷环氧树脂相比较，缩水甘油酯环氧树脂黏度低，使用工艺性好，反应活性高，黏合力比通用环氧树脂高，固化物力学性能好，电绝缘性尤其是耐漏电痕迹性好，具有良好的耐超低温性。几种缩水甘油酯结构见表 4-1。

表 4-1　缩水甘油酯结构①

缩水甘油酯	结构式
邻苯二甲酸二缩水甘油酯	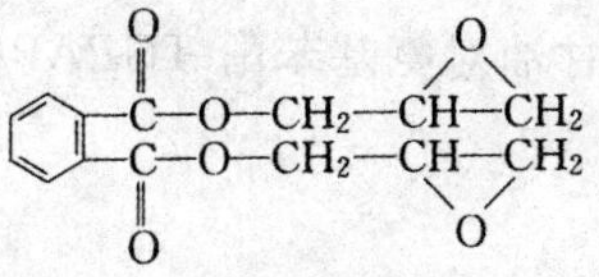 $C_6H_4[-C(=O)-O-CH_2-\overset{O}{CH-CH_2}]_2$（苯环邻位两个 $-\overset{O}{\overset{\parallel}{C}}-O-CH_2-CH-CH_2$ 环氧基）

① 王汝敏，郑水蓉，郑亚萍. 聚合物基复合材料[M]. 2 版. 北京：科学出版社，2011.

缩水甘油酯	结构式
间苯二甲酸二缩水甘油酯	$C_6H_4[\text{C(=O)—O—CH}_2\text{—}\overset{O}{\text{CH—CH}_2}]_2$
对苯二甲酸二缩水甘油酯	$\overset{O}{\text{H}_2\text{C—CH}}\text{—CH}_2\text{—O—C(=O)—C}_6\text{H}_4\text{—C(=O)—O—CH}_2\text{—}\overset{O}{\text{CH—CH}_2}$
四氢邻苯二甲酸二缩水甘油酯	$C_6H_8[\text{C(=O)—O—CH}_2\text{—}\overset{O}{\text{CH—CH}_2}]_2$
六氢邻苯二甲酸二缩水甘油酯	$(S)[\text{C(=O)—O—CH}_2\text{—}\overset{O}{\text{CH—CH}_2}]_2$
偏苯三酸三缩水甘油酯	$C_6H_3[\text{C(=O)—O—CH}_2\text{—}\overset{O}{\text{CH—CH}_2}]_3$

(5)缩水甘油胺类树脂

缩水甘油胺类树脂可以从脂族或芳族伯胺或仲胺和环氧氯丙烷合成，这类树脂的特点是多官能度、环氧值高、交联密度高、耐热性显著提高，主要缺点之一是有一定脆性。典型的品种有含有四个环氧基的四缩水甘油甲基二苯胺 TGMDA(国内牌号 AG-80，国外牌号 MY720、MY721)和含有三个环氧基的三缩水甘油对氨基苯酚 TGPAP(国内牌号 AFG-90)。其结构式分别为：

$$(\overset{O}{\text{CH}_2\text{—CH}}\text{—CH}_2)_2\text{N—C}_6\text{H}_4\text{—CH}_2\text{—C}_6\text{H}_4\text{—N}(\text{CH}_2\text{—}\overset{O}{\text{CH—CH}_2})_2$$

$$\left(\overset{\text{O}}{\overbrace{CH_2—CH}}—CH_2\right)_2N—C_6H_4—CH_2—C_6H_4—N\left(CH_2—\overset{\text{O}}{\overbrace{CH—CH_2}}\right)_2$$

(6)脂环族环氧树脂

脂环族环氧树脂是由脂环族烯烃的双键经环氧化而制得的。其特点如下:

①抗压与抗拉强度较高。

②长期暴露在高温条件下仍能保持良好的力学性能和电性能。

③耐电弧性好。

④耐紫外光老化性能及耐气候性较好。

重要的品种有双(2,3-环氧环戊基)醚,牌号为 W-95(300# ～400#)和二氧化双环戊二烯,牌号为 R-122(6207#)。R-122 是由双环戊二烯经过乙酸氧化而制得的,结构式如下:

通常这类树脂用胺类难以固化,多采用酸酐类固化剂。由于树脂中无羟基存在,因此用酸酐固化时,必须加入少量的多元醇作为酸酐的开环剂,起引发作用。如用顺酐或 647 酸酐固化时,需加入少量甘油作酸酐的开环剂。

(7)脂肪族环氧树脂

脂肪族环氧树脂与二酚基丙烷型环氧树脂及脂环族环氧树脂不同,在分子结构里不仅无苯环,也无脂环结构,仅有脂肪链,环氧基与脂肪链相连。结构式为:

$$\left[CH_2—\underset{OH}{CH}—\underset{O—\overset{}{C}(=O)—CH_3}{CH}—C_2H_4—\overset{\text{O}}{\overbrace{CH—CH}}—C_3H_6—CH{=}CH—CH_2—\underset{\overset{\text{O}}{\overbrace{CH—CH_2}}}{CH}—CH_2—\underset{CH=CH_2}{CH}\right]_n$$

在此类树脂中,环氧化聚丁二烯树脂具有代表性,牌号为 2000#,它溶于苯、甲苯、乙醇、丁醇、丙酮等溶剂,能与胺类、酸酐类固化剂进行固化反应,反应产物有较高的耐热性和冲击性能。分子结构中带有不饱和双键,用过氧化物引发交联,可提高固化产物的交联密度,使树脂耐热性得以提高,缺点是收缩率大。在有些情况下,它能与其他类型的树脂混用,借以改进复合材料的韧性。

2.不饱和聚酯树脂

通常用于聚酯玻璃钢的聚酯树脂就是不饱和聚酯(Unsaturated Polyester,UP),不饱和聚酯属于聚酯树脂的一类。

不饱和聚酯树脂(Unsaturated Polyester Resins,UPR)是一种典型的热固性树脂基体材料,是指分子链上具有不饱和键(如双键)的聚酯高分子。

作为复合材料基体树脂,不饱和聚酯树脂与其他众多热固性树脂相比有以下独特的优点。不饱和聚酯树脂可采用多种加工成型方法,如手糊成型、喷射成型、拉挤成型、注塑成型、缠绕成型等。不饱和聚酯树脂在工业上被称为接触成型或低压成型热固性树脂。

不饱和聚酯室温下一般为固体,习惯上通常将其溶于乙烯类单体中,制成溶液。常用的乙烯类单体有苯乙烯、醋酸乙烯、甲基丙烯酸甲酯等。采用不同分子结构的原料与配比组成,可以获得多种性能的树脂基体。所以不饱和聚酯类产品可以分别应用于装饰注塑件、电器浇铸、铸塑纽扣(特别是珠光纽扣)、清漆、陶瓷管密封或螺母的固定胶、聚酯泥子、胶泥等;特别是不饱和聚酯树脂玻璃钢已广泛应用于建材工业、化学工业和运输工业中。

(1)不饱和聚酯的合成

生产中一般采用二元酸,如顺丁烯二酸(或酐)、反丁烯二酸(或邻苯二甲酸酐)与二元醇(如乙二醇)或三元醇(如丙三醇)等通过酯化反应形成不饱和聚酯,其反应式如下:

$$n\mathrm{HOOCRCOOH}+n\mathrm{HO{-}R'{-}OH}\longrightarrow \mathrm{HO}\!\left[\mathrm{OCORCOOR'O}\right]_n\!\mathrm{H}+(2n-1)\mathrm{H_2O}$$

式中,R、R′为烃基或其他基团。

采用饱和酸来代替部分不饱和二元酸,可以使分子链中双键间的平均距离增大,减少交联键数目,改善不饱和聚酯的柔韧性。合成时引入双酚A,可以获得具有较好的耐酸、耐碱和耐温性能。

(2)不饱和聚酯的固化

通过所含双键自身交联固化,固化后的结构表示如下:

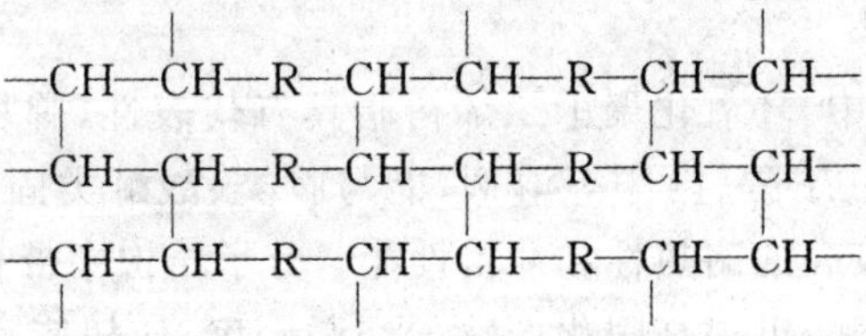

```
           |                 |                 |
—CH—CH—R—CH—CH—R—CH—CH—
   |                 |                 |
—CH—CH—R—CH—CH—R—CH—CH—
           |                 |                 |
—CH—CH—R—CH—CH—R—CH—CH—
   |                 |                 |
```

以苯乙烯交联固化后的结构如下所示:

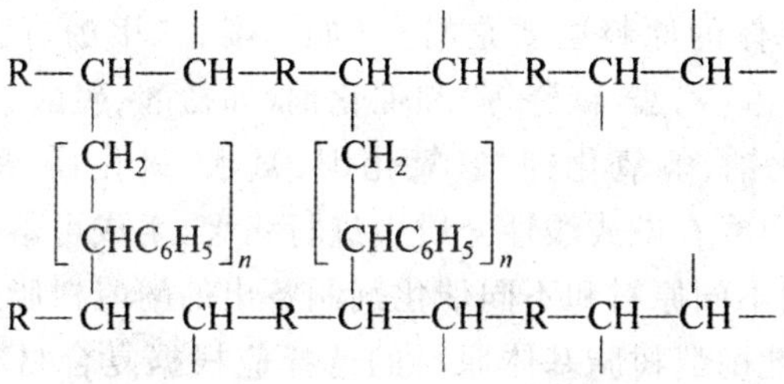

$$
\begin{array}{l}
\quad\quad\ \ |\quad\quad\quad\quad\quad\quad\quad\quad |\quad\quad\quad\quad\quad\quad\quad\quad | \\
R-CH-CH-R-CH-CH-R-CH-CH- \\
\quad\ \ \left[\begin{array}{l} CH_2 \\ \ | \\ CHC_6H_5 \end{array}\right]_n \quad\quad \left[\begin{array}{l} CH_2 \\ \ | \\ CHC_6H_5 \end{array}\right]_n \\
R-CH-CH-R-CH-CH-R-CH-CH- \\
\quad\quad\quad\quad\quad\quad |\quad\quad\quad\quad\quad\quad\quad\quad |\quad\quad\quad\quad\quad\quad\quad\quad |
\end{array}
$$

式中，R 为 $-\overset{O}{\overset{\|}{C}}-O-CH_2-CH_2-O-\overset{O}{\overset{\|}{C}}-$。

不饱和聚酯的固化反应需要交联剂，为含有双键的化合物，如苯乙烯、甲基丙烯酸甲酯等。另外还需要加入引发剂、促进剂、阻聚剂和触变剂等。

(3)不饱和聚酯树脂的性能

不饱和聚酯树脂不耐氧化性介质。聚酯树脂的耐碱及耐溶剂性能差，这是由于分子链中存在大量的酯键，在碱或热酸的作用下，能发生水解反应：

$$-\overset{O}{\overset{\|}{C}}-O-CH_2- \xrightleftharpoons{NaOH} -\overset{O}{\overset{\|}{C}}-ONa+HO-CH_2-$$

$$-\overset{O}{\overset{\|}{C}}-O-CH_2- \xrightleftharpoons{酸,\triangle} -\overset{O}{\overset{\|}{C}}-OH+HO-CH_2-$$

聚酯树脂工艺性良好，可在常温条件下施工，施工方便。由于在固化过程中，没有挥发物逸出，因此制品的致密性较高。

3. 酚醛树脂基体

酚醛树脂是最早工业化的合成树脂，由于它原料易得、合成方便，以及树脂固化后性能能够满足许多使用要求，因此在工业上得到广泛应用。由于酚醛树脂产品具有良好的机械强度和耐热性能，尤其具有突出的瞬时耐高温烧蚀性能，以及树脂本身又有改性的余地，所以目前酚醛树脂不仅广泛用于制造玻璃纤维增强塑料（如模压制品）等，且作为瞬时耐高温和烧蚀的结构复合材料用于宇航工业方面（空间飞行器、火箭、导弹等）。酚醛树脂虽是古老的一类热固性树脂，生产应用也有 80 余年历史，但由于树脂合成的化学反应非常复杂，固化后的酚醛树脂的分子结构又难以被准确测定，所以迄今为止缩聚反应的历程还不完全清楚，酚醛树脂的研究工作仍在继续进行。

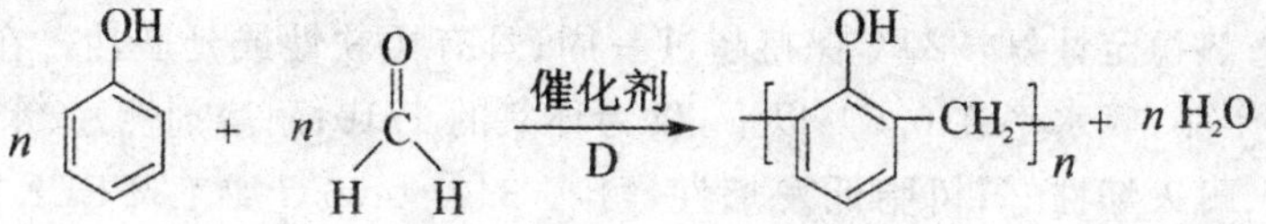

$$n\ C_6H_5OH + n\ H-\overset{O}{\overset{\|}{C}}-H \xrightarrow[D]{催化剂} \left[C_6H_3(OH)-CH_2 \right]_n + n\ H_2O$$

酚醛树脂基体的原料主要是酚类(如苯酚、二甲酚、间苯二酚、多元酚等)。醛类(如甲醛、乙醛、糠醛等)和催化剂(如盐酸、硫酸、对甲苯磺酸等酸性物质及氢氧化钠、氢氧化钾、氢氧化钡、氨水、氧化镁、醋酸锌等碱性物质)。酚与过量甲醛在碱或酸性介质中进行缩聚,生成可熔性的热固性酚醛树脂。由于采用不同原料和不同催化剂制备出的酚醛树脂的结构和性能并不完全相同,因此酚醛树脂基体原料的选择应根据复合材料产品的性能要求而定。

4. 聚酰亚胺树脂

聚酰亚胺是指主链上含有酰亚胺环的一类聚合物,这类聚合物早在1908年就有报道。其一般结构如下所示:

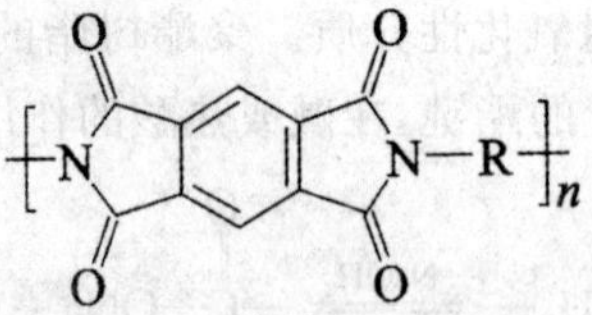

聚酰亚胺树脂可分成缩聚型、加成型和热塑性三种类型。

严格来讲,只有加聚型的聚酰亚胺是热固性的树脂,因为加聚型的聚酰亚胺是相对分子质量较小的酰亚胺化的齐聚物,通过活性端基进行交联固化,形成网状结构。固化树脂具有较高的交联密度,因此具有较大的脆性。缩聚型聚酰亚胺其行为像热固性树脂,树脂固化物是不溶不熔的。聚酰亚胺作为先进复合材料基体应用的主要原因在于其能在250℃以上长期使用,这一点即使最好的多官能团环氧树脂也不能达到。

5. 聚醚醚酮树脂

聚醚醚酮(PEEK)是新一代耐高温高分子,其碳纤维增强复合材料(APC-2)已经用于机身、卫星部件和其他空间结构,PEEK的碳纤维增强复合材料可在250℃条件下连续使用。

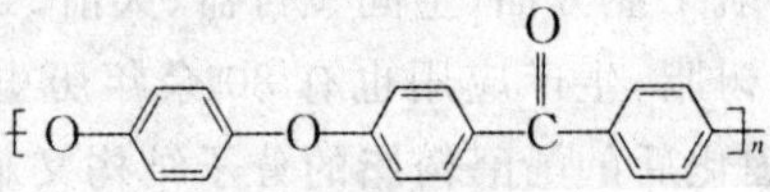

由对苯二酚和4,4-二氟二苯甲酮合成的聚醚醚酮,玻璃化转变温度185℃、熔点288℃热变形温度165℃,用玻璃填料填充后可以提高到接近熔点温度;热稳定性好,320℃保持超过一周;具有柔软性或延展性。在200℃可保持半年;吸水率在0.5%以下,仅为环氧的1/10;耐溶剂性好、水解稳定性优异、耐火焰性好;树脂低发烟性,可在340～400℃加工;PEEK的韧性

是环氧树脂的 50～100 倍；PEEK 的结晶度最高为 48%，一般在 30%～45%；PEEK/CF 在 380～400℃加工，可用热压罐、热压和隔膜成型，而带缠绕则需大于 500℃。

PEEK 树脂不仅耐热性比其他耐高温塑料优异，而且具有高强度、高模量、高断裂韧性以及优良的尺寸稳定性，对交变应力的优良耐疲劳性是所有塑料中最出众的，可与合金材料媲美。PEEK 树脂具有突出的摩擦学特性，耐滑动磨损和微动磨损性能优异，PEEK 还具有自润滑性好、易加工、绝缘性稳定、耐水解等优异性能，使得其在航空航天、汽车制造、电子电气、医疗和食品加工等领域具有广泛的应用，开发利用前景十分广阔。

6. 聚苯并环丁烯树脂

双苯并环丁烯(BBCB)200℃以上发生开环聚合反应，其玻璃化转变温度均高于 270℃，热分解温度高于 380℃。固化物的力学性能优良，高温性能保留率为 50%。带酮基的双苯并环丁烯固化物可在 250℃下长期使用。大多数双苯并环丁烯同化物的耐溶剂性优良，不溶于有机溶剂，只有在少数溶剂中发生微小的溶胀。双苯并环丁烯的固化物的吸水率很低，常温下吸水率小于 0.5%。

R　R　Δ　R　R　——→固化物

同时，苯并环丁烯树脂具有优异的电绝缘性能，可在电子技术领域获得广泛的应用。目前，已应用于高级微电子领域，包括多层布线、有源矩阵平板显示器、高频器件及无源器件的埋置工艺等。

7. 聚双环戊二烯树脂

双环戊二烯(Dicyclopentadiene，DCPD，化学式 $C_{10}H_{12}$)是环戊二烯的二聚体，来源于裂解乙烯的 C_5 馏分，有桥环式和挂环式两种结构，凝固点 31.5℃，所以一般室温下是无色结晶状态或淡黄色液态(含有杂质)，不溶于水，溶于醇、醚等有机溶剂。

对于 DCPD 聚合反应机理目前国内外研究学者们已经做了大量的工作，其聚合机理目前已基本得到统一，即开环移位聚合机理(Ring-opening metathesis polymerization，ROMP)。

图 4-1 就是目前公认的双环戊二烯的聚合机理，在聚合过程中，金属卡宾活性中心“M═CHR”与 DCPD 中的 C═C 键形成了金属环丁烷中间体，然后该中间体的双键断裂又可以形成新的活性中心，此时因为双键被限制

在环内，因此聚合就发生在环外的烯烃双键上，最终链增长形成具有不饱和骨架的、交联结构的 PDCPD。

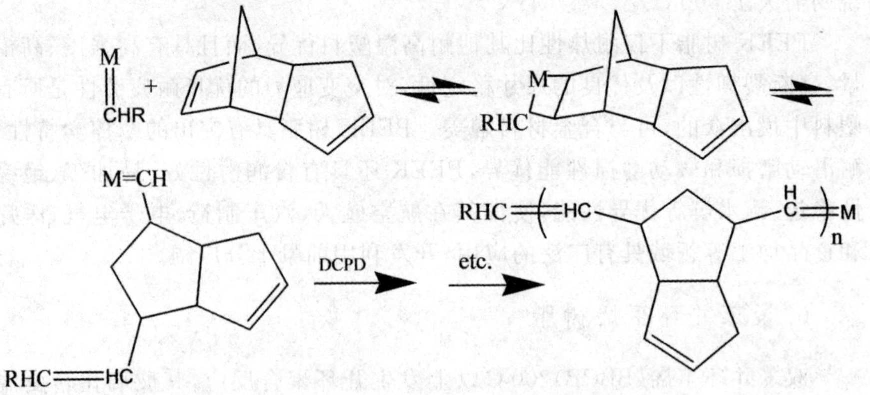

图 4-1　双环戊二烯开环移位聚合反应机理

该反应体系在聚合时会放出大量的热，因此反应即便是在低温下也可以很快地进行，反应时主催化剂与助催化剂一旦接触即可迅速形成金属卡宾结构，继而引发 DCPD 脚链聚合，最终形成如图 4-2 结构的 PDCPD。

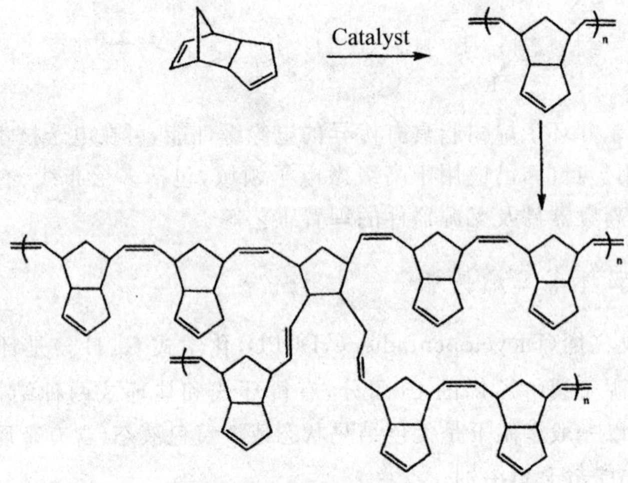

图 4-2　聚双环戊二烯的交联结构

4.1.2　增强剂

在复合材料中，凡是能提高基体材料力学性能的物质，均称为增强材料。

1. 玻璃纤维

玻璃纤维(Glass Fiber,GF)是一种性能优异的无机非金属材料,具有不燃、耐高温、电绝缘、拉伸强度高、化学稳定性好等优良性能,是现代工业和高技术不可缺少的基础材料。

玻璃纤维的分类方法很多。连续玻璃纤维一般按玻璃原料成分可分为以下几类:

①无碱玻璃纤维。国内目前规定碱金属氧化物含量不大于0.5%,此纤维强度较高、耐热性和电性能优良、能抗大气侵蚀、化学稳定性好(但不耐酸),其最大的特点是电性能好,因此有时被称为电气玻璃。

②中碱玻璃纤维。此纤维主要是耐酸性好,主要用于耐腐蚀领域,价格较便宜。

③特种玻璃纤维。镁铝硅系高强、高弹玻璃纤维,硅铝钙镁系耐化学介质腐蚀玻璃纤维、含铅纤维、高硅氧纤维、石英纤维等。

2. 碳纤维

碳纤维(Carbon Fiber,CF)是由有机纤维[如黏胶纤维、聚丙烯腈(Polyacrylonitrile,缩写为PAN)纤维或沥青纤维]在保护气氛(N_2或Ar)下热处理碳化成为含碳量90%~99%的纤维。

碳纤维通常以聚合物纤维作为原料,经预氧化、碳化、石墨化等过程最终制得聚合物基碳纤维,其中聚丙烯腈基碳纤维最为常见。图4-3为聚丙烯腈基(PAN-based)碳纤维的生产流程示意图。聚丙烯腈基碳纤维的制备过程包括PAN原丝纤维的制备、PAN纤维的预氧化(温度180~380℃)、碳化(温度为1 500℃)、石墨化和表面处理。PAN法生产CF的工艺过程如图4-3所示。

在高温2 500~3 000℃时施加张力有利于提高纤维的性能,纤维的结构变化如图4-4所示。

3. 芳纶纤维

芳纶纤维是指目前已工业化并广泛应用的聚芳酰胺纤维。国外商品牌号为凯夫拉纤维(Kevlar),中国通常称为芳纶纤维。芳纶纤维结构中聚合物的主链由芳香环和酰胺基构成,每个重复单元中酰胺基的氮原子和羰基均直接与芳环中的碳原予相连接的聚合物称为芳香族聚酰胺树脂,由其纺成的纤维总称为芳香族聚酰胺纤维,简称芳纶纤维。芳纶纤维有两大类:全芳族聚酰胺纤维和杂环芳族聚酰胺纤维。全芳族聚酰胺纤维主要包括聚对

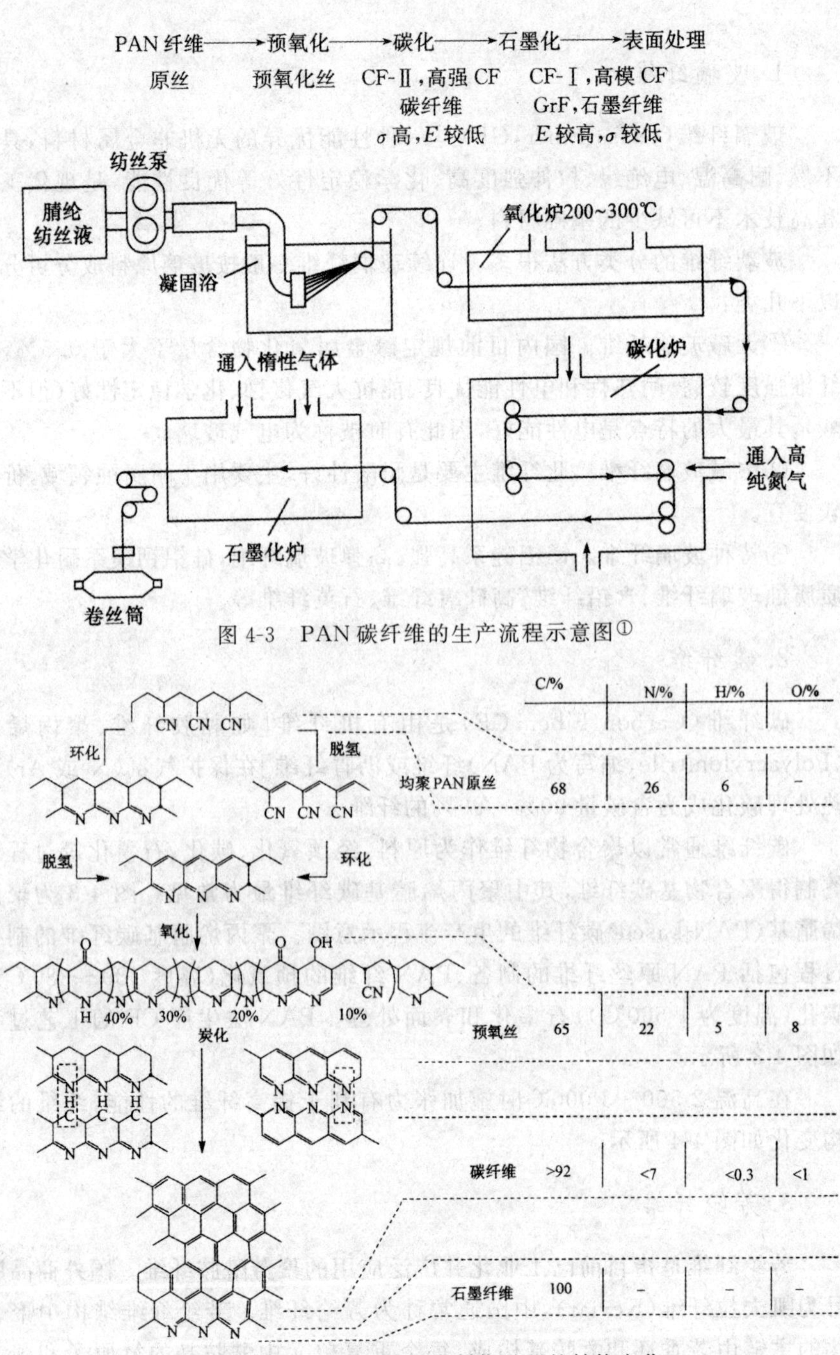

图 4-3 PAN 碳纤维的生产流程示意图①

图 4-4 聚丙烯腈基碳纤维制作过程的结构变化

① 张春红，徐晓冬，刘立佳. 高分子材料[M]. 北京：北京航空航天大学出版社，2016.

苯二甲酰对苯二胺和聚对苯甲酰胺纤维、聚间苯二甲酰间苯二胺和聚间苯甲酰胺纤维等。杂环芳族聚酰胺纤维是指含有氮、氧、硫等杂原子的二胺和二酰氯缩聚而成的芳酰胺纤维。芳纶纤维的种类繁多，但是聚对苯二甲酰对苯二胺（PPTA）纤维作为复合材料的增强材料应用最多。例如，美国杜邦公司的 Kevlar 系列、荷兰 AKZO 公司的 Twaron 系列、俄罗斯的 Terlon 纤维都是属于这个品种。

（1）间位芳香族聚酰胺

聚间苯二甲酰间苯二胺［poly（*m*-phenylene isophthalamide）］的结构为：

$$\left[NH-C_6H_4-NH-\overset{\overset{O}{\|}}{C}-C_6H_4-\overset{\overset{O}{\|}}{C} \right]$$

商品名有美国杜邦的 Nomex、日本帝人（Teijing）的 Conex、我国的芳纶-1313 等。与普通有机纤维相比，其特点是高温性能好（高温下强度保持率高）、绝热性能好（导热系数小）、尺寸稳定性好（热膨胀系数小）、具有难燃自熄性、氧化稳定性好、水解稳定性好、耐化学腐蚀性好、抗静电性能好，但强度、模量仍较低，不能作为结构复合材料的增强纤维，主要作为 Nomex 蜂窝。

（2）对位芳香族聚酰胺

对位芳纶即对位芳香族聚酰胺有两种分子结构。

①聚对苯甲酰胺。

聚对苯甲酰胺［poly（*p*-benzamide）］纤维为由对氨基苯甲酰氯缩聚反应、纺丝而制得，其分子结构为：

$$\left[\overset{\overset{O}{\|}}{C}-C_6H_4-NH \right]$$

这类纤维商品有杜邦早期产品"B"纤维、PRD-49-1，前苏联的 HGA 纤维和我国的芳纶Ⅰ（芳纶-14）。

②聚对苯二甲酰对苯二胺。

聚对苯二甲酰对苯二胺［poly（*p*-phenylene terephthalamide）］简称 PPTA 纤维，是以对苯二甲酰氯或对苯二甲酸和对苯二胺为原料，在强极性溶剂（N-甲基吡咯烷酮）中，通过低温溶液缩聚或直接缩聚反应而得，其反应式如下：

$$n\,Cl-\overset{\overset{O}{\|}}{C}-C_6H_4-\overset{\overset{O}{\|}}{C}-Cl+n\,H_2N-C_6H_4-NH_2 \xrightarrow{\text{催化剂}} \left[\overset{\overset{O}{\|}}{C}-C_6H_4-\overset{\overset{O}{\|}}{C}-HN-C_6H_4-NH \right]_n$$

将缩聚反应制得的聚合物溶于浓硫酸中配成溶致液晶纺丝液，纺丝后经洗涤、干燥或热处理，可以制得各种规格的纤维。

这类纤维商品有杜邦的 Kevlar、日本帝人（过去是 Akzo Nobel）的 Twaron、我国的芳纶Ⅱ（芳纶-1414）等。类似结构的还有日本帝人的 Technora、前苏联生产的 Armos 等。

Technora 采用 3,4'-二氨基二苯醚改性聚对苯二甲酰对苯二胺，其结构为：

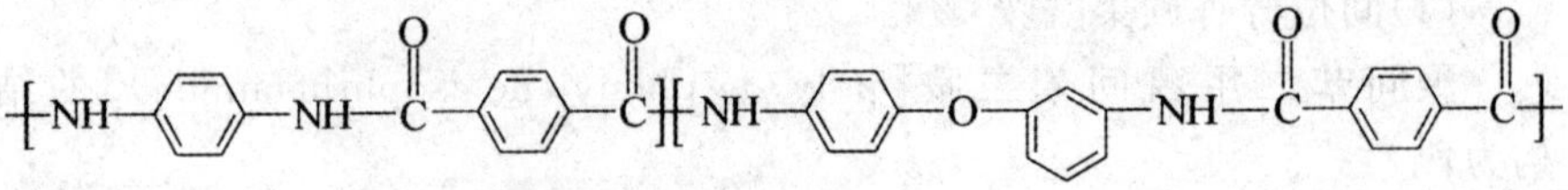

Armos（国内称 F-12 纤维）是含氮杂环芳香族聚酰胺——聚对酰胺基苯并咪唑，其结构为：

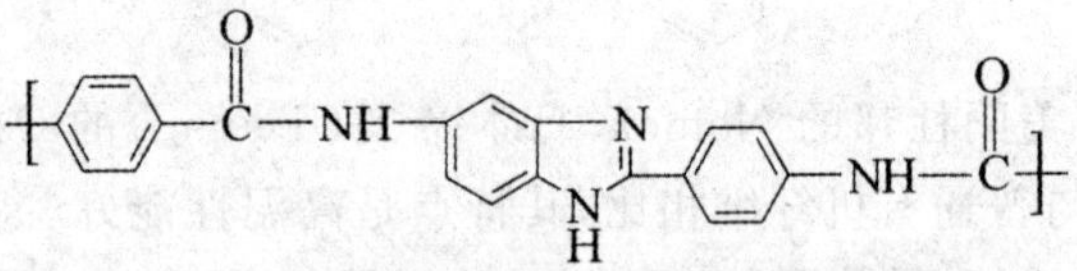

芳纶纤维的主要特点是其高拉伸强度，单丝强度可达 3 773 MPa。芳纶纤维的冲击性好、弹性模量高、断裂伸长率可达 3%左右，比强度和比模量较高，用它与碳纤维混杂可大大提高纤维增强复合材料的冲击性能。芳纶纤维的热稳定性较好，当温度达 487℃时开始碳化但尚不熔化，能在 180℃下长期使用。同时，芳纶纤维对中性化学药品的抵抗力较强，但易受各种酸碱的侵蚀，尤其是强酸的侵蚀；由于结构中存在着极性的酰胺键使其耐水性比较好。

4. 其他纤维

（1）碳化硅纤维

碳化硅纤维是以碳和硅为主要组分的一种陶瓷纤维。高性能复合材料用的碳化硅纤维主要包括如下几类，如图 4-5 所示。

化学气相沉积（CVD）法制备的碳化硅纤维具有很高的室温拉伸强度和拉伸模量。突出的高温性能和抗蠕变性能。其室温拉伸强度为 3.5～4.1 GPa，拉伸模量为 414 GPa。在 1 371℃时，强度仅下降 30%。

碳化硅纤维可同基体胶黏剂复合制成复合材料。例如，碳化硅/环氧复合材料，其拉伸强度和模量同碳纤维/环氧复合材料的相近，但抗压强度高，约为碳纤维/环氧复合材料的 2 倍；其层间剪切强度也较高，可达 100 MPa。

由于具有耐高温、耐腐蚀、耐辐射的性能，所以碳化硅纤维是一种理想的耐热材料。

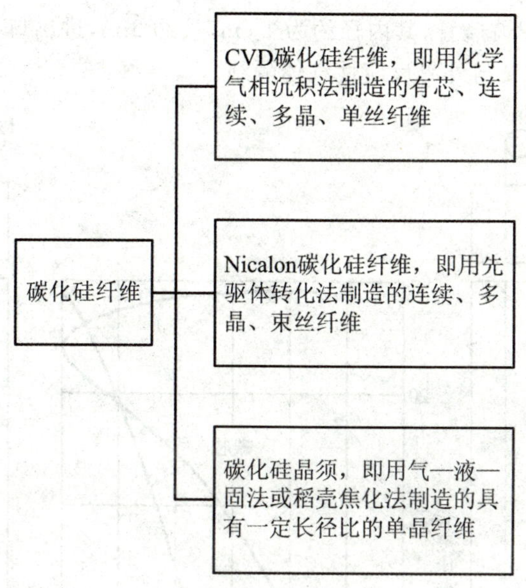

图 4-5　碳化硅纤维的分类

(2)硼纤维

硼纤维(Boron Fiber,BF)是美国最早(20 世纪 50 年代末)开发的高性能纤维，当时主要用于制造树脂基复合材料和金属基复合材料，曾在航空和宇航技术中成功应用而辉煌一时。后来因出现了碳纤维(Carbon Fiber,CF)，由于 CF 生产工艺比 BF 简单，成本低，性能相当，并且 CF 的性能一直在不断改善，因此 BF 已逐步被 CF 取代。

硼的熔点高达 2 050℃，性质脆而硬(硬度接近金刚石)，不能用熔融拉丝法制造纤维，常采用化学气相沉积(Chemical Vapor Deposition,CVD)法将还原的硼蒸气沉积到其他纤维(如 W 丝、CF、Al 丝)上，制得复合的硼—钨芯纤维、硼—碳芯纤维和硼—铝芯纤维。

将 BCl_3 和 H_2 加热到 1 000℃以上，B 还原到 W 丝或 CF 上。该方法工艺成熟，制得的 BF 性能高，成本也高(因为钨丝价格贵，沉积温度高)。

由于硼纤维中的复合组分、复杂的残余应力以及一些空隙或结构不连续的缺陷等，因此，实际硼纤维的强度与理论值有一定的距离，通常硼纤维的平均拉伸强度是 3～4 GPa，弹性模量在 380～400 GPa，硼纤维的密度为 2.34 kg/m^3(比铝小 15%)，熔点 2 040℃，在 315℃以上热膨胀系数为 4.86×10^{-8}/K。

制造硼-钨芯纤维是用直径为 12.5 μm 的钨丝通电加热，通过清洗室，此时钨丝在氢气中被加热到 1 200℃，除去表面污物与氧化物，然后进入 H_2 和 BCl_3 以等量混合的反应室中，此区域最高温度为 1 350℃，还原出的硼蒸气便沉积在钨丝上，制成的硼纤维直径通常为 100/am。整个生产流程见图

4-6,反应室采用玻璃管,其内径约为 1 cm,长约 2 m,进出口处用水银封住,提供接触电路,又与外界反应性气体隔绝。

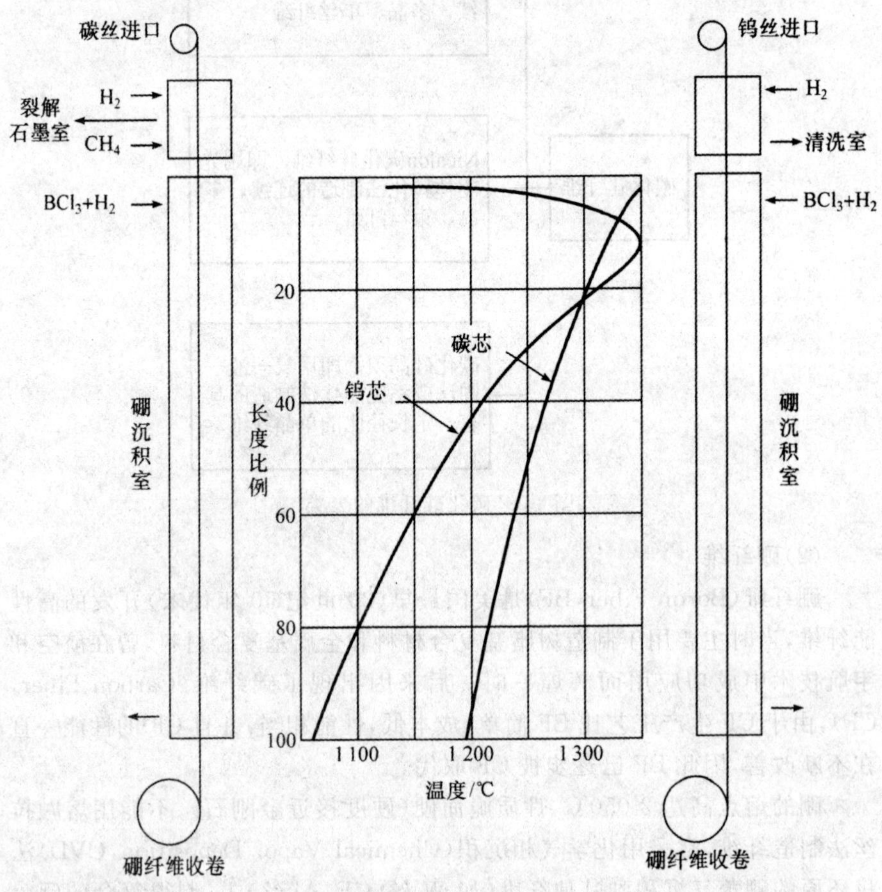

图 4-6　硼沉积流程图与反应室温度分布

5. 无机纳米粒子

无机纳米粒子具有"表面和界面效应、体积效应、量子尺寸效应、小尺寸效应、宏观量子隧道效应,使得纳米材料具有优于一般普通材料的力学、电学、磁学等性能"。因此,在高分子聚合物中添加少量无机纳米粒子,即可使聚合物复合材料在具备有机材料的良好的韧性、易加工、优异的介电性能的基础上,同时具有无机材料的刚性、热稳定性以及尺寸稳定性,从而得到力学、电学、磁学等性能的功能优越于一般材料增强的聚合物基纳米复合材料,继而使聚合物/无机粒子纳米复合材料向功能化和工程化方向发展。因此,聚合物/无机纳米粒子复合材料是一种很有潜力的高新技术材料,具有重大的科研意义及商业开发价值。

无机纳米材料是最早发现且目前应用最多的，主体由无机物所组成的一种纳米材料，可以分为无机非金属类和金属类两类纳米材料。无机非金属类的种类很多，包括金属和非金属氧化物类，如纳米 ZrO_2、纳米 TiO_2、纳米 SiO_2 等；金属氢氧化物纳米粒子类，如纳米 $La(OH)_3$ 等；金属硫化物 MoS_2、纳米 CuS 等；另外还有纳米非金属、纳米氮化物等。金属类纳米材料目前被研究的有 Au、Ag、Cu、Fe、Zn、Co、Ti 等纳米粒子。这些无机纳米材料目前已应用于各种领域，并表现出了不同于一般宏观材料的独特效应，即“表面和界面效应、体积效应、量子尺寸效应（小尺寸效应）、宏观量子隧道效应”，也因此使得材料具有优于一般材料的力学、电学、磁学、热学、光学、化学性能，且与微米级常规无机粒子填充材料相比，在低填充量下即可明显提高聚合物基纳米复合材料的强度、刚性、韧性及耐磨性能等，已然成为材料领域的一朵奇葩。

如纳米 SiO_2 材料的增强、增韧、热稳定性及优良的抗磨耐磨性能。“纳米 MoS_2 填充聚合物后的减摩抗磨性能和极压性能也较常规尺寸的 MoS_2 优越得多，在作为润滑剂做滚动摩擦时，粒径为 10 nm 的球状 MoS_2 较于一般材料摩擦力能减少一半以上”，同时也具有增强聚合物的作用。纳米 TiO_2 因其优异的耐老化、耐腐蚀及光催化性能，在农用塑料和涂料工业等方面有着广泛的应用。金属催化剂颗粒达到纳米尺度时也可以大大提高催化效率。

4.1.3　界面与界面相

高分子复合材料一般是由增强纤维与基体树脂两相组成的，两相之间通过界面使纤维与基体树脂结合为一个整体，使复合材料具备了原组成树脂所没有的性能。对复合材料界面的研究，大大推动了玻璃纤维复合材料的发展。

1. 界面的形成

界面（包括晶界和相界面）是复合材料极为重要的微观结构，它作为增强体与基体连接的“桥梁”，对复合材料的物理机械性能有至关重要的影响。

(1)界面和界相

复合材料的界面（Interface）是指基体与增强物之间化学成分有显著变化的、构成彼此结合的、能起载荷传递作用的微小区域。界相（Interfacial Phase；Interphase）是从与增强体内部性质不同的各个点开始，直到与基体内整体性质相一致的各个点之间组成的区域。

图 4-7 是增强体纤维与基体之间界面区示意图。在复合材料制备过程中给定的热学、化学和力学条件下，形成了结构和性质有别于基体和纤维的界面区。从基体和纤维材料向界面区的过渡可能是连续变化，也可能是不连续变化的。

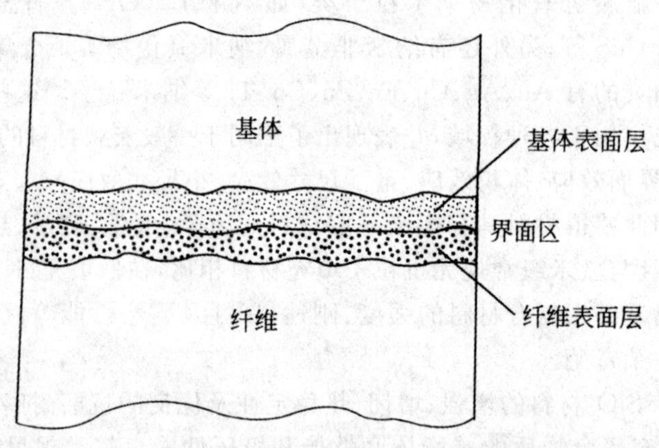

图 4-7　增强体与基体界面区示意图

(2)界面的形成

复合材料体系对界面要求各不相同，它们的成形加工方法与工艺差别很大，各有特点，使复合材料界面形成过程十分复杂，理论上可分为以下两个阶段。

第一阶段：增强体与基体在组分为液态(或黏流态)时的接触与浸润过程。在复合材料的制备过程中，要求组分间能牢固地结合，并有足够的强度。

第二阶段：液态(或黏流态)组分的固化过程，即凝固或化学反应。固化阶段受第一阶段的影响，同时它也直接决定着所形成的界面层的结构。

2. 增强材料的表面处理

玻璃纤维的表面处理为了在玻璃纤维抽丝和纺织工序中达到集束、润滑和消除静电吸附等目的，抽丝时，在单丝上涂了一层纺织型浸润剂。为了进一步提高纤维与基体界面的黏接性能，在消除浸润剂后，还可采用偶联剂对纤维表面进行处理。

玻璃纤维用的偶联剂已有 150 多种。种类繁多的偶联剂按其化学成分主要可分为有机硅烷和有机络合物两大类。下面分别介绍它们的反应机理。

(1)表面偶联剂的偶联机理

①有机硅烷类偶联剂的反应机理。

有机硅烷发生水解反应得到硅醇。

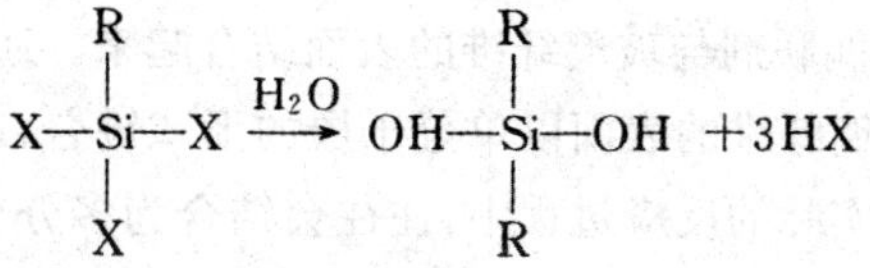

```
        R                      R
        |                      |
    X—Si—X   --H2O-->   OH—Si—OH   +3HX
        |                      |
        X                      R
```

玻璃纤维表面吸水，生成羟基。

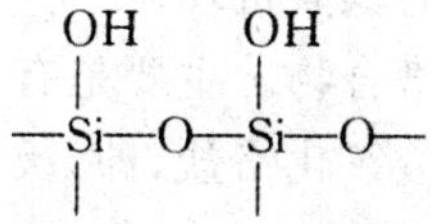

```
     OH      OH
     |       |
   —Si—O—Si—O—
     |       |
```

硅醇与吸水的玻璃纤维表面反应，又分三步。

第一步，硅酸与吸水的玻璃纤维表面生成氢键；

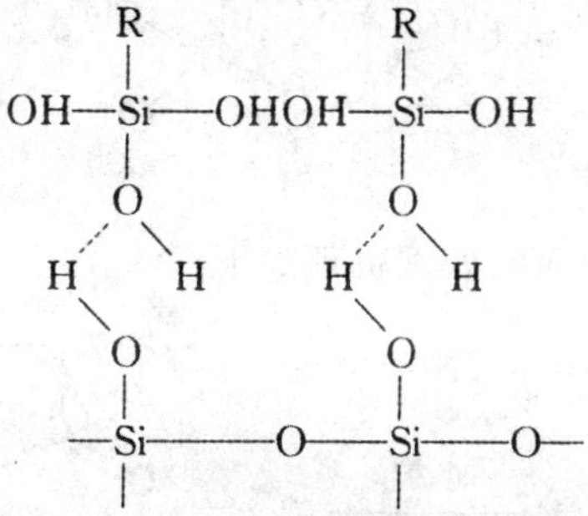

```
        R              R
        |              |
   OH—Si—OHOH—Si—OH
        |              |
        O              O
      /   \          /   \
     H     H        H     H
      \              \
        O              O
        |              |
     —Si——O——Si——O—
        |              |
```

第二步，低温干燥（水分蒸发），硅醇进行醚化反应。

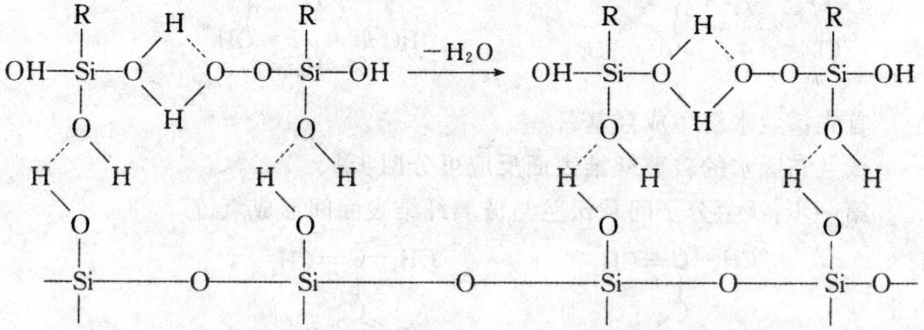

```
     R        H           R                            R        H          R
     |      /   \         |         -H2O               |      /   \        |
OH—Si—O       O—O—Si—OH  ------->  OH—Si—O       O—O—Si—OH
     |      \   /         |                            |      \   /        |
     O        H           O                            O        H          O
   /   \                /   \                        /   \                /   \
  H     H              H     H                      H     H              H     H
   \                    \                             \                    \
     O                    O                            O                    O
     |                    |                            |                    |
  —Si————O————Si————O————Si————O————Si—O—
     |                    |                            |                    |
```

第三步，高温干燥（水分蒸发），硅醇与吸水玻璃纤维间进行醚化反应。

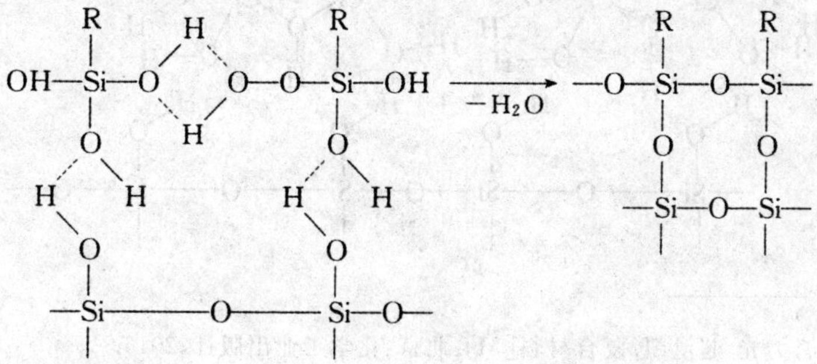

```
     R       H           R                           R       R
     |     /   \         |                           |       |
OH—Si—O       O—O—Si—OH   ------->   —O—Si—O—Si—
     |     \   /         |      -H2O                 |       |
     O       H           O                           O       O
   /   \               /   \                         |       |
  H     H             H     H                    —Si—O—Si—
   \                   \                             |       |
     O                   O
     |                   |
  —Si————O————Si—O—
     |                   |
```

至此，有机硅烷偶联剂与玻璃纤维的表面结合起来。通过上述的反应机理不难发现，硅烷在玻璃纤维的表面以单分子层的形式键合，进行醚化反应，聚合成大分子。不过，在实际的反应过程中，往往会结合为多分子层，同时伴随有物理吸附和沉积现象。因此偶联剂用量对复合材料性能有着重要的影响。

②有机络合物类偶联剂的偶联机理。

另一大类偶联剂是有机络合物。主要是有机酸与氯化铬的络合物。至今仍应用较多的是甲基丙烯酸氯化铬盐；即“沃兰”（Volan），其结构式为：

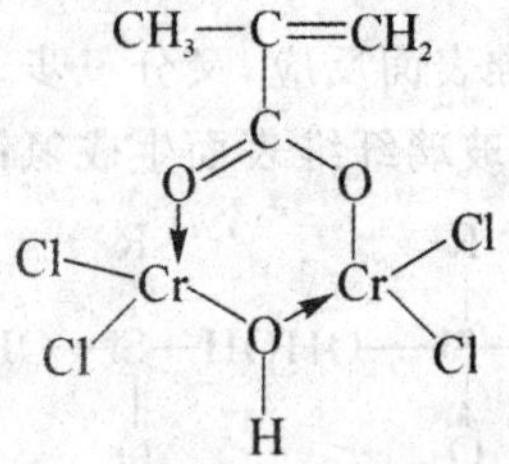

沃兰对玻璃纤维表面的处理机理如下：

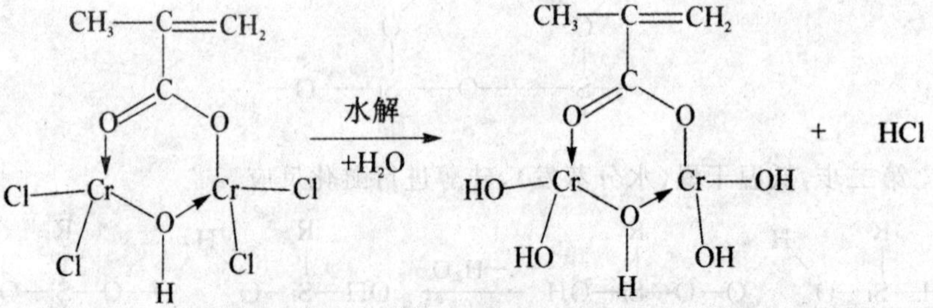

首先沃兰水解生成羟基。

沃兰与吸水的玻璃纤维表面反应可分两步①。

第一步：沃兰分子间及沃兰与玻璃纤维表面间形成氢键；

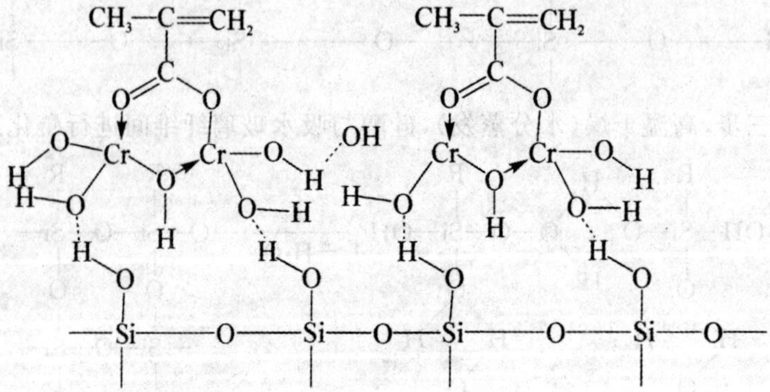

① 肖力光，赵洪凯．复合材料[M]．北京：化学工业出版社，2016．

第二步：干燥（脱水），沃兰之间及沃兰与玻璃纤维表面间缩合—醚化反应。

```
CH3—C═CH2      CH3—C═CH2
     |              |
     C              C
   //  \          //  \
  O     O        O     O
  ↓      \       ↓      \
—O—Cr     Cr—O——Cr       Cr—O—   +H2O
    |  \  ↗ |     |  \  ↗ |
    |   O   |     |   O   |
    |   |   |     |   |   |
    O···H···O     O···H···O
    |       |     |       |
—O—Si——O——Si—O——Si——O——Si—O—
    |       |     |       |
```

沃兰 R 基团（$CH_3—C═CH_2$）及 Cr—OH（Cr—Cl）与基体树脂反应。实验证明，纤维与树脂的黏附强度随玻璃纤维表面上铬含量的增加而提高。此外，络合物自身之间脱水程度越高，聚合度越大，处理效果越好。

③新型偶联剂。

除有沃兰（Volan），硅烷系列偶联剂之外，还有几种新型偶联剂。

a. 耐高温型偶联剂。

随着耐高温树脂的出现需要耐高温的偶联剂。如适用于聚苯并咪唑（PBI）和聚酰亚胺（PI）玻璃纤维复合材料的偶联剂，是一类带有苯环芳香族硅烷，这类偶联剂都含有稳定的苯环和能与树脂反应的官能团。

b. 过氧化物型偶联剂。

此类物质既可以作为偶联剂，又可以作为引发剂、增黏剂。通过热裂解反应得到自由基，得到的自由基能够与无机物或有机物发生化学键合。其偶联的特点是经过热裂解，而不是通过水解进行的。这类偶联剂的典型代表是乙烯基三叔丁基过氧化硅烷，牌号为 Y-5620，其结构式为：

```
       CH3       HC═CH2     CH3
        |          |         |
  H3C—Si—O—O——Si—O—O—Si—CH3
        |          |         |
       CH3         O        CH3
                   |
                   O
                   |
             H3C—Si—CH3
                   |
                  CH3
```

除上述偶联剂外，新型偶联剂还有阳离子型、钛酸酯型、铝酸酯型和稀土类等。

(2)碳纤维表面处理

碳纤维与聚合物基体进行复合,所得复合材料的性能与它们之间形成的界面作用有密切的关系。对碳纤维进行表面处理可提高碳纤维与基体的黏合力,保护碳纤维在复合过程中不受损伤,同时可防止复合材料破坏时,碳纤维碎片对电器设备的危害。碳纤维的表面处理使复合材料不仅具有良好的界面黏接力、层间剪切强度,而且其界面的抗水性、断裂韧性及尺寸稳定性均有明显的改进。

碳纤维表面处理方法主要可通过以下方法来实现:

①湿法氧化:硝酸、次氯酸钠加硫酸、重铬酸钾加硫酸、高锰酸钾加硝酸钠加硫酸氧化剂及电解氧化法等。

②气相氧化:以空气、氧气、臭氧等氧化剂,采用等离子表面氧化或催化氧化法。

③上浆剂:使用有机聚合物涂层在碳纤维与树脂基体间形成过渡层,有树脂涂层、接枝涂层、电沉积等。

根据纤维和树脂的结构及复合材料性能的不同,使用上述处理方法各有优缺点。近年来由于对复合材料综合性能的要求,通常几种处理方法结合使用。

3.复合材料界面的表征

复合材料的性能与界面性质紧密相关,因此需要对其界面性能进行准确的表征。对界面性能的表征主要有如下两方面:一是分析界面的成分;二是分析界面的微结构。

(1)界面的成分分析

界面的成分分析是指检测界面区域的化学元素组成,包括某给定微区的元素组成和某给定元素在界面区域的分布。

X光电子能谱(XPS)、俄歇电子能谱(AES)能给出纤维表面官能团含量和复合材料界面的元素和键合状态。其他可用于界面成分分析的方法还有扫描二次离子质谱仪(SIMS)、电子能量损失谱仪 EELS)和拉曼光谱(Raman)等。

红外(IR)光谱法是通过红外光谱分析研究表面和界面,通过红外光谱分析的数据,可以了解到基体在增强材料表面是产生物理吸附还是化学反应。例如,通过红外光谱分析可以知道,含氯硅烷在室温条件下,在玻璃纤维表面上产生的是物理吸附。但将玻璃纤维置于300℃的含氯硅烷中,或置于CCl_4溶液中经120～150℃干燥后,则它们与玻璃纤维表面产生了不可逆的化学反应。

拉曼(Raman)光谱法是利用氩激光激发的拉曼光谱研究表面和界面。它可以用于研究处理剂与玻璃纤维间的黏结。例如,将玻璃纤维浸在浓度为 2%～3%的乙烯基-二乙氧基硅烷水溶液中,然后经干燥。用拉曼光谱研究发现,硅烷处理剂与玻璃纤维表面间产生了化学键合。再把这种经处理后的纤维与甲基丙烯酸甲酯复合,同时甲基丙烯酸甲酯被引发聚合,然后再用拉曼光谱研究发现,约有 5%的乙烯基三乙氧基硅烷与甲基丙烯酸甲酯产生了共聚反应,从而证实了处理剂在基体与增强材料间的偶联作用。

(2)界面微观结构的表征

扫描电镜(SEM)和透射电镜显微术(TEM)是研究界面微观结构最为广泛使用的方法。

透射电子像能区分试样中的晶态和无定形区域,能获得试样物质的晶格像,甚至分子原子像。近代透射电子显微镜能达到约 0.1 nm 的高分辨率。

金属基复合材料制备过程中的界面反应常常形成新的产物。可应用透射电镜观察和 EDX 分析进行产物的鉴别,而选区电子衍射可用于检测反应产物的结晶性质。

4.2　高分子复合材料的设计

高分子复合材料的制备主要体现在配方设计上,所谓配方设计,并不是各种原料之间的简单的、随机的组合,而是要对高分子材料充分研究、大量实验的基础上得出的结果。当然,一个纯度高、质量上乘的高分子材料只依靠配方的设计还完全不够,要想制备优质的高分子材料,还应包括成型加工工艺、设备的选择、制品的外观设计以及模具设计等。

所谓制品设计主要是指在掌握了制品的形状、结构和使用性能以及合理预测的前提下,选用合理、合适的高分子材料,制定出一套完整的制品制造实施方案和流程。制品设计需遵从“实用、高效、经济”的原则,这样才能生产出实用性强、加工工艺好和成本低的制品。此外,制品的设计还要考虑到备选的高分子化合物品种的多样性、加工工艺和成型设备的可变性及制品的应用领域的特殊性因素。

通常,配方设计可分为以下两种:

(1)单因素变量配方设计方法

这类方法主要针对制品性能只受单因素影响的配方,此法种类较多,一般可分为以下几种:

①爬山法(逐步提高法);

②黄金分割法(0.618法);

③平分法(对分法);

④分批实验法;

⑤抛物线法;

⑥分数法(斐波那契搜集法)。

(2)多因素变量配方设计方法

所谓多因素变量配方指的是制品的性能受两个或两个以上因素的影响,此类方法主要包括正交设计法,中心复合试验计算法。

4.3 高分子复合材料的制备与成型

增强材料与聚合物基体材料只有通过成型工艺制成一定的复合材料。并完成产品的制造,达到其真正优越的综合性能。因而,要根据产品形状和使用要求选择合适的成型方法;按照材料的力学性能和使用时允许的变形条件。

复合材料是用适当方法将两种或两种以上不同性质的材料(称为组分材料)组合在一起构成的性能比其组分材料优异的一类新型材料。复合材料工艺就是将组分材料组合在一起的“适当方法”。图4-8是复合材料成型加工的典型工艺流程图。从图4-8可以看出,复合材料的成型加工包括预浸料等半成品的制备,增强材料的预成型得到接近制品形状的毛坯(Preform)和复合材料的固化成型三个方面的内容。

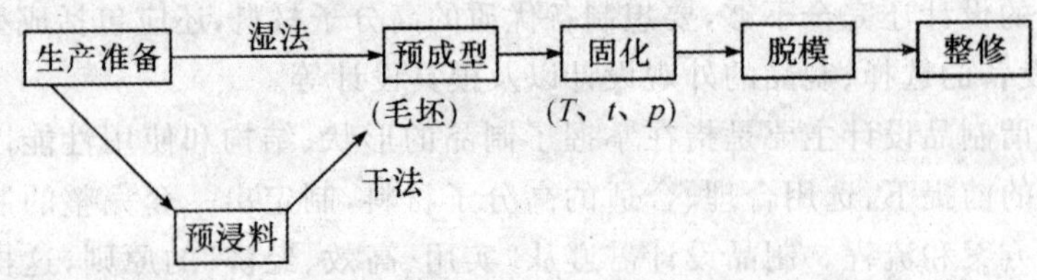

图4-8 复合材料成型加工的典型工艺流程图①

复合材料及其制件的成型工艺,主要是通过产品的结构、外形及性能要求,结合材料的工艺性而确定的。对高分子复合材料的使用性能产生影响的因素主要包括:

① 李贺军,齐乐华,张守阳.先进复合材料学[M].西安:西安工业大学出版社,2016.

①成型加工工艺；

②工艺条件及其控制；

③成型加工设备。

需要说明的是，它们是通过对高分子材料的混合程度、取向程度、流变性能、结品性能直接影响，从而间接地影响高分子材料的使用性能。

20 世纪 40 年代开始，人们对聚合物基复合材料及其制件的成型方法有了一定的研究，随后工业上开始规模化的生产，从此，新的生产方法不断涌现，目前生产中常用的生产方法有：手糊成型；模压成型；层压或卷制成型；缠绕成型；拉挤成型；离心浇铸成型；树脂传递成型；夹层结构成型；喷射成型；真空浸胶成型；挤出成型；注射成型；热塑性片状模塑料热冲压成型等。

4.3.1　手糊成型

手糊成型是用纤维增强材料和树脂胶液在模具上铺敷成型，经固化、脱模成制品的工艺方法。其工艺流程如图 4-9 所示。

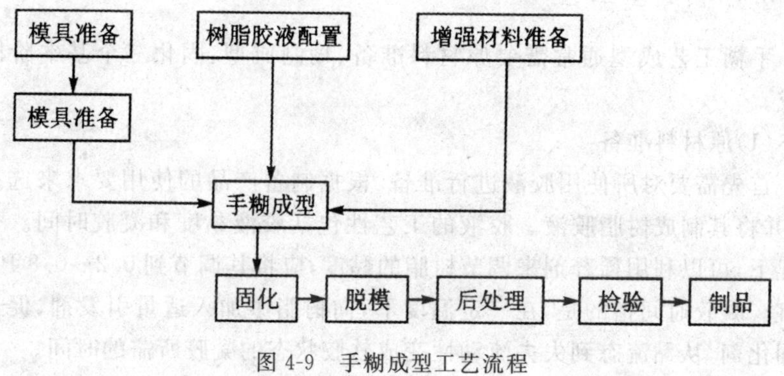

图 4-9　手糊成型工艺流程

1. 原材料选择

原材料选择一般包括：聚合物基体和增强材料的选择。聚合物基体的选择应满足下列要求：能在室温下凝胶、固化，并在固化过程中无低分子物产生；能配制成黏度适当的胶液，适宜手糊成型的胶液黏度为 0.2～0.5 Pa·s；无毒或低毒；价格便宜。

手糊成型用树脂类型有不饱和聚酯树脂，用量约占各类树脂的 80%。其次是环氧树脂。目前在航空结构制品上开始采用湿热性能和断裂韧性优良的双马来酰亚胺树脂，以及耐高温、耐辐射和良好电性能的聚酰亚胺等高性能树脂。增强材料主要形态为纤维及其织物，它赋予复合材料以优良的力学性能。手糊成型工艺用量最多的增强材料是玻璃纤维，其次有碳纤维、芳纶纤维和其他纤维。

2.手糊成型模具与脱模剂

进行手糊成型时需要用到模具，选择合适的模具是保证产品质量和降低制备成本的关键。在实际应用中，通常选用玻璃钢模具。此类模具制造方法简便，精度较高，使用时间长，制品能够采用热压成型。制作对表面质量要求较高且形状复杂的玻璃钢制品时常应用此类模具。其他模具材料还有木质模具、石膏模具、可溶性盐模具、金属模具等。

为使制品与模具分离而附于模具成型面的物质称为脱模剂，其功用是使制品顺利地从模具上取下来、同时保证制品表现质量和模具完好无损。脱模剂的使用温度应高于固化温度。脱模剂分外脱模剂和内脱模剂两大类，外脱模利主要应用于手糊成型和冷固化系统，内脱模剂主要用于模压成型和热固化系统。

3.手糊成型工艺

手糊工艺成型通常需要原材料准备、糊制成型、固化三个基本阶段来完成。

(1)原材料准备

首先需要对所使用胶液进行准备，根据制备产品的使用要求来选择树脂，并将其制成树脂胶液。胶液的工艺性包括胶液黏度和凝胶时间。一般情况下，可以利用稀释剂来调节树脂的黏度，应将其调节到0.2～0.8 Pa·s为宜。凝胶时间指的是，在一定温度下，向树脂中加入适量引发剂、促进剂或固化剂，从黏流态到失去流动性变成软胶状态的凝胶所需的时间。

为了提高增强材料与基体间的黏结力，必须对增强材料进行表面处理。例如，含石蜡乳剂浸润剂的玻璃布需进行热处理或化学处理。

(2)糊制

制品表面需要特制的面层，称为表面层。一般多采用加有颜料的胶衣树脂(俗称胶衣层)。胶衣层厚度控制在0.25～0.5 mm，或专用单位面积用胶量控制，即300～500 g/m^2。

(3)固化

欲使树脂的线型分子与交联剂变成体型结构必须加入引发剂。引发剂开始产生游离基的最低温度为临界温度，其临界温度大都在60～130℃。手糊成型大多是室温固化，因此，应选择活化能和临界温度较低的引发剂。

固化过程可分为凝胶、定型(硬化)、热化(完全固化)三个阶段。手糊工艺过程就是宏观控制这三个阶段的微观变化使制品性能达到要求。

4.3.2　袋压成型、模压成型、层压成型

干法手糊层贴预成型后的复合材料同化成型,按加压方式的不同主要有以下几种成型工艺:①袋压成型;②模压成型;③层压成型。

1. 袋压成型

袋压成型(Bag Moulding)包括真空袋、压力袋和真空袋—热压罐成型法。它是借助成型袋与模具之间抽真空形成的负压或袋外施加压力,使复合材料坯料紧贴模具,从而固化成型的方法。袋压成型的最大优点是开模(或称半模成型),仅用一个阳模或阴模,就可以得到形状复杂、尺寸较大、质量较好的制件,也能制造夹层结构件。袋压成型工艺流程图如图 4-10 所示。

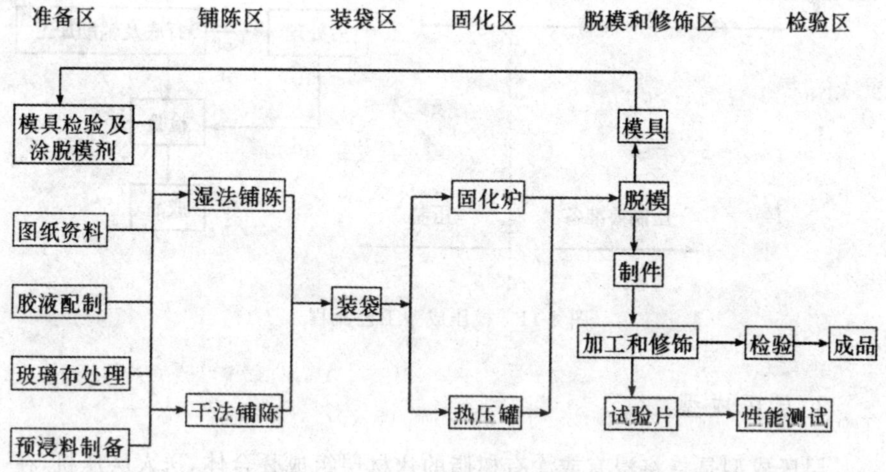

图 4-10　袋压成型工艺流程图[①]

2. 模压成型

模压成型(Compression Molding)是将一定量的模压料放入金属对模中,在一定的温度和压力作用下固化成型制品的一种方法。在模压成型过程中需加热和加压,使模压料塑化、流动充满模腔,并使树脂固化。在模压

① 张春红,徐晓冬,刘立佳. 高分子材料[M]. 北京:北京航空航天大学出版社,2016.

料充满模腔的流动过程中，不仅树脂流动，增强材料也要随之流动，所以模压成型工艺的成型压力较高，属于高压成型工艺。

模压成型工艺已成为复合材料重要的成型方法之一。近年来由于片状模塑料（SMC）、块状模塑料（BMC）和各种模塑料的出现以及它们在汽车工业上的广泛应用，而实现了专业化、自动化和高效率生产。制品成本不断降低，其使用范围越来越广泛。

模压工艺模压成型工艺流程图如图 4-11 所示。包括压制前准备和压制两个过程。压制前需对模具及模压料进行预热，估算装料量、确定脱模剂并对模压料进行预成型；在模压过程中，物料历经黏流、凝胶和固化三个阶段。微观上分子链由线型变成了网状体型结构。模压成型适用于热固性塑料、橡胶、增强复合材料。

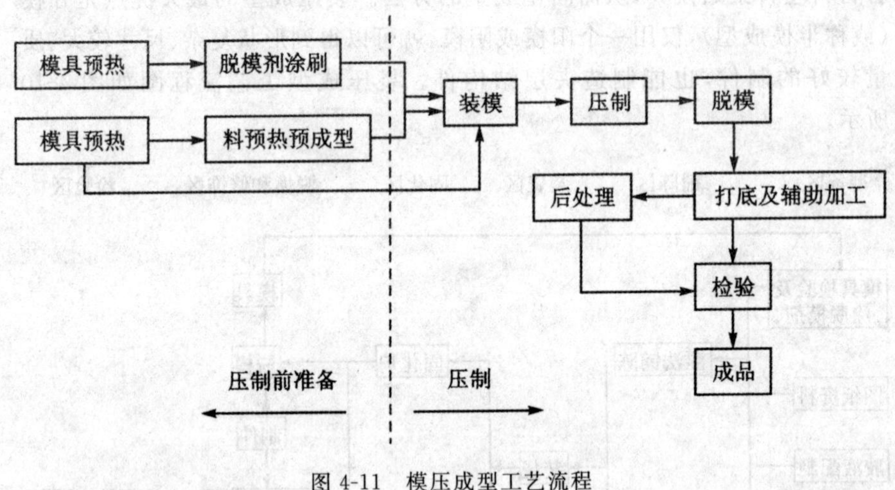

图 4-11　模压成型工艺流程

3. 层压成型

层压成型是指将浸有或涂有树脂的片材层组成叠合体，送人层压机，在加热和加压下，固化成型玻璃钢板材或其他形状简单的复合材料制品的一种方法。其工艺流程如图 4-12 所示。层压成型主要是生产各种规格、不同用途的复合材料板材。具有产品质量稳定等特点，但一次性投资较大。适用于批量生产，它具有机械化、自动化程度高的特点。层压成型主要适用于低压或高压成型。

层压板的热压温度采用五个阶段的升温制度较为合理，如图 4-13 所示。

第一阶段：此阶段为预热阶段，一般指的是由室温升至反应显著开始的温度。这一阶段的作用在于使胶布中的树脂受热熔化，使其可以浸渍玻璃

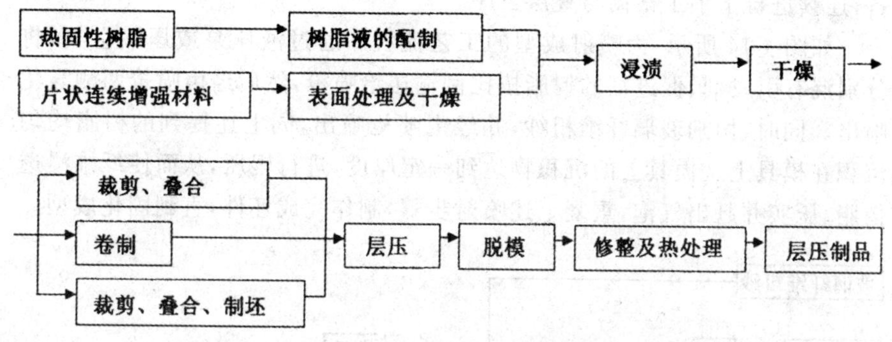

图 4-12　层压成型工艺流程

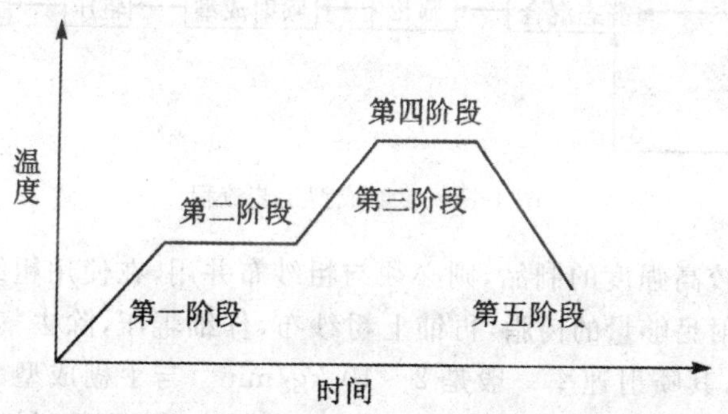

图 4-13　热压工艺 5 个阶段的升温曲线示意

表面。

第二阶段:此阶段为中间保温阶段,目的是使胶布于较低的反应速率下发生固化。

第三阶段:此阶段为升温阶段,目的是提升反应温度,从而提高胶布的固化反应速度。

第四阶段:此阶段为热压保温阶段,目的是使树脂得到充分固化。而保温温度与树脂的固化特性、时间和板材的厚度有关。

第五阶段:为冷却阶段。在保压的情况下,采用自然冷却或强制冷却到室温,而后去除压力取出制品。

4.3.3 喷射成型工艺

喷射成型(Spray-Up)是通过喷枪将短切纤维和雾化树脂同时喷射到开模表面,经辊压、固化制取复合材料制件的方法。准备模具与材料的过程与手糊成型大体一致,具有创新性的一点是,喷射成型工艺中利用了喷射设备，连续进行了手工裱糊与叠层工序。

如图 4-14 所示，为喷射成型的工艺流程。通过液压泵或压缩空气，将分别混有引发剂、促进剂的树脂按比例输送给喷枪，然后经由喷枪两侧雾化喷出。同时，切割玻璃纤维粗纱，并经由喷枪喷出，同上述提到的树脂均匀沉积在模具上。模具上的沉积物达到一定厚度，进行辊压，从而使纤维浸透树脂、压实并赶出气泡，重复上述喷射步骤，制作完成坯件，直到固化成型。

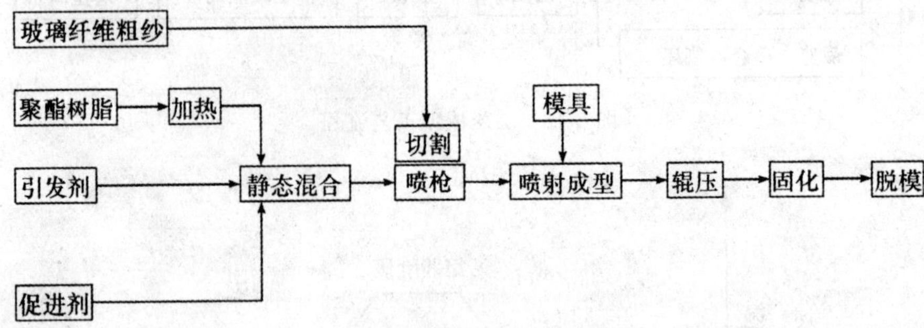

图 4-14　喷射成型工艺流程

要获得较高强度的制品，则必须与粗纱布并用，在使用粗纱布时，应先在模具上喷射足够量的树脂，再铺上粗纱布，仔细辊压，除去气泡。对大多数喷射设备，其喷射速率一般是 2～10 kg/min。与手糊成型一样，最后一层可以使用表面毡，再涂上外涂层。固化、修整、后固化及脱模等工序与手糊法相同。

4.3.4　缠绕成型

将浸过树脂胶液的连续纤维或布带。按照一定规律缠绕在芯模上，然后固化脱模成为增强塑料制品的工艺过程，称缠绕成型(Filament Winding)。

1. 分类

根据缠绕时树脂基体所处的化学物理状态不同，缠绕工艺可分为干法、湿法及半干法三种。

干法缠绕采用预浸纱(带)，缠绕时，在缠绕机上对预浸纱(带)加热软化再缠绕在芯模上。干法缠绕的生产效率较高，缠绕速率可达 100～200 m/min，工作环境也较清洁，但是干法缠绕设备比较复杂，造价高，缠绕制品的层间剪切强度也较低。

湿法缠绕采用液态树脂体系，将纤维经集束、浸胶后，在张力控制下直接缠绕在芯模上，然后再固化成型，湿法缠绕的设备比较简单，但由于纱

（带）浸胶后立即缠绕，在缠绕过程中对制品含胶量不易控制和检验，同时胶液中的溶剂易残留在制品中形成气泡、空隙等缺陷，缠绕时纤维张力也不易控制，劳动条件差，劳动强度大，不易实现自动化。

半干法是在纤维浸胶到缠绕至芯模的途中增加一套烘干设备，将纱带胶液中的溶剂基本上清除掉，半干法制品的含胶量与湿法一样不易精确地控制，但制品中的气泡、空隙等缺陷大为降低。

2. 工艺过程

缠绕工艺流程如图 4-15 所示。

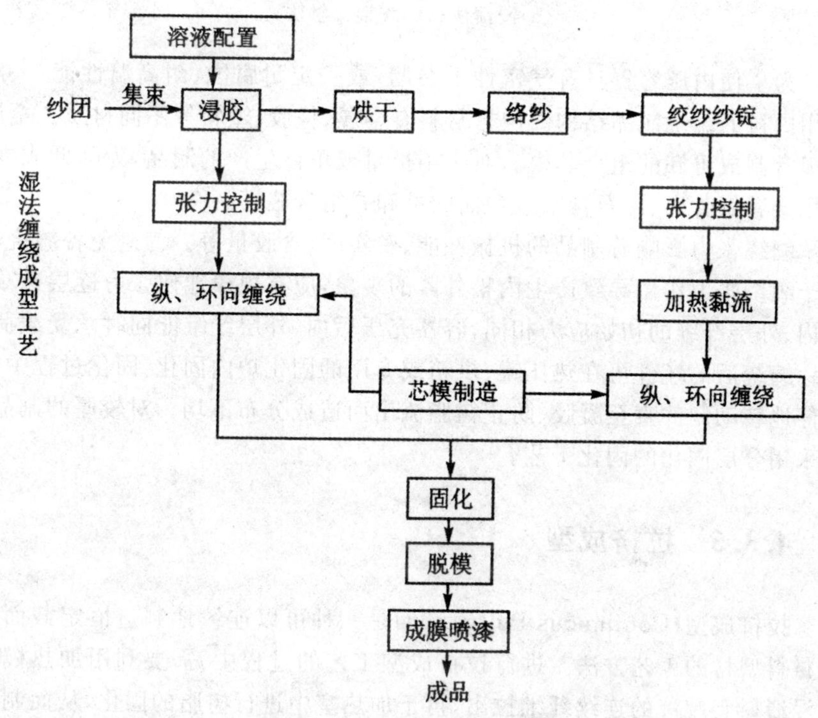

图 4-15　缠绕工艺流程

缠绕成型使用的原材料主要是连续纤维的纱或带和胶液，干法缠绕则采用预浸纱（带）。缠绕成型对树脂的黏度和工艺性能及适用期等有一定的要求。含胶量是在浸胶过程中进行控制的，缠绕工艺的浸胶通常采用浸渍法和胶辊接触法，浸胶方式示意图如图 4-16 所示。浸渍法是通过挤胶辊压力大小来控制含胶量。胶辊接触法，是通过调节刮刀与胶辊的距离，以改变胶辊表面胶层厚度来控制含胶量。

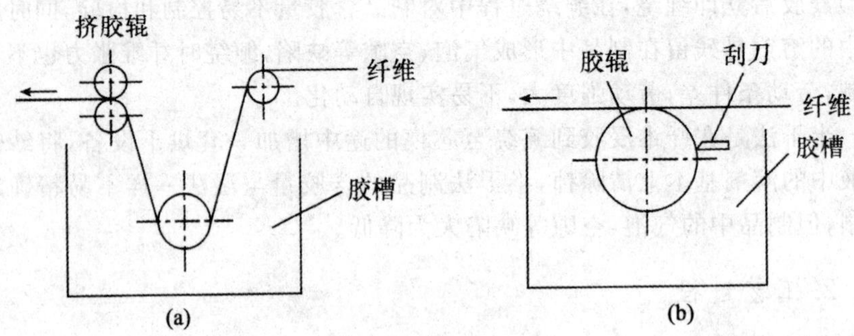

图 4-16　浸胶方式示意图
(a)浸渍法;(b)胶辊接触法

为了使内压容器具有气密性不渗漏,或一定耐腐蚀、耐高温性能,一般采用内衬的缠绕制品结构。内衬材料有金属、橡胶、塑料等不同材质。金属芯模常制成可卸的组合芯模。对于小批量或单件生产的制品,为降低成本,常用金属做骨架、用石膏塑造型面的可卸式组合芯模。

缠绕张力影响着制品的机械性能、密实度、含胶量等。为避免各缠绕层由于缠绕张力作用导致产生内松外紧的现象,应有规律地使张力逐层递减,使内、外层纤维的初始应力相同,容器充压后内、外层纤维能同时承受载荷。

缠绕后的坯件可在热压罐、烘箱或专用的固化炉内固化,固化过程中应不停地转动制件直至凝胶、防止树脂流出而造成分布不均。对较厚的制品,需采用分层固化的固化工艺。

4.3.5　拉挤成型

拉挤成型(Continuous Pultrusion)是一种可以连续地制造恒定截面复合材料型材的工艺方法。进行拉挤成型工艺的过程中,需要利用加热模具将浸渍树脂胶液的连续纤维拉出,再于加热室中进行树脂的固化,从而制备出高性能复合材料的型材。如图 4-17 所示,拉挤成型机通常设置有纤维排布装置、树脂槽、预成型装置、口模及加热装置、牵引装置和切割设备等。除连续拉挤成型外,还有隧道烘炉式拉挤成型和间断式拉挤成型。

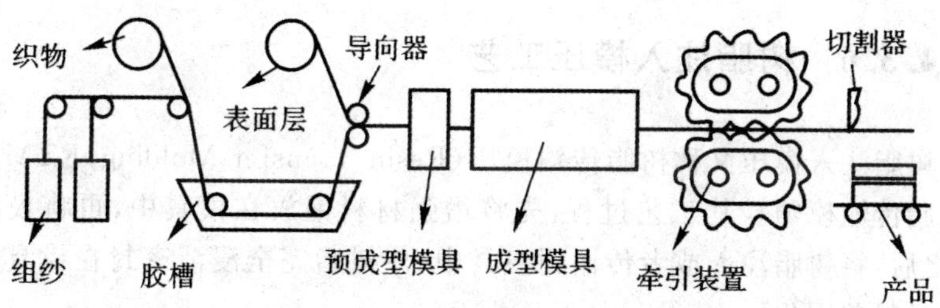

图 4-17　连续拉挤成型示意图

典型的拉挤成型工艺由送纱（进入拉挤机前的增强材料的处理）、浸胶（树脂浸渍）、预成型、固化成型（在拉挤机上的加热与固结）、牵引和切割工序组成，如图 4-18 所示。无捻粗纱从纱架引出，经过集束进入胶槽中浸胶，然后进入预成型模，排除多余的树脂并在压实过程中排除气泡后，再进入成型模，进入成型模之前可加环纤维进行横向增强。玻璃纤维和树脂在成型模中成型，通过加热炉固化，再由牵引装置拉出，最后由切割装置将其切割成所需长度的制品。

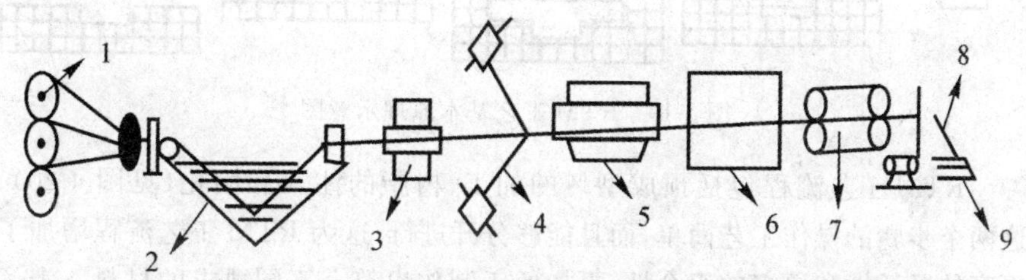

图 4-18　卧式拉挤成型示意图

1—纱团；2—胶槽；3—预成型模；4—环向纤维增强；5—成型模；
6—加热炉；7—牵引装置；8—切割装置；9—成品

拉挤成型工艺具有如下特点：

①工艺简单、高效，适用于高性能纤维复合材料的大规模生产。

②能最好地发挥纤维的增强作用。在大多数复合材料的制造工艺中纤维是不连续的，这使纤维强度损失极大。

③拉挤工艺自动化程度高，工序少，时间短，操作的技术和环境对制品质量影响很小，因此用同样原材料，拉挤制品质量的稳定性较其他工艺制品要高。

④拉挤制品的形状和尺寸的变化范围大，尤其是在长度上几乎没有限制。

⑤拉挤工艺中的原材料利用率高，废品率低。

4.3.6 树脂注入模压工艺

树脂注入模压又称树脂传输模压(Resin Transfer Molding,RTM),也称树脂传输模塑。其工艺过程:先将增强材料铺放在模具中,再将模具闭合;之后,将树脂注入或者传输到模具中,使树脂完全浸渍密封在模具中的增强材料并固化。

1. RTM 工艺基本原理

RTM 属于复合材料的液体成型工艺(Liquid Composite Molding),其工艺的基本原理如图 4-19 所示,即在一定温度和压力下,将低黏度的液体树脂被注入铺有预成型坯(增强材料)的模中,浸渍纤维,固化成型,然后脱模。

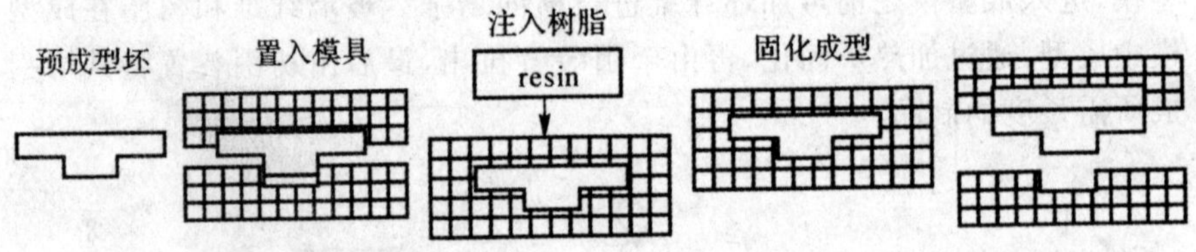

图 4-19　RTM 工艺基本原理示意图

RTM 工艺流程包括预成型坯的加工、树脂的注入和固化(见图 4-20)。这两个步骤的操作工艺简单,而且能够分开进行,这为 RTM 工艺流程增加了更高的灵活性和更多的组合性,更加便于制作出符合不同要求的材料。为了去除模腔内的气泡,使树脂具有较强的流动性和浸渍性,人们提出了一种新工艺——真空辅助 RTM 工艺,该工艺能够在注入树脂的同时进行抽真空。

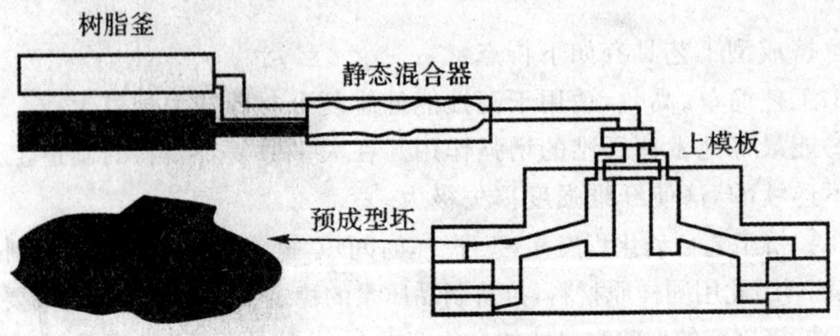

图 4-20　RTM 工艺流程图

因此专家估计,RTM 工艺将是 21 世纪复合材料行业的主导成型工艺之一。RTM 制品主要应用于建筑、汽车、容器、船舶和航空航天领域,如汽车用防护罩、赛车车架。

2. RTM 主要成型参数及其对成型加工的影响

(1)树脂的流动

它决定着制件质量的优劣和工艺周期的长短。树脂的流动与压力,树脂的黏度、表面张力,纤维的表面处理、排列,注口的位置、温度等多种因素有关。

(2)非均匀孔隙纤维介质中的气泡形成和排出

过多的孔隙会使制件的断裂韧性下降,使其具有较高的环境敏感性及吸水率,提高强度性能的波动性和分散性,影响制件的可靠性。因此,在工艺流程中应提高纤维束的浸透性,这样可以保证两相孔隙具有较小的流动差别,减少气泡的产生,且易于排出气泡。

(3)材料性能对 RTM 工艺的影响

影响 RTM 工艺的因素包括树脂的黏度、表面张力,纤维的表面处理,纤维的排列,织物形式以及树脂对纤维的浸润性等。研究表明,若树脂的黏度较低时,其纤维束具有更好的浸透性。处理好纤维表面,则可以提高树脂的浸润性和表面张力,能够易于排出气泡,从而提高制件质量并缩短工艺周期。工艺中采用模具加热的方法使树脂黏度降低。

(4)注射压力

目前还没有理论表明采用何种压力为最佳。一般前期采用低压慢速注射,易减少树脂在两种孔隙中流动的差别,使纤维束得到充分浸润;后期采用高压快速注射以排除气泡。

(5)真空辅助手段

采取真空辅助手段对提高复合材料制件的强度、降低孔隙率、缩短工艺周期具有极大的意义。

高分子复合材料的制备和加工方法很多,不同的材料有不同的加工方法,甚至同一种材料也有多种加工方法,具体的选用应根据实际情况进行选择和对比,力求制品具备低成本、高性能的特点。由于高分子复合材料性能优越,因此它的应用也越来越广泛,但是它也有一些瑕疵,如耐高温、耐老化性能以及材料的强度一致性等。

4.4　高分子纳米复合材料及其制备

纳米复合材料是含尺寸为 1～100 nm 增强体(纳米材料)的复合材料。纳米材料的基本特征有体积效应、表面效应和宏观量子隧道效应。纳米塑料是含纳米增强剂的塑料，在塑料中加入纳米粒子或纳米纤维如纳米碳管，可在不降低塑料的透明性和韧性的同时提高塑料的力学性能、耐热性、阻燃性、阻隔性和摩擦性能。将不同的纳米粒子复合使用还可以制备功能纳米塑料。导电纳米塑料的导电阈值比一般颗粒填充的导电塑料要小。用 TiO_2、Fe_3O_2、ZnO 等纳米粒子制备的半导体纳米塑料具有很好的静电屏蔽性能。纳米 WO_3 与聚苯胺复合具有光致变色性。纳米 Al_2O_3 与橡胶复合可以提高橡胶的耐磨性。纳米 SiO_2/环氧树脂具有较好的抗老化性能。纳米塑料的制备方法有溶胶凝胶法、插层复合法和原位复合法。根据形态，高分子纳米复合材料可分为填充型、互穿网络型、二维插层型、主体-客体(三维)型、金属核型五类。填充型纳米复合材料是将纳米粒子或纳米管和高分子直接复合，但为了改善界面，需要对纳米粒子进行表面改性①。

4.4.1 纳米材料与纳米技术

纳米材料的出现改变了人们的生活，纳米技术的发展标志着一个国家科技发展的水平。纳米科学技术是 20 世纪 80 年代末诞生的并正在迅猛发展的新科技领域，其基本含义是在纳米尺度($10^{-9}\sim10^{-7}$ m)范围内认识和改造自然，通过直接操作原子和分子，创制新的物质和器件。纳米科学技术是 21 世纪科技产业革命的重要内容之一，可以与工业革命相比拟，是包括物理、化学、生物学、材料科学和电子学的高度交叉的综合性学科，它不仅包含以观测、分析和研究为主的基础学科，同时还有以纳米工程与加工学为主的技术领域。

1. 纳米材料

1990 年 7 月，在美国召开的第一届国际纳米科学技术会议上，正式宣布纳米材料科学成为材料科学的一个新分支。

(1)纳米的概念

纳米(Nanometer，Nano 源于希腊语 Nano，意为侏儒)是一种长度单位，单位符号为 nm，1 nm 为 1 m 的 10^{-9}。

$$1\ \text{nm}=10^{-3}\ \mu\text{m}=10^{-6}\ \text{mm}=10^{-9}\ \text{m}$$

纳米微粒的尺寸小于血球尺寸的 1/100，为细菌尺寸的数十分之一，和病毒的大小相当或略小一些。约为人的头发直径的 1/8 000，是一个氢原子直径的 10 倍。

---

① 黄丽. 聚合物复合材料[M]. 北京：中国轻工业出版社，2012.

(2)纳米材料的定义

纳米材料(Nanometer Materials)是指在三维空间中至少有 1 维处于纳米尺度范围(1～100 nm)或由其作为基本单元构成的材料。

由该定义不难看出,纳米材料包括如下两类:一类为结构上满足纳米尺度的材料,也就是狭义的"纳米材料",包括原子团簇、纳米微粒、纳米线、纳米管和纳米薄膜等;另一类为纳米结构单元组成的材料,包括纳米固体、纳米复合材料、纳米介孔材料和纳米阵列等。

(3)纳米材料的分类

纳米材料的分类方法多种多样,常用的有以下几种①。

①按纳米材料的维度分类。

纳米材料的基本单元,按其三维空间中未被纳米尺度约束的维数划分,可分为具有原子团簇和纳米微粒的称为 0 维纳米材料;晶粒大小在两个方向在纳米范围内的称为 1 维纳米材料;具有纳米尺寸的称为 2 维纳米材料以及各种形式的复合材料;由纳米材料基本单元组成的块体材料称为 3 维纳米材料。

a. 0 维纳米材料。材料的三维空间尺寸均在纳米尺度(1～100 nm)范围内,如纳米粒子、原子分子团簇等。

b. 1 维纳米材料。该类材料的三维空间尺寸有 2 维处于纳米尺度范围内,主要包括以下几种类型。

纳米棒(Nanorod):细棒状结构,一般长径比小于 10,例如金纳米棒。

纳米带(Nanobelt 或 Nanoribbon):细长条带状纳米结构,长宽比大于 10,一般宽厚比小于 3,例如氧化锌纳米带。

纳米纤维(Nanofiber):一般长径比大于 10,包括纳米丝(Nanofilament),纳米线(Nanowire)和纳米晶须(Nanowhisker),例如硅纳米线。

纳米管(Nanotube):细长形状并具有空心结构,即细管状结构,例如碳纳米管。

日本科学家饭岛纯雄(S. Iijima)于 1991 年用高分辨透射电镜发现了多层管状结构的碳纳米材料——碳纳米管,受到了科学工作者的广泛关注。作为一维碳纳米材料的典型代表,碳纳米管中每个碳原子和其他三个相邻碳原子相接,所以它的碳原子也是以 sp^2 杂化方式为主,同时也存在 sp^3 杂化键。由单层或多层石墨烯片卷曲而成的无缝中空管,具有奇异的物理及化学性能。

c. 2 维纳米材料。材料的三维空间尺寸有 1 维处于纳米尺度,如纳米

① 胡保全,牛晋川. 先进复合材料[M]. 2 版. 北京:国防工业出版社,2017.

片、纳米薄膜和多层薄膜等。

纳米片的长度和宽度都较大，仅厚度小于 100 nm，石墨烯(Graphene)是二维碳纳米材料的代表。它是由碳原子经 sp^2 杂化紧密排列而成的二维周期性蜂窝状网络结构。石墨烯中 C—C 键长约为 0.142 nm。每个碳原子与最近邻的三个碳原子间形成三个 σ 键，而剩余的一个 p 电子垂直于石墨烯平面，与周围碳原子的 p 电子形成 π 键。从结构上看，石墨烯是组成其他碳材料的基本单元：它可以翘曲成零维的富勒烯，卷曲成一维的碳纳米管，以及堆垛成三维的石墨。

d. 3 维纳米材料。又叫纳米块体材料，是由纳米材料基本单元组成的块体材料。纳米块体材料的主要特征是具有巨大的颗粒间界面，如 5 nm 颗粒所构成的固体含 10^{19} 个/cm^3 晶界，原子的扩散系数要比大块材料高 10^{14}～10^{16} 倍，从而使得纳米材料具有高韧性。

②按纳米材料的组成分类。

按纳米材料的组成可分为金属纳米材料、金属合金纳米材料、金属氧化物纳米材料、无机纳米材料、有机纳米材料以及纳米杂化材料等。

(4)纳米复合材料

“纳米复合材料”(Nanocomposites)的概念是 20 世纪 80 年代初由 Roy R 和 Komarneni S 提出来的。它是由两种或两种以上的吉布斯固相至少在一个方向以纳米级大小(1～100 nm)复合而成的复合材料。纳米复合材料构成如图 4-21 所示。

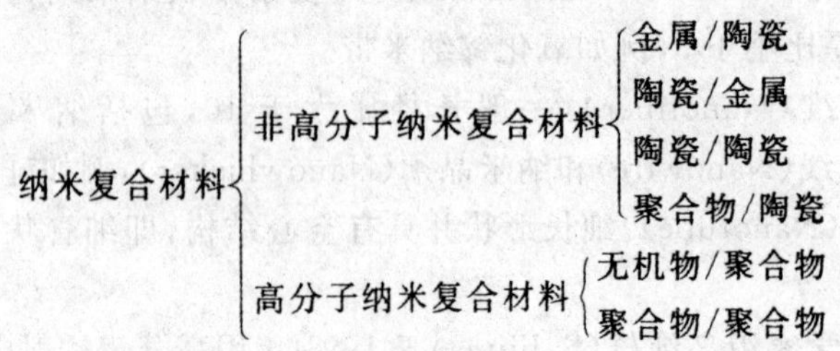

图 4-21 纳米复合材料的构成

2. 纳米技术

纳米技术指的是在纳米尺度(0.1～100 nm)内，通过调控原子、分子来创造出新物质，有助于人们认识和改造自然。

1990 年 7 月，在第一届国际纳米科学技术会议上，正式提出了“纳米材料学”“纳米生物学”“纳米电子学”及“纳米机械学”概念。如今，纳米技术已形成了“纳米物理学”“纳米化学”“纳米力学”“纳米测量学”“纳米材料学”

“纳米生物学”“纳米电子学”及“纳米机械学”8 大分支(图 4-22)[①]。

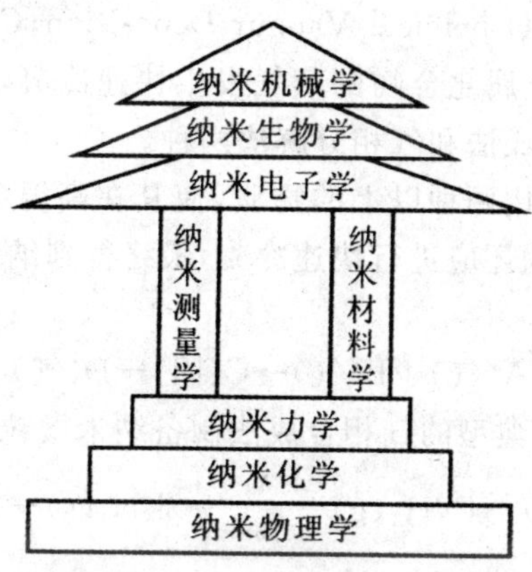

图 4-22　纳米技术组成示意图

根据研究与应用领域的不同，纳米技术可分为三大领域，即纳米材料、纳米器件以及纳米检测技术。

(1)纳米材料

纳米材料是发展纳米技术的基础。由于纳米材料具有不同于传统材料的结构，因此能够使材料的电学、热学及光学性能得以优化。

(2)纳米器件

纳米技术是在原子、分子的基础上，研发出不同于普通材料的特殊产品。由此可以得出，纳米器件的研发和应用能够表明纳米时代的到来。

(3)纳米检测技术

纳米检测技术包括在纳米尺度上进行纳米材料电、力、磁、光学等特性的研究；纳米尺度上的物理、化学反应过程；原子、分子的排列、结合与奇异物性的关系。

4.4.2　纳米材料的制备方法

1. 0 维纳米材料的制备

0 维纳米材料是纳米材料的最主要的类型，其种类繁多，制备方法也有很多，按制备状态的不同分为气相法、液相法和固相法 3 类[②]。

---

① 王煦漫，王琛，张彩宁. 高分子纳米复合材料[M]. 西安：西安工业大学出版社，2017.

② 林志东. 纳米材料基础与应用[M]. 北京：北京大学出版社，2010.

(1)化学气相沉积法

化学气相沉积法(Chemical Vapour Deposition,CVD)的原理为,在保护气体的氛围下,使金属化合物的蒸气发生快速冷凝,进而得到纳米粒子。此方法又分为气相合成法和气相分解法两种。

气相合成法是选用两种以上的物质,使其在高温条件下进行气相化学反应,得到的目标产物还应进行快速冷凝,最终得到纳米粒子。此种方法的反应形式表示如下:

$$A(气)+B(气)\rightarrow C(固)+D(气)$$

其中C为目标产物。典型的气相合成法制备纳米微粒的反应方程式为:

$$3SiH_4(g)+4NH_3(g)\xrightarrow[10.6\ \mu m]{h\upsilon}Si_3N_4(s)+12H_2(g)$$

$$2\ SiH_4(g)+C_2H_4(g)\xrightarrow[10.6\ \mu m]{h\upsilon}2\ SiC(s)+6H_2(g)$$

$$BCl_3(g)+\frac{3}{2}H_2(g)\xrightarrow[10.6\ \mu m]{h\upsilon}B(s)+3HCl(g)$$

$$2\ TiCl_4(g)+N_2(g)+4H_2(g)\xrightarrow{1\ 200\sim1\ 500℃}2TiN(s)+8HCl(g)$$

气相分解法是通过加热、蒸发、分解等一系列操作,由欲分解的化合物得到纳米粒子。要想制得目标产物,需要欲分解的化合物中含有所有元素。进行气相热分解的反应表示如下:

$$A(气)\rightarrow B(固)+C(气)$$

不难看出,B为目标产物。下面是几种运用气相分解法制备纳米粒子的反应式。

$$Fe(CO)_5(g)\xrightarrow{\Delta}Fe(s)+5CO(g)$$

$$SiH_4(g)\xrightarrow{\Delta}Si(s)+2H_2(g)$$

$$3[Si(NH)_2]\xrightarrow{\Delta}Si_3N_4(s)+2\ NH_3(g)$$

$$(CH_3)_4Si\xrightarrow{\Delta}SiC(s)+6H_2(g)$$

$$2Si(OH)_4\xrightarrow{\Delta}2\ SiO_2+4H_2O(g)$$

(2)沉淀法

沉淀法的主要原理为,将不同的化学物质制成混合溶液,向其中加入沉淀剂从而得到前驱体沉淀物,对其进行干燥或煅烧,最终得到纳米粒子。

①共沉淀法。

共沉淀法的原理为,若各种金属离子均相存在于溶液中,向其中加入沉淀剂,通过K_{sp}来判断金属离子是否完全、同时沉淀。共沉淀法能够使阴离子在溶液中达到原子级混合。

②均匀沉淀法。

均匀沉淀法的原理为，向混合溶液中，缓慢加入沉淀剂，通过控制溶液中沉淀剂的浓度使沉淀反应达到平衡，溶液中会均匀地产生沉淀。尿素的水溶液在 70℃即可发生反应，如下所示。

$$(NH_2)_2CO + 3H_2O \rightarrow 2NH_4OH + CO_2 \uparrow$$

反应得到的NH_4OH可以作为沉淀剂，常用于制备金属氢氧化物或碱式盐沉淀。

$$CoCl_2 + 2NH_4OH = Co(OH)_2 \downarrow + 2NH_4Cl$$

$$PbAc_2 + NH_4OH = Pb(OH)Ac \downarrow + NH_4Ac$$

(3)水热合成法

采用水热合成法制备纳米粒子是一种较为新型的合成方法，该方法的反应条件通常为 100～350℃温度下和高压环境中，以水充当反应介质，使用一定方法令难溶或不溶的反应物溶解，在加速渗析反应和物理过程的调控下，生成无机物，再经过滤、洗涤、干燥等步骤，从而得到高纯、超细的各类微粒子。

水热法通常可以分为以下几种：

①水热氧化。

反应式可表示为：$mM + nH_2O \rightarrow M_mO_n + nH_2$，其中 M 为铬、铁及合金等。

②水热沉淀。

例如：$2KF + MnCl_2 \rightarrow 2KCl + MnF_2$

③水热合成。

例如：$FeTiO_3 + 2KOH \rightarrow K_2O \cdot TiO_2 + Fe(OH)_2$

④水热还原。

例如：$M_xO_y + yH_2 \rightarrow xM + yH_2O$，M 为铜、铁等。

⑤水热分解。

例如：$ZrSiO_4 + 2NaOH \rightarrow ZrO_2 + Na_2SiO_3 + H_2O$

⑥水热结晶。

例如：$2Al(OH)_3 \rightarrow Al_2O_3 \cdot H_2O + 2H_2O$

(4)溶胶—凝胶法

溶胶—凝胶法(Sol—Gel 法)的基本原理为，金属有机或无机化合物通过溶解、溶胶以及凝胶等过程发生固化，又经过低温热处理来得到纳米粒子，如图 4-23 所示。

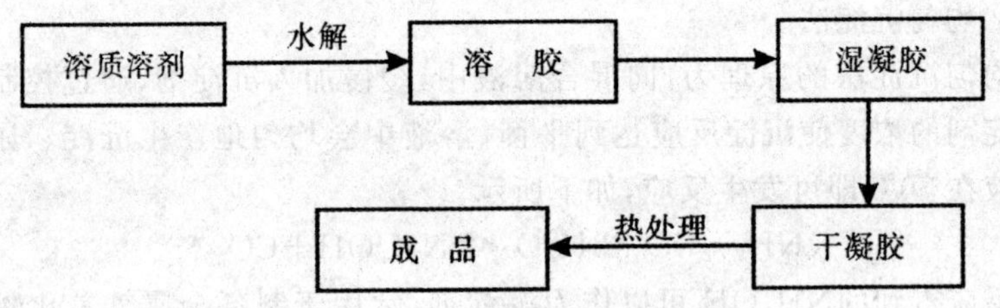

图 4-23　溶胶—凝胶法的过程示意图

溶胶—凝胶法制备纳米材料的具体工艺流程较为繁多，大体上，可将其生成过程的机制分为三类，即传统胶体型、无机聚合物型和配合物型。其主要步骤如下：

①溶胶的制备。

首先是将原料分散在溶剂中，然后经过水解反应生成活性原料，活性原料进行聚合，开始成为胶核大小的沉淀粒子(初生粒子，粒径 1～2 nm)，制得溶胶。

②溶胶—凝胶转化。

溶胶粒子聚集生长(次生粒子，粒径 6 nm)，长大的粒子相互连接成链，进而在整个液体介质中扩展形成三维网络结构，制得凝胶。

③凝胶陈化、干燥。

将溶剂蒸发，即得到固相的超微粒粉料。还可以进一步烧结而得固体产品。

(5)富勒烯的制备

①电弧放电法。

电弧放电法是在 1990 年首次被报道的。具体方法是：在高真空的电弧炉内，以高纯石墨为电极，然后充入氩气，放电反应后生成的炭灰中存在大量的 C_{60}。这种方法使用的设备简单，操作方便，并且能够制备克量级的富勒烯，实现了富勒烯的大批量生产。但是该方法存在耗费大量的氩气，以及富勒烯的产率偏低等缺陷。

②高频加热蒸发石墨法。

高频加热蒸发石墨法是 1992 年 Perters 和 Jansen 等首先提出的。具体方法是：在 2 700℃高温和 150 kPa 的氮气条件下，用高频炉加热高纯石墨，得到的炭灰中含有 8%～12%的富勒烯。这是一种直接加热石墨的方法，但是这种方法在产率以及能量利用效率上都不如电弧放电法。

③火焰法制备富勒烯。

火焰法又称燃烧法。在火焰中对多面体碳离子形成的观测证实了富勒烯可能在燃烧中形成的设想。1987 年，Homann 等 D43 首次在碳氢化合物的燃烧火焰中检测到 C_{60} 和 C_{70} 的质谱信号。直到了 1991 年，Howard 等则从苯/氧火焰中发现和鉴定了 C_{60} 和 C_{70} 的存在。将苯蒸气和氧气混合，在燃烧室低压环境中不完全燃烧得到的烟灰产物中含有较高比例的富勒烯。由于具有可连续进料、操作简单且无须消耗电力资源的特点，火焰法制备富勒烯在工业化生产中具有无可比拟的优势。在 2001 年以火焰法为基础的制备富勒烯的生产线在美国、日本等地建立，日本的三菱公司更是实现了年产数千吨富勒烯的火焰法生产线。

对于火焰法制备富勒烯来说，在烟灰中分离提纯富勒烯也是富勒烯制备中非常重要的步骤。富勒烯的分离和提纯主要包括三个步骤：烟灰的处理与收集、富勒烯的提取，以及不同富勒烯分子的分离。

a. 烟灰的处理。

烟灰中除了有富勒烯之外，还存在大量杂质。燃烧之后，烟灰冷凝聚集在冷却容器的壁上，收集壁上的烟灰用于下一步的提纯。

b. 富勒烯的提取。

烟灰的初步提纯采用萃取的方法，即在索氏提取器中，用苯、三氯甲烷、甲苯或正己烷等有机溶剂回流萃取，随着 C_{60} 和 C_{70} 的含量逐步增加，得到的溶液的颜色逐渐由酒红色变成棕色甚至深棕色。该溶液浓缩、蒸干，然后用乙醚洗去烃类杂质得到的棕黑色或黑色固体，即为富勒烯。对苯等溶剂萃取过的烟灰剩余物用 1,2,3,5-四甲基苯作为溶剂，采用索氏提取可以得到含量达到 14％的 C_{78} 等高品质富勒烯，但是提取非常困难。

除了萃取的方法，还可以采用升华法从烟灰中提取富勒烯。升华法的主要操作流程为，在真空或惰性气氛条件下，加热炭灰到 400～500℃，通过升华制得褐色或灰色的颗粒状膜。此种方法主要是应用了不同富勒烯分子间作用力的差异造成挥发难易程度不同的特点。由于反应过程难以控制，因此不常采用。

c. 富勒烯的分离纯化。

富勒烯的分离主要是指将 C_{60} 和 C_{70} 分离纯化。目前分离方法主要有重结晶分离法、化学络合分离法、色谱分离法。重结晶法是利用不同种类的富勒烯在同一种溶剂中，在同样的条件下的溶解度的差异来实现不同富勒烯的分离。这种方法原理和操作都十分简单，可供选择的溶剂种类也十分丰富并且能够大量分离不同种类的富勒烯，具有很强的可操作性。Coustel 等 1992 年首次采用重结晶的方法分离富勒烯。他们采用甲苯作为溶剂，第一次结晶得到的 C_{60} 纯度达到了 95％。一般来说，为了提高富勒烯的纯度可以进行二次或者三次重结晶，最终得到富勒烯的纯度可以达到 99％以上。目前对于重结晶的方法在富勒烯提纯中的应用仍然存在一些限制，主要是由于富勒烯在不同溶剂中的溶解参数还有待进一步的探究。

化学络合分离法的原理是化合物能够选择性地与富勒烯分子发生可逆的络合反应，从而扩大不同富勒烯分子间性质差异，便于不同富勒烯分子的分离。分离后通过一定手段使化合物和富勒烯分离，即可得到纯化的富勒烯。例如，在CS_2的富勒烯溶液中加入$AlCl_3$，这种物质会优先和C_{70}等高级的富勒烯分子发生反应生成沉淀。据此就可以分离C_{60}和C_{70}分子。

2.1维纳米材料的制备

1维纳米材料是指在三维空间尺寸有2维处于纳米尺度范围内的材料。

(1)气相法

以气相反应为基础的气相法是制备无机1维纳米材料的重要方法之一，其制备机理与工艺较为成熟。其生长机理主要有两种，一种是气相—液相—固相(VLS)生长机理，另一种是气相—固相(VS)生长机理。

①气相—液相—固相(VLS)生长机理。

VLS生长一般要求有催化剂存在。在一定温度范围内，催化剂与生长材料的组元互溶得到共融物液滴，其会在气相反应物与基体间构成一个VLS界面层；该界面层会吸纳气相反应物，晶核表面也会不断有晶体析出；晶须会在固—液界面上择优生长，这一过程中，会不断抬高圆形的共融液滴，直到晶须停止生长。

②气相—固相(VS)生长机理。

气相—固相法的生长机理为，一种或几种气态原料或者通过高温条件形成的蒸气，将气相分子在低温条件下迅速冷却凝聚，到达临界尺寸后成核并生长。晶体结构各异的材料均能通过一定的反应过程得到1维纳米材料，而表面能最小化对纳米线和纳米带的制备影响较大。

(2)液相法

液相法又称湿化学法，它包含了水热法、溶剂热法和微乳液法等通过溶液生长、合成1维纳米材料的方法。

①水热法。

该法除了可用于制备纳米粒子外，还可用于制备1维纳米材料。水热法具有反应条件温和、污染小、成本较低、易于商业化、产物结晶好、团聚少及纯度高等特点，因而在1维纳米材料制备领域有着良好的应用前景。

②溶剂热法。

与水热合成法的制备原理大体相同，不同之处在于，本法采用有机溶剂代替水作为反应介质。在非水的反应介质中进行，能够避免物质发生氧化，故此法有利于制备非氧化物1维纳米材料。此法在高压釜内进行，将溶剂、金属前驱体和晶体生长调节剂或模板化试剂的混合溶液置于其中，为了便于晶体生长与组装过程的进行应选择较高的温度及压力。

(3)碳纳米管的制备

①电弧放电法。

此法可制备单壁和多壁碳纳米管，区别在于前者要将石墨粉末和钒、镍等金属粉末催化剂混合后填充在阳极中，并需严格控制制备的条件。之后，研究者对电弧放电法进行了一系列的改进和优化。目前，这种方法通常在真空反应器中进行，将具有一定压力的惰性气体作为保护氛围，以较粗大的石墨棒为电弧的阴极，相对细的石墨棒为阳极。当体系的温度达到 3 000℃以上时，石墨电极便会进行直流放电，在此过程中细的石墨棒作为阳极被不断消耗，同时在石墨阴极上沉积出含有碳纳米管或其他碳纳米颗粒的碳纳米材料。

②激光烧蚀法制备纳米碳管。

此法是用激光直接蒸发石墨或者碳-金属的复合靶，分别可以制得 MWCNT 和 SWCNT，这种方法也是在研究富勒烯的制备方法中发现的。相对电弧放电法，激光蒸发法制备的碳纳米管很少有无定形碳存在，纯度相对较高。此外，激光蒸发法在优化的激光强度和环境温度下，比传统的电弧放电法更容易实现碳纳米管制备的可控操作与定向生长，为此得到了国内外研究者的极大关注。日本电气公司利用此法获得了高纯度的碳纳米管，清华大学已成功利用激光合金化及淬火工艺合成了高纯度的碳纳米管。此外，激光蒸发法制备纳米碳管时可从三个方面来提高单壁碳纳米管的产量：对设备的改进和靶材的筛选；实验工艺的优化，诸如激光能量、制备温度等；催化剂的优化选择。

③化学气相沉积法。

化学气相沉积法(Chemical Vapor Deposition，CVD)是一种常用的制备碳纳米管的方法。一般采用石英管作为反应室，当对催化剂进行活化处理后，在一定的高温(600～1 200℃)下通入碳氢化合物与载气。碳氢化合物在催化剂上经分解、扩散、析出，最终生长出碳纳米管，待反应室温度降至室温时收集产物。若是液态碳氢化合物(如苯、乙醇等)，液体放在烧瓶中加热，并以惰性气体为载气带动蒸发气进入反应区。

碳纳米管的合成受到许多因素的影响，如碳氢化合物、催化剂、反应温度、压力、气体流量、沉积时间和反应器的几何形状等。

3.2 维纳米材料的制备

2 维纳米材料，指在三维空间尺寸中有 1 维处于纳米尺度的材料，主要有纳米薄膜、纳米涂层、纳米片以及石墨烯等。此处仅介绍石墨烯。

(1)机械剥离法

机械剥离法是一种低成本制备高质量石墨烯的简易方法。与其他方法相比,机械剥离法对操作条件的要求相对较低,并且容易获得高质量的石墨烯。

①微机械剥离法。

a.胶带法。

众所周知,石墨为层状结构,其碳原子层之间以较弱的范德华力结合在一起。若利用胶带的黏力对石墨表面进行撕揭作用时,层与层之间易发生滑动、分离,不断重复该动作,将会使得石墨片层从其基底表面脱离下来。

b.超薄切片法。

是针对一些特殊结构的材料而提出的一种直接制备石墨烯的方法,如聚丙烯腈基碳纤维,由于其结构基本单元与石墨烯都是 sp^2 轨道杂化方式连接的 C 原子。为此,通过一定的微机械力裁剪便可得到石墨烯薄膜。

②液相机械剥离法。

采用液相剥离法制备石墨烯片是通过在有机溶剂中长时间超声处理石墨,破坏石墨层之间的范德华力,将原料石墨直接剥离成单片石墨烯。试验发现大量有机溶剂可用于液相剥离石墨烯,包括乙醇、甲基吡咯烷酮、丙酮、环戊酮等,该方法不需要任何的插层剂处理,即可获得大批量高质量少层石墨烯。

③普通机械剥离法。

普通机械剥离法是指按照机械工艺如球磨法、切磨法和磨剥法等手段从一些含碳材料中剥离制备石墨烯的方法。球磨法是一种工业上广泛使用的制备超细粉体材料的常见方法。在球磨过程中,由于研磨体对物料不断地产生冲击与研磨,如此反复地研磨力对物料颗粒表面产生不断的冲击,使得物料颗粒表面固有或新生的裂纹进一步扩张。

(2)氧化石墨还原法

氧化石墨还原法是目前一种较为成熟的制备石墨烯的方法。该方法通常利用强氧化剂和强酸性介质将石墨氧化成氧化石墨烯,再对其进行还原而得到石墨烯。氧化石墨烯常见的制备方法有三种:Matsuo 法、Ramesh 法和 Hummer 法,各种制备方法又有各自的优缺点。

①Matsuo 法。

先用发烟浓硝酸将石墨粉进行初步氧化,硝酸根离子也随即插入到石墨片层之间,再利用氧化剂高氯酸钾将其进行进一步氧化,最后加入大量的水至中性,再通过超声、干燥等处理即可得到氧化石墨烯。

②Ramesh 法。

先将发烟浓硝酸和浓硫酸按照一定的比例配制酸性混合溶液,再对石墨粉末进行氧化处理,最后也同样利用高氯酸钾作为强氧化剂,得到氧化石墨烯。

③Hummer 法。

先将天然石墨粉和无水硝酸钠一起加入到浓硫酸中，再加入氧化剂高锰酸钾，利用体积分数为 3%的双氧水处理多余的高锰酸钾和生成的二氧化锰，最后加入大量的水，去除溶液中的其他离子，即得到氧化石墨烯。

(3)化学气相沉积法

化学气相沉积法(CVD)是目前应用最广泛的一种大规模工业化制备半导体薄膜材料的方法，其生产工艺十分完善，也是目前最有希望成为生产大量高质量石墨烯的方法。CVD 法合成出石墨烯后，可用化学腐蚀法(对于 Ni 基底，可以用体积比为 1∶1 的盐酸或 1 $mol \cdot L^{-1}$ 的 $FeCl_3$溶液)去除金属基底从而得到独立的石墨烯片，或者用不同的转移技术，如转移印刷技术和卷对卷(roll-to-roll)等技术将石墨烯转移到目标基底上。

4.3 维纳米材料的制备

3 维纳米材料是指由 0 维、1 维、2 维纳米材料中的一种或多种纳米材料组成的材料，主要包括纳米陶瓷、纳米玻璃、纳米介孔材料和纳米金属材料等类型。3 维纳米材料中以纳米陶瓷最为典型。

纳米陶瓷材料的制备一般采用“二步法”：首先制备纳米尺寸的粉体，其次成型和烧结。纳米陶瓷粉体制备好后，即可以成型制成坯体。通常，坯体中的粉末粒子包括纳米粉末、由纳米粉末组成的团聚体、由团聚体组成的大粒子，坯体中的气孔分布于纳米粉末间的微孔、团聚体间的小孔、大粒子间的孔洞。烧结过程就是粉末粒子长大和气孔消失的过程。

4.4.3　高分子纳米复合材料的类型

1. 互穿网络型纳米复合材料

纳米粒子和高分子可序列或同时形成互穿网络，产生的复合材料在微观上是相分离的，但在宏观上是均匀的。商品化的双官能团分子 GLYMO 或 MEMO 的结构为：

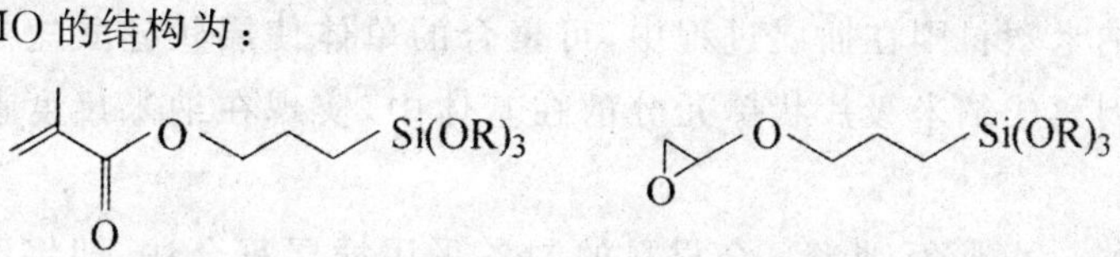

$Si(OR)_3$　　$Si(OR)_3$

GLYMO　　MEMO

所含的双键或环氧基团的聚合可产生含硅氧烷侧基的高分子链(Organic Backbone)，而硅氧烷基可与无机物反应产生含双键侧基的无机主链

(Inorganic Backbone):

Si(OR)$_3$ Si(OR)$_3$ Si(OR)$_3$ Si(OR)$_3$

含硅氧烷侧基的高分子链

含双键侧基的无机主链

进一步反应(硅氧烷基与无机物,双键与有机物)可生成网络结构的纳米复合材料。

2. 二维插层型纳米复合材料

可用于高分子插层的层状晶体有石墨、石墨氧化物、黏土和层状硅酸盐、(PbS)1.18(TiS_2)、MoS_2、Zr(HPO_4)、$M_6Al_2(OH)_{16}CO_3 \cdot nH_2O$(M=Mg,Zn)。蒙脱石是一种层状硅酸盐,其化学式为 $M_x(Al_{4-x}Mgx)Si_8O_{20}(OH)_4$,M=单价阳离子,$x=0.5\sim1.3$,可吸收 20～30 倍自身体积的水或极性液体而溶胀。蒙脱石的晶体结构属于 2∶1 型层状硅酸盐,其结晶点阵由二维层组成,在硅氧四面体中夹杂中心为铝或镁的八面体。一些可聚合的单体能渗透进入蒙脱石层间,聚合而成二维纳米塑料,分插层型和剥离型。插层型纳米塑料保持了层状硅酸盐和石墨原有的层状结构。剥离型纳米塑料则在插层过程中,可聚合的单体使层状硅酸盐的层间距变大并剥离成纳米级片状单元分散在基体中,实现在纳米尺度上的均匀混合。

尼龙 6/蒙脱石纳米复合材料的制备采用插层复合法,即将己内酰胺单体分散并插层进入蒙脱石的层内原位聚合(图 4-24)。尼龙 6/蒙脱石纳米复合材料的性能见表 4-2。与尼龙 6 相比,力学性能和耐热性能有大幅度提高。

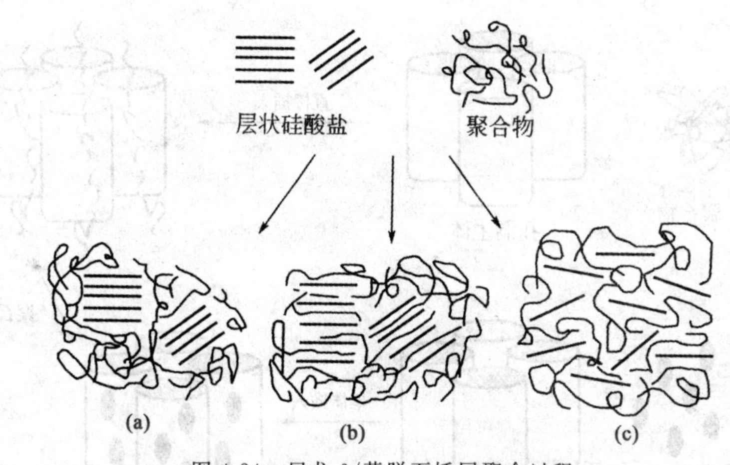

图 4-24　尼龙 6/蒙脱石插层聚合过程

(a)相分离(微观复合材料);(b)插层(纳米复合材料);(c)剥离(纳米复合材料)

表 4-2　尼龙 6/蒙脱石纳米复合材料的性能

性能	尼龙 6	尼龙 6/蒙脱石纳米复合材料	性能	尼龙 6	尼龙 6/蒙脱石纳米复合材料
蒙脱石含量/%	0	5	拉伸强度/MPa	75～85	95～105
特性黏度/(cm^3/g)	2.0～3.0	2.4～3.2	弯曲强度/MPa	115	130～160
熔点/℃	215～225	213～223	弯曲模量/GPa	3.0	3.5～4.5
伸长率/%	30	10～20	冲击强度/(J/m)	40	35～60
			热变形温度/℃	65	135～160

3. 主体-客体(三维)型纳米复合材料

沸石和分子筛具有三维孔结构。将单体或聚合物插层至无机孔结构中可制备主体-客体纳米复合材料(图 4-25)。

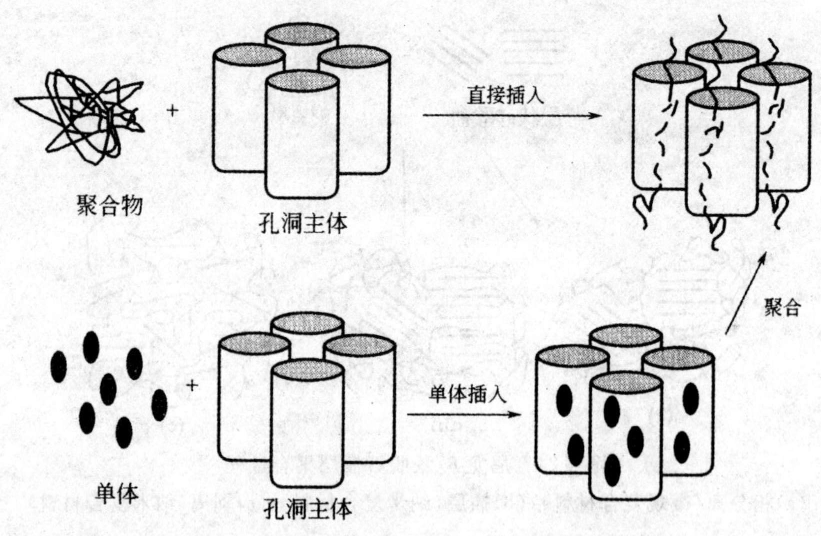

图 4-25　主体-客体纳米复合材料

4. 金属芯型纳米复合材料

通过金属离子(如铁和钌)与含可聚合官能团的配体的配位络合反应可制备金属芯高分子的纳米复合材料：

R=CH_2CH_3, Ph, $(CH_2)_{10}CH_3$

$n=0, 1, 2$

4.4.4　高分子纳米复合材料的结构

聚合物/层状硅酸盐(PLS)纳米复合材料是一门新型的交叉科学。与常规聚合物复合材料相比,此类纳米复合材料具有更加独特的结构、形态,以及更加优异的物理、化学铁性,具有更加广阔的应用前景和研究价值。

在插层纳米复合中,蒙脱土片层间距因大分子的插入而明显扩大,从原来的 1 nm 扩展至 1～2 nm 或更大。由纳米插层复合形成的结构称为插层结构(Intercalated Structure),如图 4-26(a)所示,这时,层片之间仍存在较强的范德华作用力,层片之间排列仍存在有序性。由剥离型插层纳米复合而形成的结构称为剥离结构(Exfoliated Strutture),如图 4-26(b)所示。这时黏土层片间作用力消失,层片在聚合物基体中无规分布①。

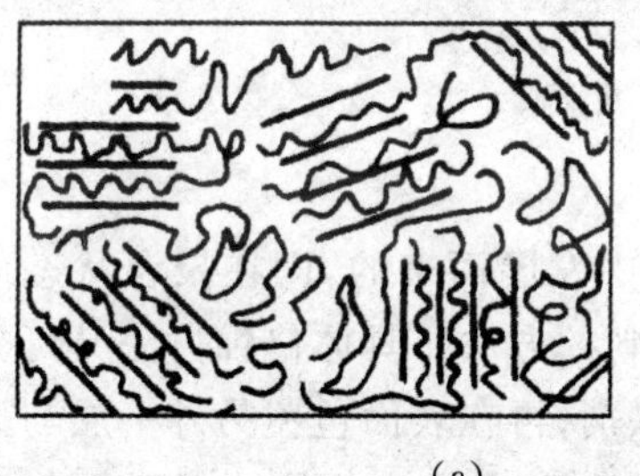

(a)

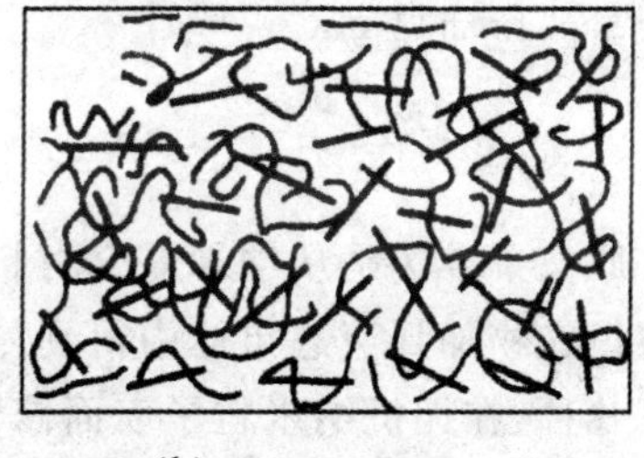

(b)

图 4-26　PLS 纳米复合材料结构示意图

(a)插层型;(b)剥离型

4.4.5　高分子纳米复合材料的制备

1. 共混法

该方法是首先合成出各种形态的纳米粒子,再通过各种方式将其与有机聚合物混合。

(1)溶液共混

采用某种溶剂溶解基体树脂,再向其中放入纳米材料,通过充分搅拌,使纳米材料充分分散,除去溶剂或使其聚合为纳米复合材料。例如,SiO_2/环氧树脂纳米复合材料的制备为,用环氧树脂的丙酮溶液溶解经偶联剂处

① 张留成,瞿雄伟,丁会利. 高分子材料基础[M]. 3 版. 北京:化学工业出版社,2012.

理过的纳米 SiO_2,进行超声分散,待溶剂挥发完全,利用固化剂使其发生聚合。

(2)悬浮液或乳液共混

制备原理与溶液共混大体一致,不同之处在于,利用悬浮液或乳液来代替溶液。

(3)熔融共混

将纳米材料进行表面处理后,将其与聚合物混合,再进行塑化、分散等过程,令纳米材料在聚合物中分散均匀,进而达到聚合物改性的目的。例如,对纳米 $CaCO_3$ 粒子进行表面处理后,将其与 PP-HDPE 混合,在双螺杆挤出机中进行熔融处理,利用有关仪器检测纳米 $CaCO_3$ 的质量分数,当其达到 2%时,就表明纳米 $CaCO_3$ 粒子已在纳米水平上达到充分分散。在纳米 $CaCO_3$ 含量处于较低水平时,可以显著改善体系的常温冲击强度而不影响体系的拉伸强度。

2. 原位聚合法

原位聚合法是从纳米复合材料学科中发展而来的,即在聚合状态下直接将填充物加到液态单体中得到复合材料的方法。具体修饰方法又可分为以下几种:在无机纳米粒子表面修饰偶联剂;再在表面包覆另外一层与聚合物基体具有良好亲和力的无机物;通过静电引力弱化单体或偶联剂与无机纳米粒子间的界面能。

采用偶联剂可以将聚合物和无机纳米粒子连接起来,可以显著提高其包覆的稳定性,且聚合物层均一,但是原位聚合方法包覆率低,且包覆层松散不致密,因此不能用来包裹易挥发、毒性大、易氧化还原的物质,因此其应用范围受到限制。

3. 插层法

插层法是制备聚合物/层状纳米材料的重要方法,主要分为插层聚合和插层复合两种方法。该方法主要是将单体或聚合物插入层状物质的片层之间,破坏其层状结构,进而破坏其层与层之间可能存在的活性基团,使得无机层状材料因层间距加大而产生剥离,同时聚合物也因为受到层状材料的影响而具有更好的韧性,如图 4-27 所示。

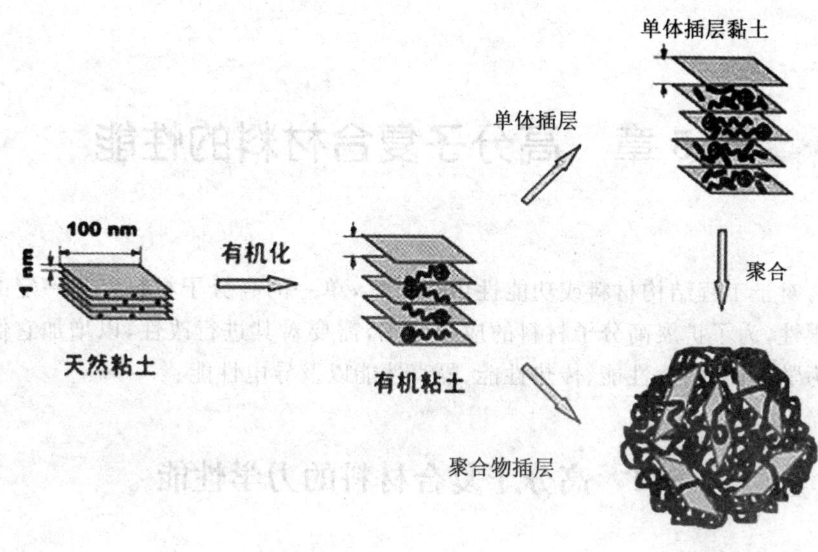

图 4-27　插层法示意图

第5章　高分子复合材料的性能

对于工程结构材料或功能性用途材料，单一的高分子材料存在一定的局限性，为了扩展高分子材料的应用范围，需要对其进行改性，以增加它们的力学性能、摩擦性能、传热性能、隔声性能以及导电性能。

5.1　高分子复合材料的力学性能

复合材料是由两种或两者以上物理或者化学性质不同的物质组成的多相固体材料，通过优选设计，复合材料表现出优异的综合性能。复合材料的分类方法很多，总的来说可分为两类，一类是纤维增强型复合高分子材料，另一类是颗粒填充型复合高分子材料。

无论是填充纤维还是颗粒物，其目的都是增强材料的使用性能，而力学性能是最基本的指标。影响高分子复合材料力学性能的因素很多，除了填充材料与基体树脂自身的性能之外，填充材料的形状、大小以及分布等都会影响符合物的力学性能。因此，从高分子复合材料的力学性能的检测数据就能够发现影响复合材料力学性能的因素。

5.1.1　拉伸力学性能

拉伸力学性能是表征高分子复合材料强度的指标之一。高分子复合材料拉伸力学性能可用拉伸屈服强度、拉伸断裂强度、拉伸弹性模量与拉伸伸长率等表示。

影响高分子复合材料拉伸力学性能的因素很多，除材料和基体树脂的自身性能之外，还包括填充材料的形状、大小及其分布，填料在基体树脂中的分散状态、填料与树脂基体间界面的组成和结构等。

下面是有关高分子复合材料拉伸力学性能的一些基本概念。

拉伸强度又称为抗张强度、扯断轻度。主要是指材料在试验机上被拉断时的拉力与被拉伸试样截面积之比。拉力试验机可同时测得拉伸强度、定伸强度、扯断伸长率和永久变形，若配套夹具还可以测量压缩、弯曲、剪切和撕裂等力学性能。各类力学性能可按照下式计算：

①拉伸强度和定伸强度。

$$\sigma=\frac{P}{bh}$$

式中，σ 为拉伸强度，P 为材料所受负荷，b 为试样工作部分的宽度。

②扯断伸长率(断裂伸长率)。

$$\varepsilon=\frac{L_1-L_0}{L_0}\times 100$$

式中，ε 为扯断伸长率，L_0 为试验前试样工作标距，L_1 为试样在拉断时的标距。

③(扯断)永久变形。

$$H_d=\frac{L_2-L_0}{L_0}\times 100$$

式中，H_d 为扯断后的永久变形，L_0 为试验前材料的工作标距，L_2 材料扯断后停放 3 min 对接起来的标距。

④拉伸屈服。

由于材料在拉伸实验中，屈服发生在应力-应变曲线上应力不增加而应变增加的第一点，此时，受力的试样因屈服会产生永久变形。这种因材料受拉伸而产生屈服变形的现象称为拉伸屈服。

⑤拉伸屈服强度。

材料在拉伸实验中屈服点所承受的最大应力。此时应力与应变不成比例。用试样在屈服点的面积来计算。

⑥拉伸弹性。

在拉伸实验中，材料在负荷条件下产生形变，当负荷去除后，材料能迅速恢复到原尺寸变形的能力。当形变与所加负荷成正比时，此材料显示虎克弹性或理想弹性。

⑦拉伸弹性模量。

轴向拉伸应力与轴向拉伸应变在呈线性比例关系范围内，轴向拉伸应力与轴向拉伸应变的比。对于高分子复合材料而言，其拉伸弹性模量可用下式表示：

$$E_c=E_m(1-\varphi_f)+E_f\varphi_f$$

式中，E_c 为高分子复合材料的拉伸弹性模量，E_m 为基体树脂的拉伸弹性模量，E_f 为填充材料的弹性模量，φ_f 为填料的体积分数。

⑧拉伸断裂强度。

试样拉伸到负荷最高值时的力，此时试样尚未断裂。

下文主要介绍影响高分子复合材料拉伸屈服强度与拉伸断裂屈服强度的主要因素。

1. 拉伸屈服强度

①玻璃纤维增强高分子复合体系。拉伸屈服强度表征材料的使用极限。图 5-1 展示了两种三元复合体系的拉伸强度(σ_{yc})对 nano-$CaCO_3$ 质量分数(ω_f)的依赖性。类似地,SI 复合体系的 σ_{yc} 值起伏较大,并于 $\omega_f=2\%$ 处达到最大值。SⅡ复合体系的 σ_{yc} 随着 ω_f 的增加而有所提高:这表明,nano-$CaCO_3$ 粒子表面处理适宜时,同样有利于改善填充 PPS/GF 复合材料的拉伸强度。通常,复合材料的强度取决于填料粒子在基体中的分散程度及两者之间的界面形态。实验结果显示,SⅡ复合体系的 σ_{yc} 值大体上高于 PPS/GF 复合体系。这意味着 nano-$CaCO_3$ 粒子经酞酸酯做表面处理后,更能较好地改善与基体之间的界面黏合状态,导致 PPS/GF/nano-$CaCO_3$ 三元复合材料的拉伸强度有所提高。

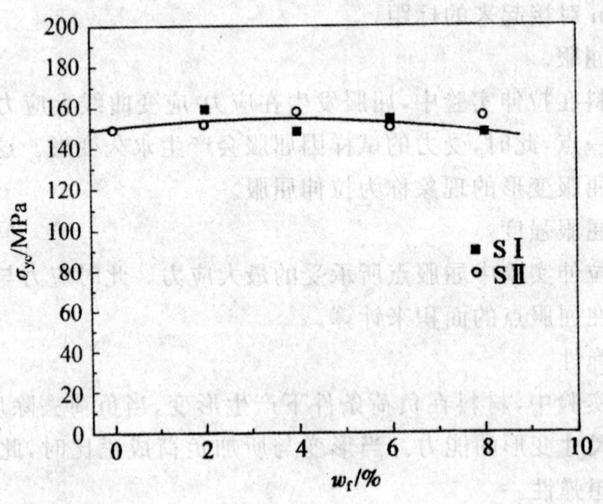

图 5-1 PPS/GF/nano-$CaCO_3$ 复合材料拉伸强度与粒子质量分数的关系

②无机粒子填充高分子复合体系。如图 5-2 所示为 PP/GB 复合体系的拉伸强度与 GB 质量分数(ω_f)的关系。从图 5-2 中可以看出,随着 ω_f 的增加,PP/GB1 和 PP/GB2 复合体系的 σ_{yc} 较未填充 PP 树脂均有所降低。这是因为无机离子的加入减小了拉伸载荷的有效基体面积,从而导致了拉伸强度的降低;此外,填充粒子与基体的相互作用削弱了大分子链段运动能力,从而使得应力传递受阻,拉伸强度降低。从图 5-2 中还可以看出,当 $\omega_f<8\%$ 时,两种体系的 σ_{yc} 降低幅度较大,当 ω_f 为 8%时,PP/GB1 和 PP/GB2 复合体系的 σ_{yc},较

未填充 PP 分别降低了 10.9%和 12.4%，随着填充量的进一步增加，PP/GB1 复合体系的 σ_{yc} 值减幅度较小，趋近平缓，而 PP/GB2 复合体系的 σ_{yc} 进一步降低，且降幅较大。在 GB 粒子 ω_f 相同的情况下，PP/GB1 复合体系的 σ_{yc} 较 PP/GB2 的大，且随着 GB 粒子 ω_f 的增加，二者差距增大。这就表明，对 GB 粒子进行表面处理，有利于改善 GB 粒子与 PP 树脂基体之间的界面黏结状态，可以适当地提高 PP/GB 复合材料的拉伸强度。

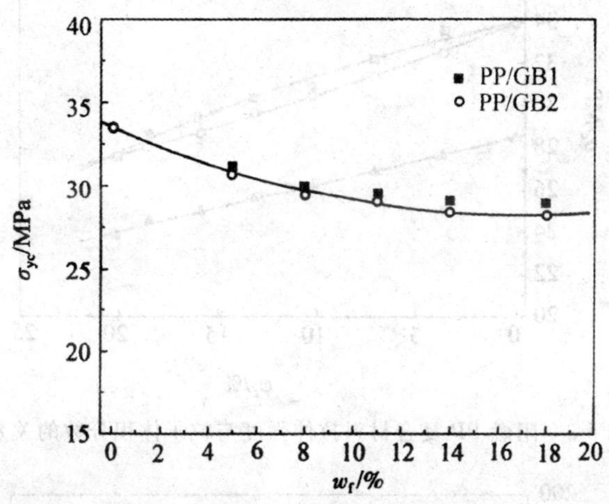

图 5-2　PP/GB 复合材料拉伸强度与粒子质量分数的关系

如图 5-3 所示为阻燃 PP 复合材料拉伸强度与阻燃粒子体积分数(φ_f)的关系。随着阻燃粒子体积分数的增加，三复合体系 PP/Al$(OH)_3$/Mg$(OH)_2$/ZB、PP/Al$(OH)_3$/Mg$(OH)_2$/ZB/nano-$CaCO_3$ 和 PP/Al$(OH)_3$/Mg$(OH)_2$/ZB/nano-$CaCO_3$/POE 的拉伸强度均近似呈线性形式减小。当阻燃粒子体积分数一定时，PP/Al$(OH)_3$/Mg$(OH)_2$/ZB 和 PP/Al$(OH)_3$/Mg$(OH)_2$/ZB/nano-$CaCO_3$ 复合体系的拉伸强度较为接近，而 PP/Al$(OH)_3$/Mg$(OH)_2$/ZB/nano-$CaCO_3$/POE 复合体系的拉伸强度则明显低于前两复合体系。这是因为 POE 属于热塑性弹性体，其强度远低于塑料，故其加入会削弱聚合物共混物和聚合物复合材料的强度。

2. 拉伸断裂强度

(1)玻璃纤维增强高分子复合体系

拉伸断裂强度与断裂伸长率在一定程度上反映了材料的断裂韧性。PPS/GF/nano-$CaCO_3$ 两三元复合体系的拉伸断裂强度(σ_b)与 nano-$CaCO_3$ 质量分数(ω_f)的关系如图 5-4 所示。由图可知，随着 ω_f 的增加，两体系的 σ_b 呈非线性函数形式提高。类似地，SI 体系的 σ_b 随着 ω_f 的起伏较大。当 ω_f

>2%后，SⅡ体系的拉伸断裂强度高于SI体系和PPS/GF复合体系。如前所述，nano-$CaCO_3$ 粒子经酞酸酯做表面处理后，其分散的能力大大提升，从而令复合材料的拉升强度大幅提高。

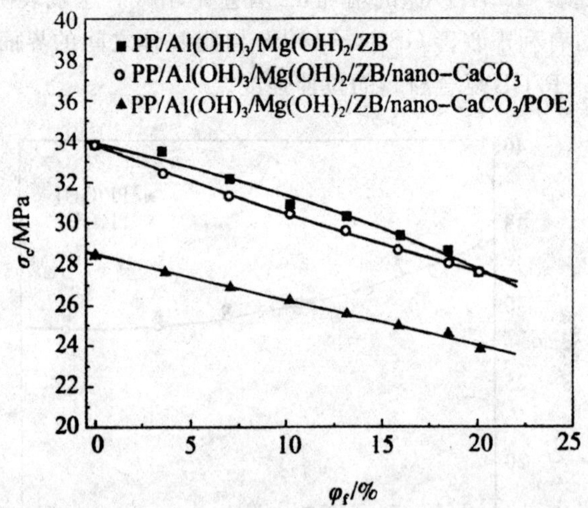

图 5-3　阻燃 PP 复合材料拉伸强度与粒子体积分数的关系

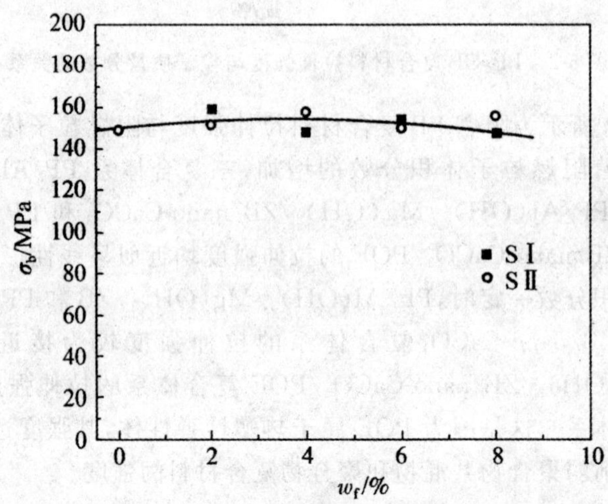

图 5-4　PPS/GF/nano-$CaCO_3$ 复合材料拉伸断裂强度与粒子质量分数的关系

(2)无机粒子填充高分子复合体系

图 5-5 为硅藻土填充 PP 复合材料的拉伸断裂强度与粒子体积分数(φ_f)之间的关系。其中，相应的硅藻土牌号为 700、499、281 的平均粒径分别为 5 μm、7 μm 和 13 μm，采用硅烷偶联剂对其进行表面处理。从图 5-5 中可看出，当 $\varphi_f<5\%$时，复合材料的拉升断裂强度下降明显。然后，随着

φ_f 的增加，σ_b 有小幅上升，PP/281 体系表现更为明显。这表明，少量的硅藻土会削弱 PP 的拉伸断裂强度。

如图 5-6 所示为阻燃 PP 复合材料拉伸断裂强度与阻燃粒子质量分数的关系。类似地，除个别测量点外，三阻燃复合体系的拉伸断裂强度均随着阻燃粒子质量分数的增加而非线性提高；当阻燃粒子含量一定时，PP/Al$(OH)_3$/Mg$(OH)_2$/ZB 复合体系的拉伸断裂强度值最高，PP/Al$(OH)_3$/Mg$(OH)_2$/ZB/nano-$CaCO_3$ 复合体系次之，PP/AI$(OH)_3$/Mg$(OH)_2$/ZB/nano-$CaCO_3$/POE 复合体系最小。这表明，Al$(OH)_3$/Mg$(OH)_2$/ZB 阻燃粒子的加入，有助于改善复合体系的拉伸断裂强度，而 POE 的加入，则在一定程度上削弱复合体系的拉伸断裂强度。

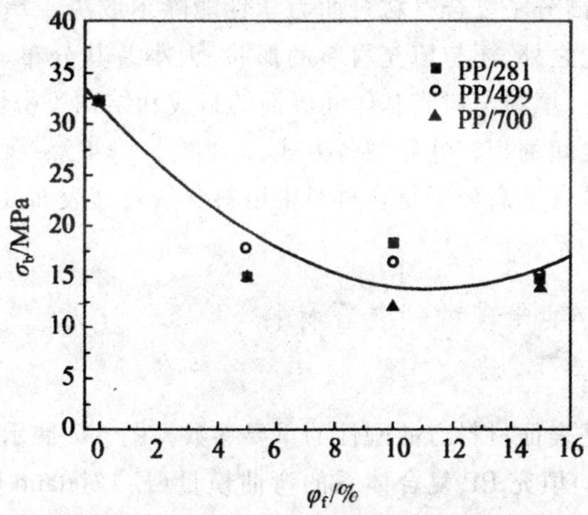

图 5-5　PP/硅藻土复合材料拉伸断裂强度与粒子体积分数的关系

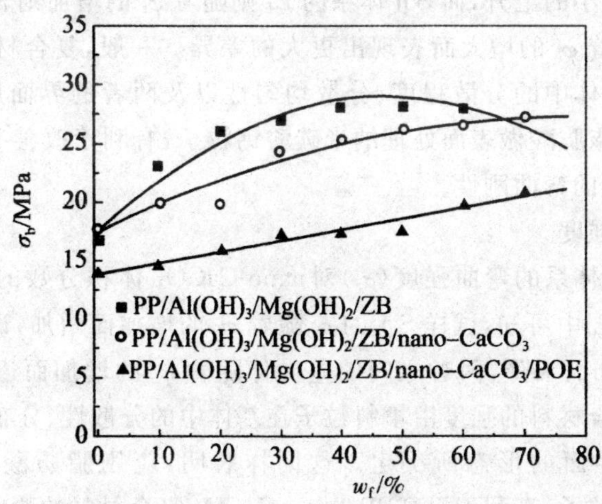

图 5-6　阻燃 PP 复合材料拉伸断裂强度与阻燃粒子质量分数的关系

5.1.2 弯曲性能

弯曲力学性能同样是表征材料强度的主要指标之一。常用的表示高分子复合材料的力学性能主要有弯曲模量与弯曲强度。

弯曲模量又称挠曲模量。是弯曲应力比上弯曲产生的形变。材料在弹性极限内抵抗弯曲变形的能力。弯曲模量即弯曲应力与弯曲所产生的形变之比。

弯曲强度是指材料在弯曲负荷作用下破裂或达到规定挠度时能承受的最大应力。

一般来说,高分子复合材料弯曲力学性能除了取决于填充材料和基体树脂的自身性能之外,还与填充材料的形状、大小及其分布,填料在基体树脂中的分散状态,填料与树脂基体间界面的组成和结构等密切相关,而后者又取决于两者之间的相容性和制备方式。

下文主要考察了高分子复合材料中填料含量及其表面处理与弯曲模量和弯曲强度的关系。

1. 聚丙烯/纳米碳酸钙复合材料

(1)弯曲模量

弯曲模量是表征材料弯曲刚性的重要参数。图 5-7 展示了两纳米碳酸钙(nano-$CaCO_3$)填充 PP 复合体系的弯曲模量(E_f)对nano-$CaCO_3$ 体积分数(φ_f)的依赖性。从图 5-7 中可以看出,个别点除外,SⅠ体系的 E_f 随着 φ_f 的增加有着微小的上升,而SⅡ体系的 E_f 则随着 φ_f 的增加则表现出轻微的下降,两者随着 φ_f 的增大而表现出更大的差异。一般,复合材料的刚性由填料粒子在基体中的分散程度、分散均匀性以及两者的界面形态所决定。这表明,应用脂肪酸做表面处理纳米碳酸钙粒子,有利于改善 PP/nano-$CaCO_3$ 复合材料的弯曲刚性。

(2)弯曲强度

两种复合体系的弯曲强度(σ_f)对nano-$CaCO_3$ 体积分数的依赖性如图 5-8 所示。由图中可知,试样 SⅠ的 σ_f 随着 φ_f 的增加而增加,试样 SⅡ的 σ_f 随着 φ_f 的增加而下降,两者之间的差异伴随着 φ_f 的增加而逐渐扩大。同样可得出,复合材料的强度由填料粒子在基体中的分散性、分布的均匀性以及两者之间界面的形态所决定。这同样表明,应用脂肪酸做表面处理 nano-$CaCO_3$ 粒子,有利于提高PP/nano-$CaCO_3$ 复合材料的弯曲强度。

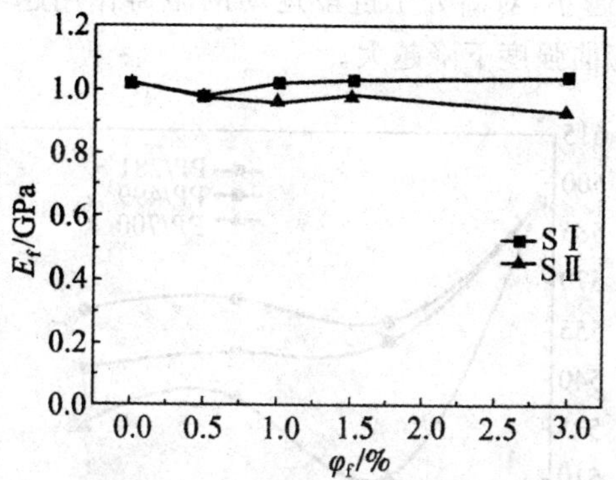

图 5-7　PP/nano-$CaCO_3$ 复合材料弯曲模量对nano-$CaCO_3$ 体积分数的依赖性

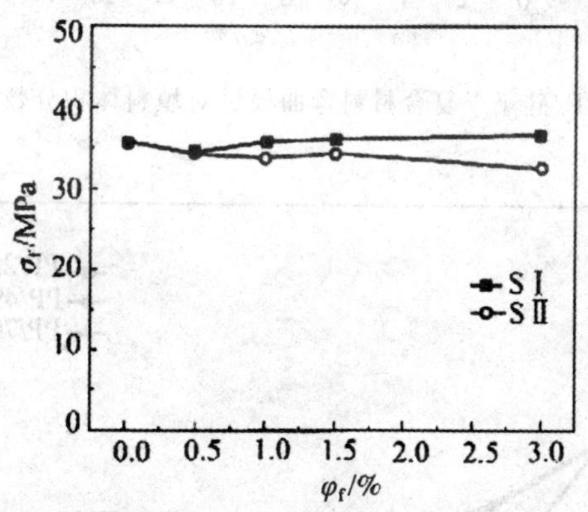

图 5-8　PP/nano-$CaCO_3$ 复合材料弯曲强度对nano-$CaCO_3$ 体积分数的依赖性

2. 聚丙烯/硅藻土复合材料

(1)弯曲模量

图 5-9 展示了 PP/硅藻土复合体系的弯曲模量(E_f)与硅藻土体积分数(φ_f)的关系。类似地，当 φ_f＜5%时，复合材料的弯曲模量明显下降。然后，随着 φ_f 的增加，E_f 有所回升。这表明，弯曲模量的变化规律与弯曲强度相似。

(2)弯曲强度

如图 5-10 所示为 PP/硅藻土复合体系的弯曲强度(σ_f)与硅藻土体积分数(φ_f)之间的关系。当 φ_f＜5%时，复合材料的弯曲强度明显下降。然后，随着 φ_f 的增加，σ_f 有所回升。这表明，少量硅藻土的加入会降低 PP 的弯曲强度。硅藻土粒子的加入，增加了复合材料的刚度。刚度增加后，使得复合材料弯曲强度较纯 PP 下降。而对于不同粒径的硅藻土粒子，在相同填充量的条件下，粒径越小，对高分子链段运动的阻碍作用越明显，从而表现为PW/700体系的弯曲强度下降越大。

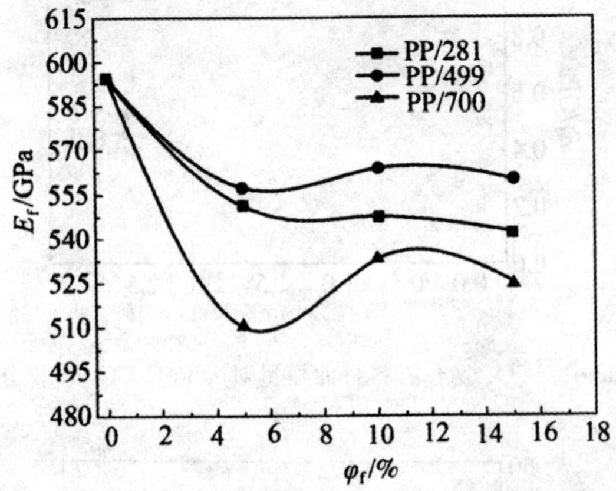

图 5-9　PP/硅藻土复合材料弯曲模量对填料体积分数的依赖性

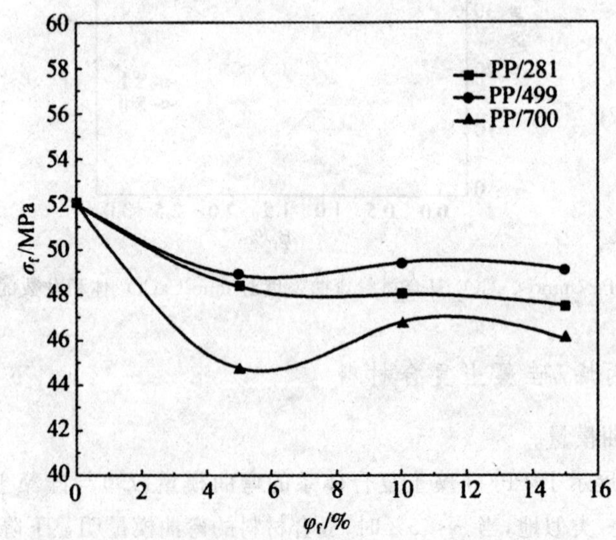

图 5-10　PP/硅藻土复合材料弯曲强度与填料体积分数的关系

(3)硅藻土粒径对弯曲性能的影响

当硅藻土体积分数σ_f，分别为10%和15%时，填充PP复合材料弯曲强度和弯曲模量对硅藻土粒径的依赖性分别如图5-11和图5-12所示。从这两个图中可以看出，硅藻土的粒径对填充PP复合材料弯曲强度和弯曲模量的影响较明显。从图中可知，当硅藻土体系的粒径为7 μm时，弯曲强度和弯曲模量的值较高，由此说明，粒径对弯曲性能的影响存在最优值。

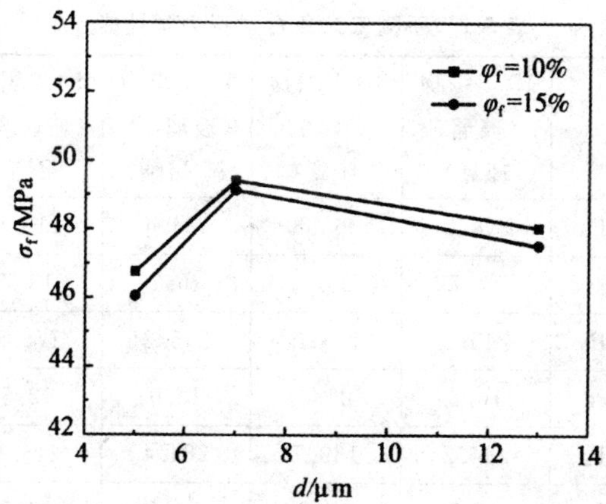

图 5-11　PP/硅藻土复合材料弯曲强度对填料粒径的依赖性

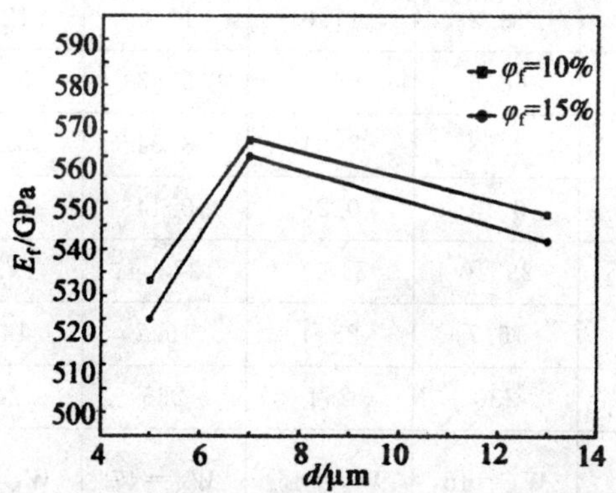

图 5-12　PP/硅藻土复合材料弯曲模量对填充粒径的依赖性

树脂基复合材料具有比强度高、比模量大、抗疲劳性能好等优点，常利用树脂基复合材料的上述性能来构筑承力结构。制造工艺的不同、随机因素的出现都会造成制得的复合材料出现不均匀性和不连续性，残余应力、空隙、裂纹、界面结合不完善等都会影响到材料的性能，如表 5-1、表 5-2 所示。

与热固性复合材料相比，热塑性复合材料更耐冲击、断裂韧性高。可以多次循环加工利用，但是热塑性复合材料也多表现为低刚度、耐热性差的特点。在热塑性塑料材料中加入连续或非连续纤维可以改进力学、物理和热学性能等。纤维类型、纤维长度、纤维长度分布、纤维排布、界面、基体树脂形貌、工艺过程、环境因素以及时间依赖行为等因素均会影响最终得到的纤维增强热塑性复合材料产品的性能，长纤维或连续纤维增强塑料较短纤维复合材料力学性能更好。表 5-3 给出了几种长玻璃纤维增强热塑性树脂基复合材料的力学性能。

表 5-1　手糊工艺复合材料力学性能

组成项目	1∶1织物（玻璃/环氧）	4∶1织物（玻璃/环氧）	1∶1织物（玻璃/环氧-聚酯）	1∶1织物（玻璃 306 聚酯）	短纤维毡聚酯
纵向拉伸强度/MPa	294.2	365.8	284.4	215.8	60～140
纵向拉伸模量/GPa	17.7	25.5	16.7	13.7	5.5～12
纵向压缩强度/MPa	245.2	304.0	245.2	176.5	110～180
纵向压缩模量/GPa	16.2	23.0	15.0	12.5	5.0～10.8
横向拉伸强度/MPa	294.2	139.7	284.4	215.8	60～140
横向拉伸模量/GPa	17.7	11.8	16.7	13.7	5.5～12
横向压缩强度 MPa	245.2	225.6	245.2	176.5	110～180
横向压缩模量/GPa	16.2	11.0	15.0	12.5	5.0～10.8
剪切强度/MPa	68.6	65.7	55.3	50.0	50.0
剪切模量/GPa	3.53	2.84	3.34	3.20	1.40
泊松比	0.14	0.20	0.14	0.14	0.23
弯曲强度/MPa	298.0	340.0	273.4	193.3	108～280
弯曲模量/GPa	16.7	23.4	16.7	14.2	6.9～13
冲击强度(kJ/m²)	230	294	265	240	98～180
纤维体积含量 V_f（或含胶量 W_R），%	$W_R=45$	$W_R=45$	$W_R=47$	$W_R=52$	$W_R=40\sim55$

表 5-2　SMC、BMC 复合材料力学性能

组成项目	食品级 SMC	一般 SMC	电性能型 SMC	BMC 聚酯	BMC 酚醛	BMC 环氧
拉伸强度/MPa	100	60～130	140.0	30～70	29～49	20～59
压缩强度/MPa	150	60～100	130	20～40	98～147	98～147
弯曲强度/MPa	150	130～210	150	70～140	10～13	12～14
剪切强度/MPa	90	80	93	—	—	—
弯曲模量/GPa	9.5	9.6～13	11.5	9.6～13	13.5	15.0
冲击强度(kJ/m²)	63.7	43～85	60	16～32	20	20
泊松比	0.3	0.3	0.3	0.3	0.3～0.5	0.3～0.5
巴氏硬度	45	40～60	50～60	50	60	60

表 5-3　长玻璃纤维增强热塑性树脂基复合材料的力学强度

基体材料	纤维(质量分数)/%	拉伸强度/MPa	弯曲强度/MPa
PC	50	176	290
PPS	50	152	234
PBT	50	176	269
PP	40	120	178

5.1.3　聚双环戊二烯(PDCPD)纳米复合材料的力学性能

聚双环戊二烯(PDCPD)作为一种耐高温、耐腐蚀、耐冲击的高分子材料,自 20 世纪 80 年代初期逐渐走入人们的研究视线,且发展迅速,研究意义及市场潜力巨大。

聚双环戊二烯是一种高抗冲的热固性交联聚合物,最早由日本帝人公司和美国 Aercules 公司开发成功。主要是通过开环移位聚合机理(ROMP)制得的,而且根据反应及材料本身的特点目前较多的是采用反应注射成型方法(RIM),采用双组分金属卡宾催化剂进行催化,引发聚合生成 PDCPD 制品。

目前对 PDCPD 改性的主要方法有:与其他单体共聚生成不饱和聚酯,纤维、弹性体增强增韧、无机纳米粒子改性等,目前关于共聚、纤维、弹性体增强的研究报道比较多,而对无机粒子改性的 PDCPD 基纳米复合材料还不多,因此具有很大的研究价值。

以聚苯乙烯改性二氧化硅复合纳米微球(PS/SiO_2)为填料,加到 PDCPD 基体中进行改性,预期改善 PDCPD 材料的力学性能,以得到一种综合性能俱佳的 PDCPD 基纳米复合材料。

1. 纳米复合材料的拉伸性能

(1)断裂伸长率

拉伸曲线(Tensile Curve)是描述构件应力与应变关系的曲线。通常以应力值为纵坐标,应变值为横坐标。断裂伸长率(Elongation at Break)是在拉力作用下,试样断裂时标线间距离的增加量与初始标距的比,以百分率表示。断裂伸长率计算公式如下:

$$\varepsilon=\frac{G-G_0}{G_0} \tag{5-1}$$

式中,G_0 为试样标距的初始值,mm;G 为试样断裂时的标距,mm。

图 5-13 为 PDCPD/PS/SiO_2 纳米复合材料于不同 PS/SiO_2 含量下的断裂伸长率。从图中可以看出，与纯 PDCPD 相比，PDCPD/PS/SiO_2 纳米复合材料的断裂伸长率全部下降，且呈现先减小后降低的趋势，在 4%时断裂伸长率最小，只有 7%。

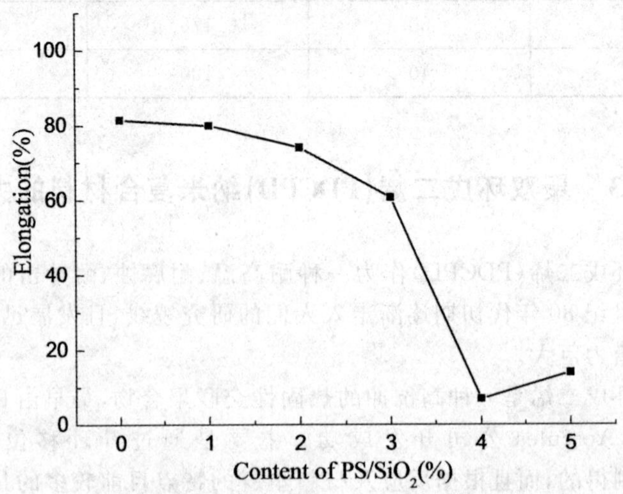

图 5-13　断裂伸长率与 PS/SiO_2 含量的关系

因为纳米 SiO_2 无机核是刚性粒子，当其填充到韧性材料中后会导致材料断裂伸长率有所下降。而且因为 PS/SiO_2 复合纳米微球与 PDCPD 基体之间有比较好的界面相容性，PS/SiO_2 复合纳米微球作为交联点可以提高聚合物基体的交联度，PDCPD 基体交联度上升，基体高分子链段相互缠结，使链段的相对滑移受到阻碍，限制了分子链的位移，进一步引起了断裂伸长率的下降，材料显得硬而脆，这属于典型的高杨氏模量特征。至于在 5%时断裂伸长率又有少许的增加，是因为过多复合纳米微球的加入导致应力集中所造成的。

(2)拉伸强度和拉伸模量

根据国标 GB/T 1040.1-2006 规定，在拉伸试验中试样直至断裂为止所承受的最大拉伸应力即为拉伸强度(Tensile Strength)。而拉伸模量(Tensile Modulus)反应的是材料在拉伸过程中的弹性，属于材料本体的性质，与缺陷一般无关。拉伸试样的参数见表 5-4。

因此在规定条件下，已知试样至拉断所承受的最大应力即可计算材料的拉伸强度：

$$\sigma=\frac{F}{bd} \tag{5-2}$$

表 5-4 拉伸试样的参数

PS/SiO_2(wt%)	编号	b/mm	d/mm
0%	1	10.60	5.30
	2	10.46	4.78
	3	10.40	4.70
1%	4	10.20	5.00
	5	10.30	4.80
	6	10.20	5.00
2%	7	10.46	5.14
	8	10.52	5.20
	9	10.40	5.00
3%	10	10.40	4.92
	11	10.40	5.00
	12	10.42	5.00
4%	13	10.50	5.20
	14	10.50	5.20
	15	10.50	5.30
5%	16	10.50	4.86
	17	10.50	4.86
	18	10.40	4.82

式中,σ 为试样的拉伸强度,Mpa;F 为试样最大拉伸载荷,N;b 为试样宽度,mm;d 为试样厚度,mm。

试样为同样的标准下的哑铃型样条,并在同样标准下用 WDW-10 型微机控制电子式万能试验机对 PDCPD 基纳米复合材料进行拉伸强度、拉伸模量和断裂伸长率的测试,在负荷为 10 kN、速度为 10 mm/min 的条件下,每个样品测 3 次求平均值。

拉伸强度和拉伸模量分别反映了复合材料的能够承受的最大应力与材料本身的弹性,图 5-14 和图 5-15 是添加了不同质量分数 PS/SiO_2 复合纳米微球的 $PDCPD/PS/SiO_2$ 纳米复合材料的拉伸强度和拉伸模量的变化曲线。

从图中可以看出,PS/SiO_2 复合纳米微球的加入对 PDCPD 材料的拉伸强度的影响具有一定的变化规律，整体上随着复合纳米微球添加量的增大，拉伸强度呈现了先增大后降低的趋势。在 PS/SiO_2 质量分数为 4%时材料的拉伸性能最好，拉伸强度从 24.59 MPa 提高到了 47.41 Mpa，比纯 PDCPD 提高了 92.8%，拉伸强度将近提高了一倍；PS/SiO_2 复合纳米微球加入后，使拉伸模量在低含量时有稍微降低，然后又急剧增加，这与拉伸强度的变化趋势是一致的，最终拉伸模量从纯 PDCPD 的 1 171 MPa 提高到了 4%时的 2 382 MPa，提高了一倍。很显然，PS/SiO_2 复合纳米微球的加入对 PDCPD 拉伸性能的改善相当明显。

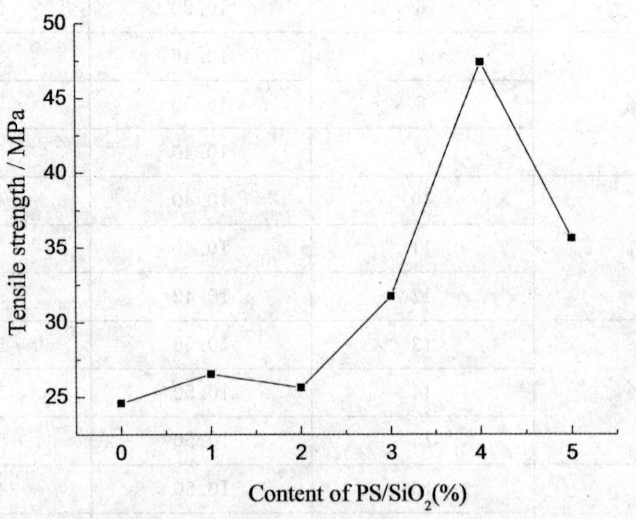

图 5-14 PDCPD/PS/SiO_2 复合材料的拉伸强度与 PS/SiO_2 含量的关系

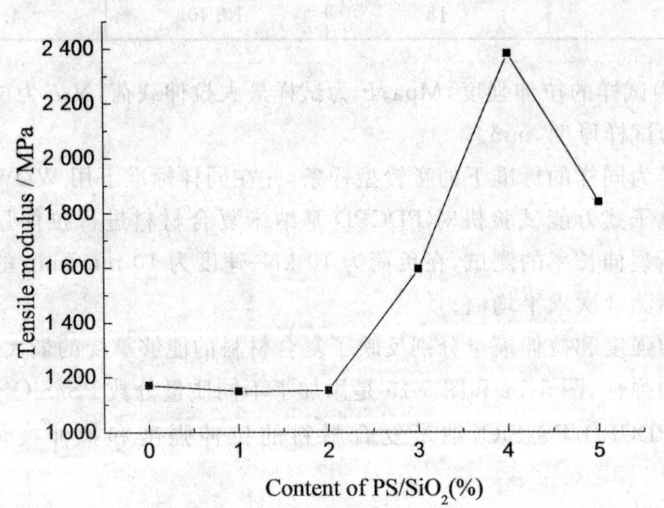

图 5-15 PDCPD/PS/SiO_2 复合材料的拉伸模量与 PS/SiO_2 含量的关系

这是因为随着添加的 PS/SiO_2 复合纳米微球的质量分数的增大，PS/SiO_2 复合纳米微球可作为聚合物单体聚合时的交联点，PS/SiO_2 复合纳米微球表面的 PS 壳层和 PDCPD 聚合物的分子链紧密地结合在一起，降低了表面能，因此适量添加这种聚合物包覆的无机纳米粒子还可以大幅提高材料的拉伸性能；另外 PS/SiO_2 复合纳米微球是承载体，可以承受外来应力，因此在 1% 到 4% 时，随着纳米粒子质量分数的增加，对拉伸应力的承受能力就越大，但是当质量分数继续增大达到 5% 时，拉伸性能反而下降，可能是因为 PS/SiO_2 复合纳米微球加入过多，引起应力集中，再者可能无机粒子过多材料聚合时产生了缺陷，结果反而造成了拉伸性能的下降。

2. 纳米复合材料的弯曲性能

弯曲性能是在 DWD-10 型电子式万能试验机上进行的静态三点。

弯曲载荷，弯曲强度(Bending Strength)为材料在弯曲负荷作用下破裂或达到规定挠度时能承受的最大应力，而弯曲模量(Bending Modulus)则是在弹性形变范围内，弯曲应力与弯曲形变的比，即在此范围内抵抗弯曲变形的能力。弯曲强度计算公式如下：

$$\sigma_f=\frac{3FL}{2bh^2} \tag{5-3}$$

式中，F 为施加的力，N；L 为跨度，mm；b 为试样宽度，mm；h 为试样厚度，mm。

样条及测试方法均沿用 GB/T 9341-2000，载荷 2 kN，速度 5 mm/min，跨度 L 为 80 mm，每个样品测 3 次求平均，具体参数见表 5-5。

表 5-5　弯曲试样的参数

PS/SiO_2(wt%)	编号	b/mm	h/mm
0%	1	10.50	4.92
	2	10.50	5.10
	3	10.60	5.24
1%	4	10.30	4.90
	5	10.20	4.96
	6	10.30	5.00
2%	7	10.20	5.10
	8	10.50	5.14
	9	10.30	5.00

续表

PS/SiO_2(wt%)	编号	b/mm	h/mm
3%	10	10.40	5.00
	11	10.40	4.90
	12	10.42	4.92
4%	13	10.50	5.14
	14	10.50	5.30
	15	10.50	5.20
5%	16	10.50	4.82
	17	10.40	4.80
	18	10.44	4.82

图 5-16 和图 5-17 是纳米复合材料的弯曲强度和弯曲模量随 PS/SiO_2 复合纳米微球添加量变化的曲线。

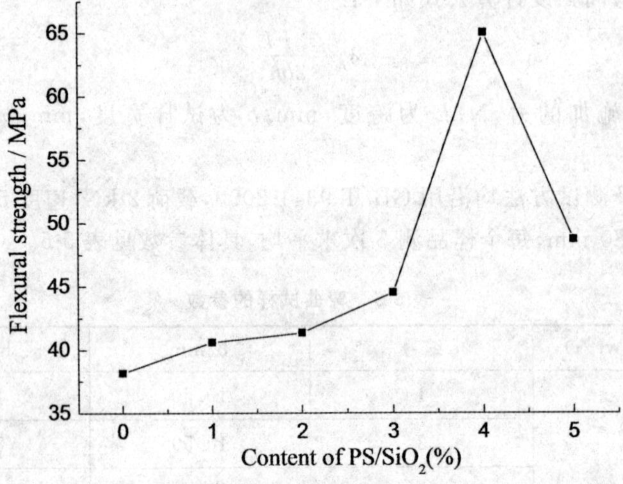

图 5-16　PDCPD/PS/SiO_2 的弯曲强度与 PS/SiO_2 含量的关系

从图中可以看出，添加不同质量分数的 PS/SiO_2 复合纳米微球后，PDCPD 的弯曲强度和弯曲模量均有一定程度的提高，且当 PS/SiO_2 复合纳米微球质量分数达到 4%时，复合材料的弯曲性能达到最大值 65.03 MPa，相对于纯 PDCPD 材料提高了 70.5%。从图中可以看出添加 PS/SiO_2 复合纳米微球后，材料的弯曲模量增加十分明显，尤其在 PS/SiO_2 复合纳米微球质量分数达到 4%时，拉伸模量达到了 3 345 MPa，相对于纯 PDCPD 材料的 1 846 MPa，提高了 81.2%。

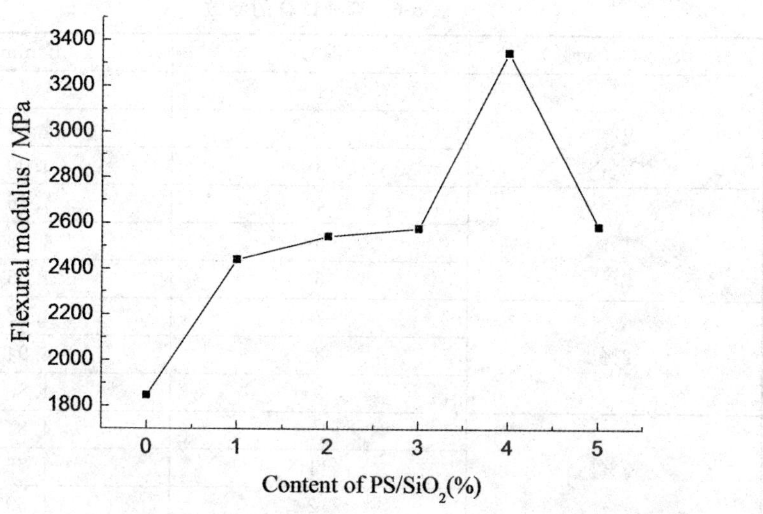

图 5-17 PDCPD 基纳米复合材料的弯曲模量与 PS/SiO_2 含量的关系

聚合物包覆改性的 PS/SiO_2 复合纳米微球加入到聚合物基体时，一方面由于界面能小、结合紧密，因此不易导致缺陷而影响材料的性能，另一方面，PS/SiO_2 复合纳米微球的加入，其应力场并非是一个简单的叠加，而是粒子与粒子之间有着相互作用，因此 PDCPD 中添加 PS/SiO_2 复合纳米微球会其周围基体在变形时产生更多微裂纹，降低破坏能量，这也有利于材料性能的提高。

3. 纳米复合材料的冲击性能

冲击强度(Impact Strength)又称冲击韧性，是试样在冲击过程中吸收的能量和打 V 形缺口后剩余横截面积的比。弯曲实验参数见表 5-6，计算公式为：

$$\alpha=\frac{W}{h} \tag{5-4}$$

式中，α 为缺口试样冲击强度，J/m；W 为破坏试样经修正所吸收的能量，J；h 为试样剩余厚度，mm。

采用 XJU-22 型冲击试验机对复合材料进行冲击强度测试，先把样条裁成 50 mm 长度，然后在离一端 20 mm 处打一 V 形缺口，如图 5-18 所示放置，根据 GB/T8761-1998，选择 7.5 J 摆锤冲击样条，根据击断样条时摆锤前后能量差，可以算出冲击强度，每个样品测 3 次求平均值。

表 5-6　弯曲试样的参数

PS/SiO_2（wt%）	编号	h/mm
0%	1	4.90
	2	4.86
	3	5.00
1%	4	4.66
	5	4.78
	6	4.85
2%	7	4.82
	8	4.94
	9	4.80
3%	10	4.84
	11	4.75
	12	4.69
4%	13	4.66
	14	4.78
	15	4.92
5%	16	4.76
	17	4.80
	18	4.82

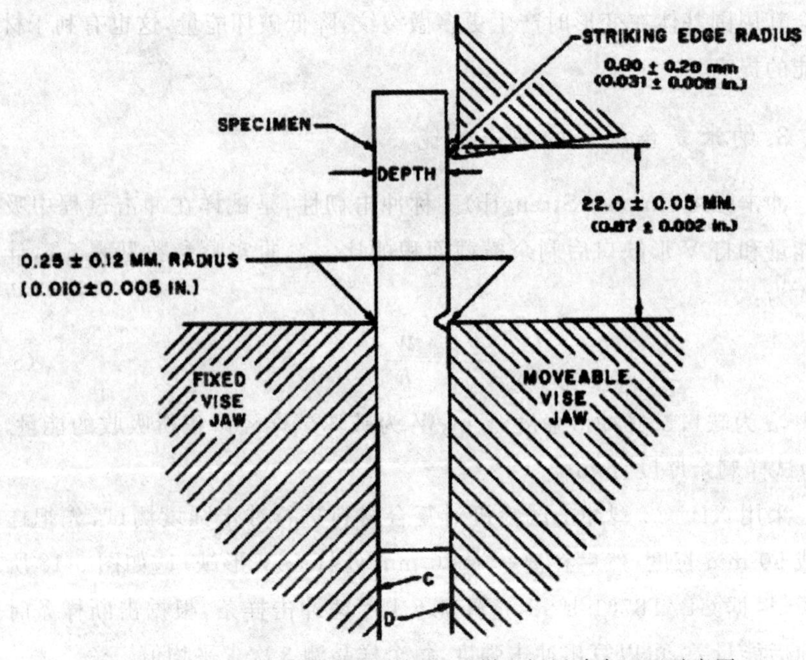

图 5-18　缺口试样冲击试验时夹具、试样和摆锤冲击刀刃示意图

图 5-19 为 PDCPD/PS/SiO_2 纳米复合材料冲击强度随 PS/SiO_2 复合纳米微球含量的变化曲线。从图中可以看到，添加 PS/SiO_2 复合纳米微球后，材料的冲击强度均有提高，且随着纳米粒子质量分数的增加，冲击强度呈现先增大后减小的趋势，并在 PS/SiO_2 复合纳米微球质量分数达到 4%时呈冲击度最大 24.38 J/m，与纯 PDCPD 的 11.5 J/m 相比提高了 112%。

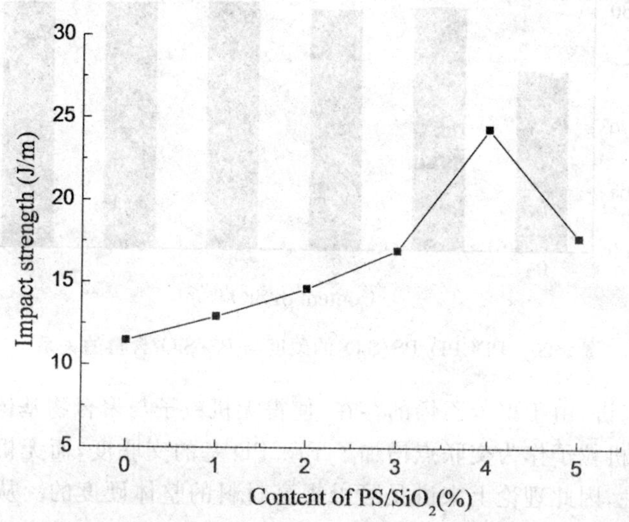

图 5-19　PDCPD/PS/SiO_2 复合材料的冲击强度与 PS/SiO_2 含量的关系

材料的冲击强度反应的是材料抗冲击破坏的能力，因此冲击强度越大抗冲击破坏的能力也越大，添加 PS/SiO_2 复合纳米微球之后，出现如图 5-19 所示的变化趋势就是因为经聚苯乙烯包覆改性得到的 PS/SiO_2 复合纳米微球在 DCPD 单体中分散性好、分散度高，与聚合物基体间结合紧密，界面能小，因此可以减少由于无机粒子团聚而导致的缺陷而影响材料性能，且 SiO_2 纳米粒子均匀分散在 PDCPD 基体后，冲击时纳米粒子可以起到“铆钉”作用，此作用大大降低了基体中裂纹产生的趋势，并可使其周围裂纹能量重新分配，降低破坏能量，这也有利于材料性能的提高。

4. 纳米复合材料的硬度

硬度是物质受压变形程度或抗刺穿能力的一种物理度量方式，邵氏硬度是常用的硬度体系中的一种，邵氏硬度的具体测试方法：将邵氏硬度计的指针插入材料比较平整的面的内部，表盘显示的读数即为邵氏硬度，执行标准是 GB2411-80，压力 5 kg，每个样品至少选取 6 个不同的、表面平整无缺陷位置进行测试。

图 5-20 是 PDCPD/PS/SiO_2 纳米复合材料的硬度与 PS/SiO_2 复合纳米

微球含量的关系曲线。从图中可以看出，PDCPD/PS/SiO_2纳米复合材料较纯PDCPD树脂基体的硬度有一定的改善，但是随着PS/SiO_2复合纳米微球质量分数的增大。

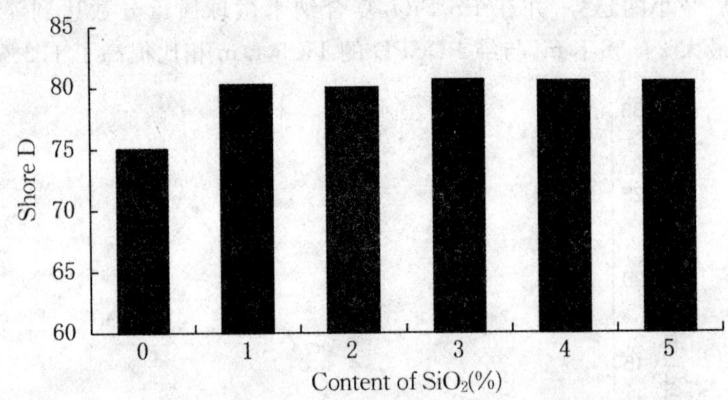

图 5-20 PDCPD/PS/SiO_2的硬度与PS/SiO_2含量的关系

一般来讲，由于聚苯乙烯的存在，使得无机粒子与聚合物基体结合的更加紧密，无机粒子作为交联点增加了PDCPD基的交联度，而无机纳米粒子又具有刚性，因此理论上来讲是可以提高材料的整体硬度的。从图中可以看到的是复合材料的硬度也确实稍有增加，但效果不是很明显，可能是因为改性无机粒子作为承载应力体在测量表面富集量比较小，所以探针插入基体的作用对象仍然是聚合物基体，因此造成了以上影响不大的现象。

5. 改性对复合材料力学性能的影响

图5-21显示的是无机SiO_2经聚苯乙烯改性前后对PDCPD力学性能的影响。其中添加未改性SiO_2的是添加量为0.5%的样品，而PS和PS/SiO_2复合纳米微球是添加4%的样品，均为平行最优条件。

从图中可以看出添加PS、未改性SiO_2和PS/SiO_2复合纳米微球后PDCPD基体的力学性能均有提高，即拉伸、弯曲、冲击强度和拉伸、弯曲模量的均有改善，但通过对比可知添加PS/SiO_2复合纳米微球对PDCPD的性能提高最多。

以上分析结果表明，SiO_2无机纳米粒子的表面改性对改善复合材料的力学性能影响很大；聚苯乙烯包覆改性提高了无机粒子与PDCPD基体的相容性，在基体中具有十分良好的分散性，且与SiO_2存在协同作用。因此，表面改性PS/SiO_2纳米微球在PDCPD基体中具有良好的界面相容性是实现纳米PDCPD/PS/SiO_2复合材料在低添加范围内具有较佳力学性能的重要原因。

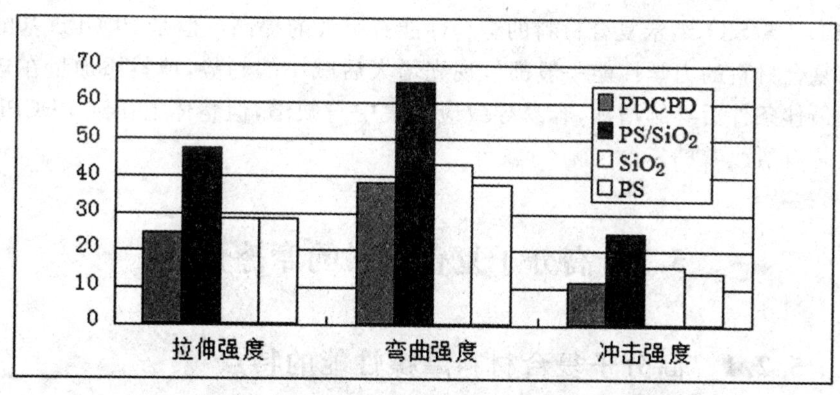

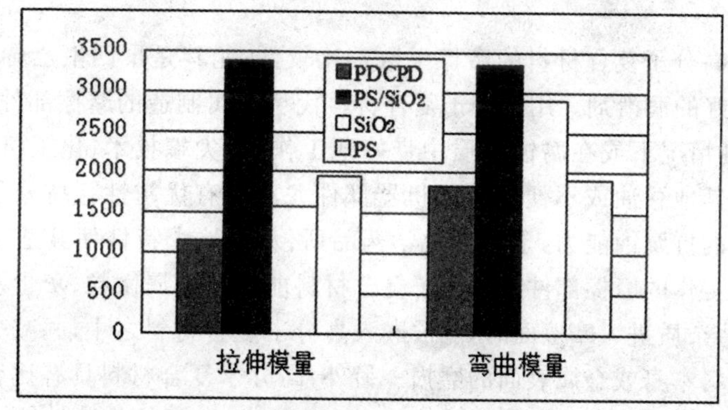

图 5-21　改性对复合材料力学性能的影响

6. 纳米复合材料的增强机理

无机纳米填料增强高分子聚合物时，一般填料颗粒的粒径越小、比表面积越大、分散的越均匀，填充材料的力学性能越好，且经过表面处理后的无机粒子表面能更低，与聚合物基体树脂的相容性好。一方面可以通过聚合物基体与无机纳米填料紧密的粘接面可以传递应力；另一方面，经聚合物包覆改性后，无机粒子与聚合物基体间形成一层柔性树脂连接层，也即变形层，能够松弛界面应力，防止界面裂纹的扩展，改善结合度，从而提高其综合性能。

纳米级 PS/SiO_2 复合微球具有比较大的比表面积，且经过聚苯乙烯改性后与聚合物基体之间结合力比较强，因此，PS/SiO_2 复合纳米微球加入后，在 PDCPD 基体中充当着交联点的作用，与高分子链结合力较强并发生缠结，再者，当无机粒子粒径小到一定程度后，加入基体后表面接触面积大，能起到分散应力的作用，可以阻止裂纹的扩散，而且随着添加量的增大，接触面更大，能够分散的应力也更多，拉伸冲击性能也更好，最终导致 PD-

CPD/PS/SiO_2纳米复合材料的综合性能有很大的提高。但是PDCPD基纳米复合材料的力学性能一般都呈现先增大后减小的趋势，填料添加量在达到最佳条件后继续增加，容易导致应力集中与缺陷，但整体上比纯PDCPD还是有所改善的。

5.2 高分子复合材料的摩擦性能

5.2.1 高分子复合材料摩擦性能的特点

很多高分子复合材料的摩擦系数都比较低，尤其是聚四氟乙烯，本身就是一种良好的润滑剂。用高分子复合材料代替金属制造的摩擦部件，可以在无油、少油情况下或在腐蚀介质中良好地工作，对尖端技术、化工机械、纺织机械以及其他忌油或不便加油的机器部件尤其具有优越性。高分子复合材料具有强的抗腐蚀能力，不易为化学药品所侵蚀，这个特性使其适于作为腐蚀介质中工作的摩擦部件。高分子复合材料能吸收金属微粒、灰尘及其他杂质，当这些杂质进入摩擦面时，能被嵌入高分子复合材料之中，并减少对高分子复合材料本身或金属表面的磨损。另外，高分子复合材料具有比金属高得多的抗震消声性能，对于提高高速运转机械的摩擦部件的运转速率意义很大。一般来说，高分子复合材料基本可以满足作为摩擦材料的主要性能要求，但是也有一些缺点。高分子复合材料抗压强度比较低，压缩变形量大，受压有明显的冷流蠕变，导致尺寸稳定性不好。虽然高分子复合材料的摩擦系数小，但是其耐磨性却比较差，一般均容易被磨损。由于耐热性差，因此远远不能满足某些工程领域的需要。高分子复合材料由于导热系数低，使摩擦界面的热量不易散失而引起温度升高。另外，高分子复合材料由于热膨胀系数大，容易受温度影响而发生尺寸变化，从而影响正常运转与精度。

5.2.2 高分子复合材料的磨耗

和其他材料一样，高分子复合材料的磨耗是指在摩擦过程中材料的微粒不断地从被摩擦表面分离的现象。磨耗也称磨蚀或磨损，是引起摩擦件尺寸不断改变的机械破坏过程，常用磨耗量来表示耐磨耗程度。磨耗量是用试样在规定试验条件（负荷、速率、温度、湿度等）下，经过一定时间或一定距离摩擦之后，试件被磨去的量（质量、体积等）来表示的。

显然，磨耗与摩擦密切相关，尤其与摩擦力中的划痕部分关系更大。因此磨耗受材料的相对硬度影响较大，除表面的物理损坏外，磨蚀经常伴有化学侵蚀，在高分子复合材料的摩擦或磨耗过程中，局部温度可能很高，因而能造成氧化裂解。

不同高分子复合材料的磨耗量随负荷和摩擦距离的增大而线性增大，但因摩擦速率的增大而稍有减小。

金属的硬度大时，磨耗量小，高分子复合材料则不然，往往倒是硬度大的耐磨耗性差。而且还有这样的普遍倾向，即磨耗随摩擦系数增大而增加。但无论是硬度还是摩擦系数的影响都不是一定的。

磨耗量与对磨材料的性质，尤其是硬度的关系密切。一般说，磨耗量随对磨材料硬度的增高而降低，如图 5-22 所示。

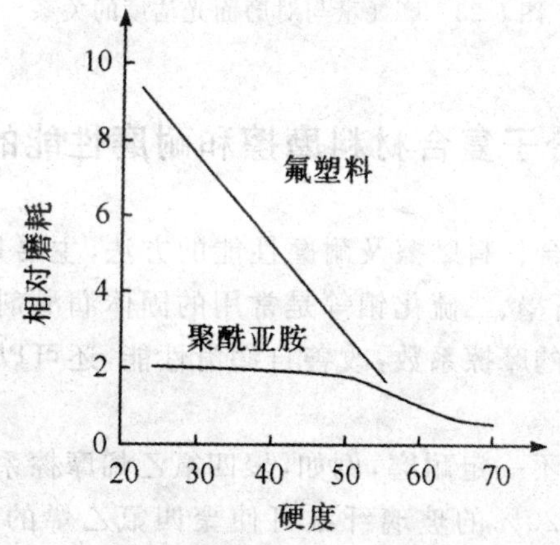

图 5-22　对磨材料硬度对磨耗量的影响

另外，磨耗量还和对磨材料表面光洁度有关。多数高分子复合材料的磨耗量随对磨材料表面光洁度的提高而减少，因为对磨表面越粗糙，高分子材料就越易被刨削。有些材料则不然，例如，氟塑料与光洁度很高的表面对磨时，磨耗量反而增大，如图 5-23 所示，这可能是因为对磨面具有一定的粗糙程度时，一部分聚四氟乙烯转移到对磨面上，镶嵌在对磨材料的凹陷处，形成了氟塑料间的自身对磨，而在光洁度很高时，就不易发生这种转移，因而磨耗量就增大。

在塑料对金属摩擦时，磨损主要由刨削磨损、黏着磨损和磨粒磨损造成。因此，一般地，材料越硬越耐刨削，即刨削磨损越小，如 MC 尼龙、聚甲醛和填充酚醛都比四氟塑料耐磨；材料的软化点越高，越耐黏着磨损，如低软化点的有机玻璃和聚苯乙烯的耐磨性不佳。塑料通常有埋设异物的特性，磨粒磨损不占主要地位，但材料硬度对磨粒磨损的影响和对刨削磨损的影响相反。综上所述，具有适中硬度和高软化点的塑料往往就是耐磨材料。

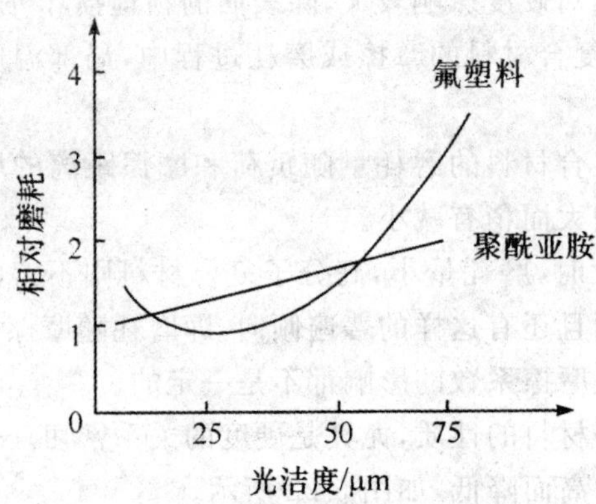

图 5-23　磨耗量与对磨面光洁度的关系

5.2.3　高分子复合材料摩擦和耐磨性能的改善

改善高分子复合材料摩擦及耐磨性能的方法，主要是在材料中加入增强材料和润滑剂，石墨、二硫化钼等是常用的固体润滑剂，石墨等的加入不仅能大大降低材料的摩擦系数，改善自润滑性能，还可以提高导热性，减少磨耗量。

摩擦系数低的不一定耐磨，例如，聚四氟乙烯摩擦系数很低，却具有很大的磨耗值，加入 20％的玻璃纤维可使聚四氟乙烯的肛值由 0.13 增至 0.23，但由于强度显著提高，相对磨耗量由 4 450 mg 降低至 2.8 mg。

高温摩擦材料不仅要有高的耐热性，而且要有高的高温摩擦性，碳纤维复合材料具有优良的耐高温摩擦特性，可望得到广泛的应用。

5.2.4　聚双环戊二烯(PDCPD)纳米复合材料的摩擦性能

1. 纳米复合材料的摩擦稳定曲线

图 5-24 是 PDCPD/PS/SiO_2纳米复合材料随 PS/SiO_2复合纳米微球质量分数变化的摩擦稳定曲线，从图中可以看到，试样一般都经过约 5 min 跳动的跑合期后，最终在 10 min 左右达到稳定，最终得到一条摩擦稳定曲线。

通过对比图中 PS/SiO_2不同添加量的摩擦曲线可知，随着 PS/SiO_2复合纳米微球质量分数的增加，PDCPD 基体树脂的摩擦系数均有所下降，且当 PS/SiO_2复合纳米微球的质量分数为 4％时，其摩擦系数最低，跑合期短且平缓，从而导致此添加质量分数下的纳米复合材料较均匀且耐磨性最好。

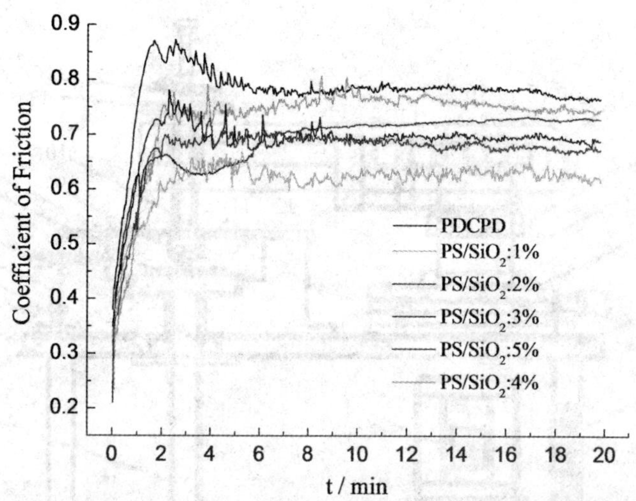

图 5-24 PS/SiO_2不同添加量的PDCPD基纳米复合材料的摩擦稳定曲线

2.纳米复合材料的摩擦磨损性能

利用QG-700型气氛高温摩擦磨损试验机进行摩擦磨损实验，此方法操作简单，并可直观测得摩擦系数的变化情况，然后通过称取摩擦前后试样的重量差，得出质量磨损。图5-25为试验装置结构示意图。盘试样是裁成22×22×5的纯PDCPD及PDCPD/PS/SiO_2纳米复合材料的长方体，也即是由哑铃型拉伸试样两端较宽部分所裁成的，而对磨球试样是GCr15Ø6号钢球，其主要化学成分分析如表5-7所示。

表 5-7 对磨球试样的化学成分分析

Element	C	Mn	Si	S	P	Cr	Mo	Ni	Cu	Ni+Cu
Content	0.95～1.05	0.25～0.45	0.15～0.35	≤0.025	≤0.025	1.40～1.65	≤0.10	≤0.30	≤0.25	≤0.50

研究了表面包覆改性的无机纳米粒子对PDCPD基体的摩擦性能的影响，具体实验过程中测试了PS/SiO_2添加量0%、1%、2%、3%、4%、5%的，以及未改性SiO_2添加量为0.5%的试样的摩擦磨损性能，并通过SEM观察磨痕的表面形貌和三维轮廓分析仪(3D)测量试样的磨痕宽度。

摩擦磨损试验前用800目水砂纸对盘试样表面进行预磨，并用乙醇擦拭盘试样和球试样表面，晾干以备用。测试条件：空气气氛、常温、载荷4 N、转速800 r/min、对磨时间20 min、对偶中心距半径5 mm。

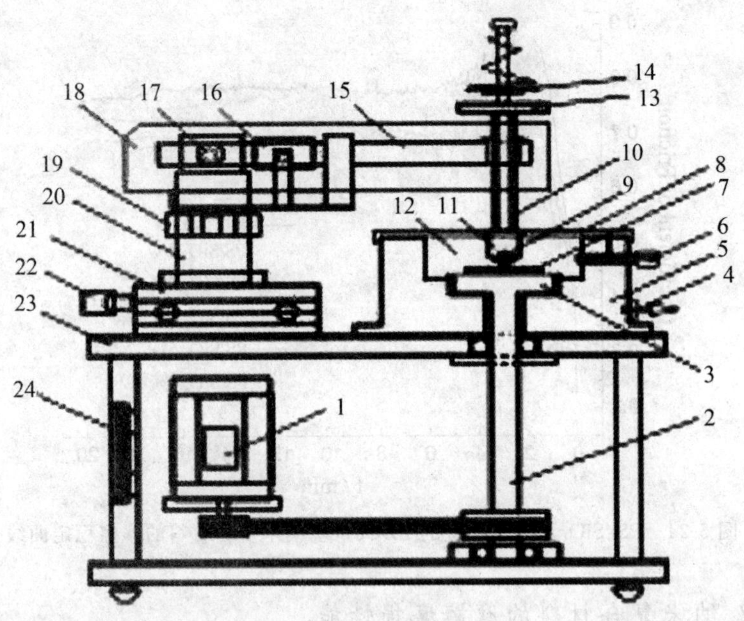

图 5-25　试验装置结构示意图

1—交流电机；2—主轴；3—样品盘；4—冷却水进口；5—炉体；6—气体接头；7—下试样；8—密封盖；9—上试样；10—加载杆；11—试样夹具；12—环境气室；13—砝码盘；14—压簧；15—传力杠杆；16—力传感器；17—支架；18—横梁外罩；19—升降旋钮；20—升降立柱；21—滑动导航；22—机架；23—导轨旋钮；24—风扇

通过材料的摩擦磨损曲线可以得到摩擦系数以及 PS/SiO_2 添加后对材料摩擦系数的影响；摩擦前后试样的质量差即为磨损质量。表 5-8 为添加了不同质量分数的 PS/SiO_2 复合纳米微球的 PDCPD/PS/SiO_2 复合材料的摩擦系数和磨损质量。

表 5-8　不同 PS/SiO_2 含量的摩擦磨损性能

Content ofPS/SiO_2(%)	Friction coefficient	wear mass(mg)
0	0.781 2	3.4
1	0.755 1	3.3
2	0.714 5	2.7
3	0.694 6	2.5
4	0.627 3	2.1
5	0.685 7	2.4

图 5-26 为纳米复合材料的摩擦系数随填料的不同质量分数的变化曲线，从图中可以看出，添加 PS/SiO_2 复合纳米微球的材料的摩擦系数比纯 PDCPD 均有不同程度的降低，且在 PS/SiO_2 复合纳米微球质量分数为 4% 时，摩擦系数最小为 0.627 3，比纯 PDCPD 的摩擦系数 0.755 1 下降了 16.9%，继续添加，摩擦系数又开始增大。

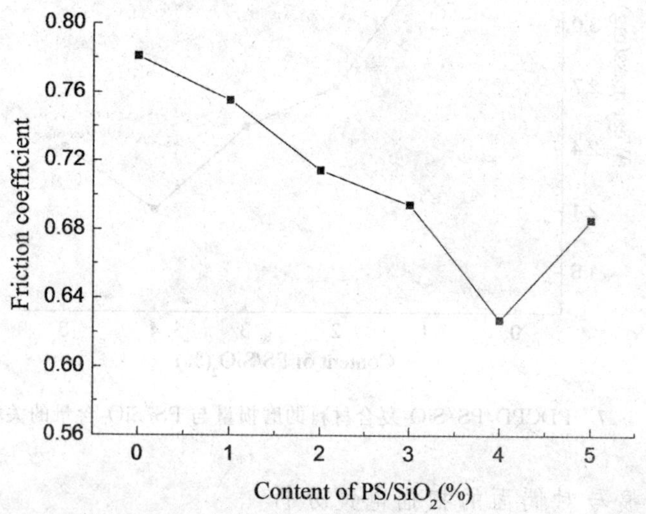

图 5-26　$PDCPD/PS/SiO_2$ 复合材料的摩擦系数与 PS/SiO_2 含量的关系

图 5-27 是磨损质量随 PS/SiO_2 复合纳米微球的添加量的变化趋势，从图中可以看到，$PDCPD/PS/SiO_2$ 复合材料的磨损质量的变化趋势和摩擦系数是保持一致的，即添加复合纳米微球后，材料的摩擦系数整体上都是下降的，且 PS/SiO_2 复合纳米微球质量分数为 4% 时，磨损质量最小 2.1 mg，比纯 PDCPD 的 3.3 mg 降低了 36.4%。

适量添加的 PS/SiO_2 复合纳米微球在 PDCPD 基体中起到了承载作用，提高了摩擦接触表面的抗变形能力，且随着纳米粒子含量的增加，分散性良好的 PS/SiO_2 复合纳米微球在 PDCPD 基体中形成了均匀的承载应力的网络，实际上摩擦样品与对偶面之间的接触面积要比理论上小得多，而且表面富集的 PS/SiO_2 复合纳米微球可以在摩擦过程中充当“走珠”的作用，在摩擦时可与聚合物基体产生自润滑的转移膜，因此降低了摩擦力，从而提高了摩擦磨损性能；但是过多地添加无机纳米粒子，又会使复合材料的磨擦性能下降，因为过多的无机粒子容易在基体中发生团聚分散不均，或者过多的无机粒子会直接从基体中脱落形成磨粒，与对偶面发生相对滑动时，对偶面会因其刚性而造成表面粗糙度增大，此时，当其与 PDCPD 基体之间发生摩擦，从简单的磨粒磨损变为严重的磨粒磨损和切削疲劳磨损，这将会对基体造成更大的磨损，因此过多无机纳米粒子的加入会导致材料的摩擦性能不升反降。

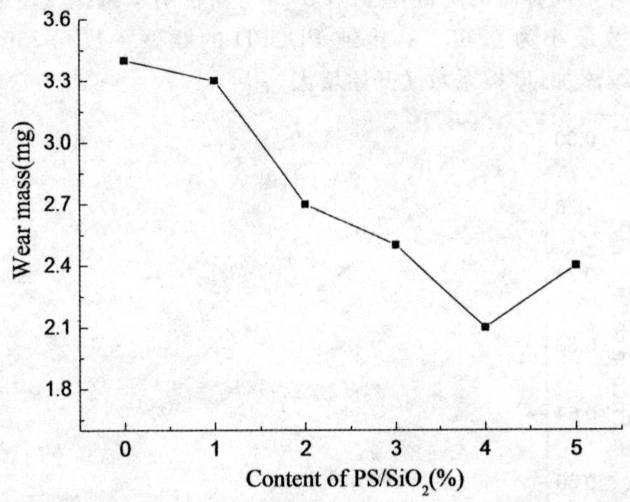

图 5-27　PDCPD/PS/SiO_2复合材料的磨损量与 PS/SiO_2含量的关系

3. 磨痕与对偶面的扫描电镜分析

对 PS/SiO_2复合纳米微球质量分数为 4%的 PDCPD/PS/SiO_2纳米复合材料的磨痕及对偶面进行扫描电镜分析。

图 5-28 为纯 PDCPD 和 PS/SiO_2复合纳米微球质量分数为 4%的 PDCPD/PS/SiO_2复合材料试样磨痕及对偶面的扫描电镜照片。其中 a、c、e、g 和 b、d、f、h 分别是纯 PDCPD 和 PDCPD/PS/SiO_2复合材料的磨痕及对偶面的不同放大倍数的 SEM 照片。

从纯 PDCPD 和 PDCPD/PS/SiO_2纳米复合材料的磨痕的 SEM 照片可以看到，二者的磨擦磨损表面均出现了微观切削的犁沟，且通过对比分析可知，纯 PDCPD 基体磨损表面出现了更为明显的挤压切削、疲劳破坏；PDCPD/PS/SiO_2纳米复合材料的磨痕与磨损表面出现的犁沟明显比纯 PDCPD 的浅而窄。这是因为 PS/SiO_2复合纳米微球加入到 PDCPD 基体后，一方面当摩擦样品与摩擦副发生相对滑动时，PS/SiO_2起到了支撑承载应力的作用，减小了摩擦钢球与 PDCPD 基体的触面积，且经聚苯乙烯包覆改性后的 SiO_2不仅具有无机粒子的刚性，又与聚合物基体结合紧密，当摩擦样品发生对磨时，无机粒子想从聚合物基体脱落就需要更大的摩擦功，而表面裸露镶嵌的刚性 SiO_2无机粒子也保护了聚合物基体不受到进一步的磨损，从而提高了耐磨性能；另一方面，摩擦副配发生对磨时，剪切高分链并发生卷曲形成磨屑，而这些磨屑不能再嵌回 PDCPD 基体中，作为磨粒将继续进行相对滑动，对基体材料产生微观的切削作用，表现出磨粒磨损。

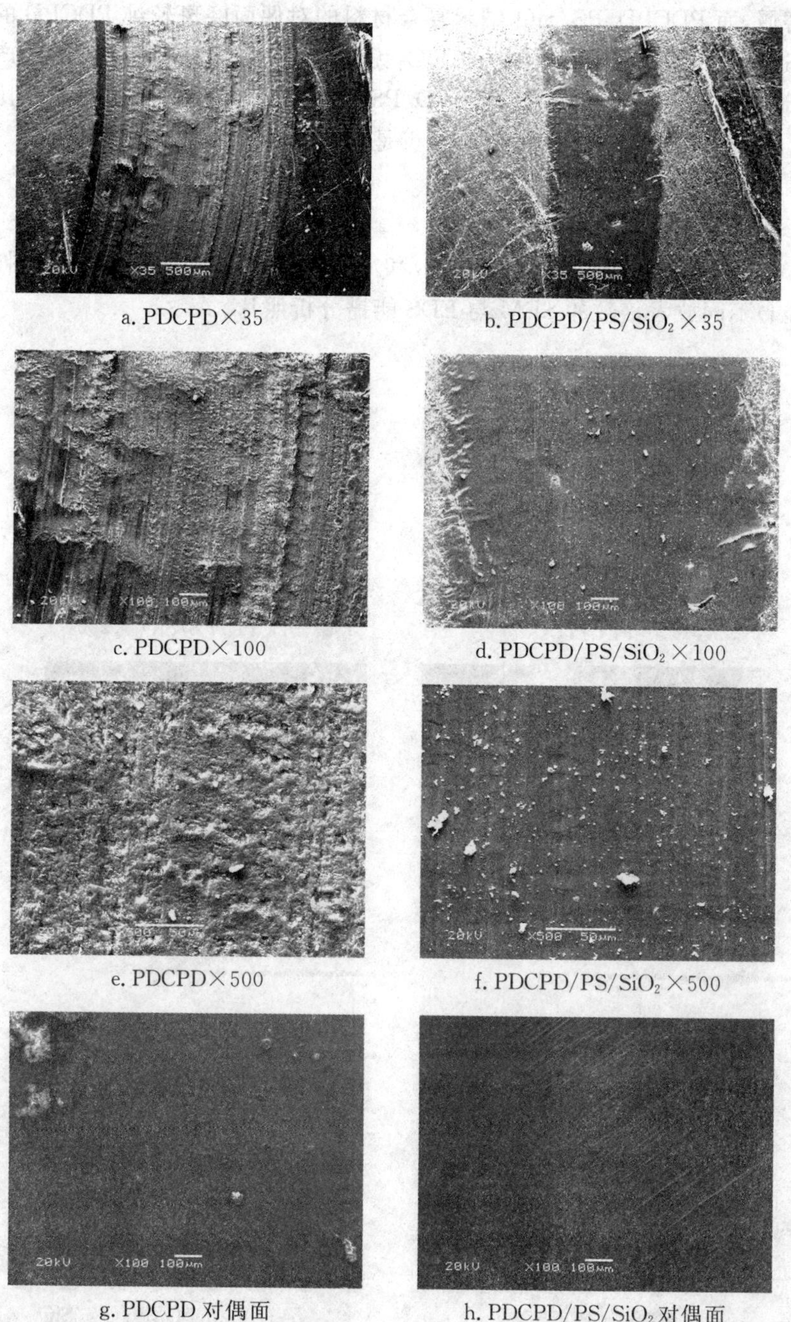

a. PDCPD×35　b. PDCPD/PS/SiO_2×35

c. PDCPD×100　d. PDCPD/PS/SiO_2×100

e. PDCPD×500　f. PDCPD/PS/SiO_2×500

g. PDCPD 对偶面　h. PDCPD/PS/SiO_2 对偶面

图 5-28　PDCPD/PS/SiO_2 纳米复合材料摩擦副和磨屑的 SEM 和 EDS 照片

从图 g、f 中 PDCPD 和 PDCPD/PS/SiO_2 纳米复合材料的对偶面的 SEM 照片的对比可知，纯 PDCPD 摩擦过的对偶面的磨斑轻，且带有稍许的磨屑，而 PDCPD/PS/SiO_2 纳米复合材料的对偶面磨斑较纯 PDCPD 的严重，这是纳米复合材料基体中的 SiO_2 无机核对钢球的摩擦切削作用产生的，通过比较也可以也说明 PDCPD/PS/SiO_2 纳米复合材料的耐磨性比纯 PDCPD 的好，与二者的磨痕形貌分析是保持一致的。

4. 磨屑与能谱分析

图 5-29 是纯 PDCPD(图 a、c、e)和 PDCPD/PS/SiO_2 纳米复合材料(图 b、d、f)不同放大倍数的 SEM 与 EDS 能谱分析照片。

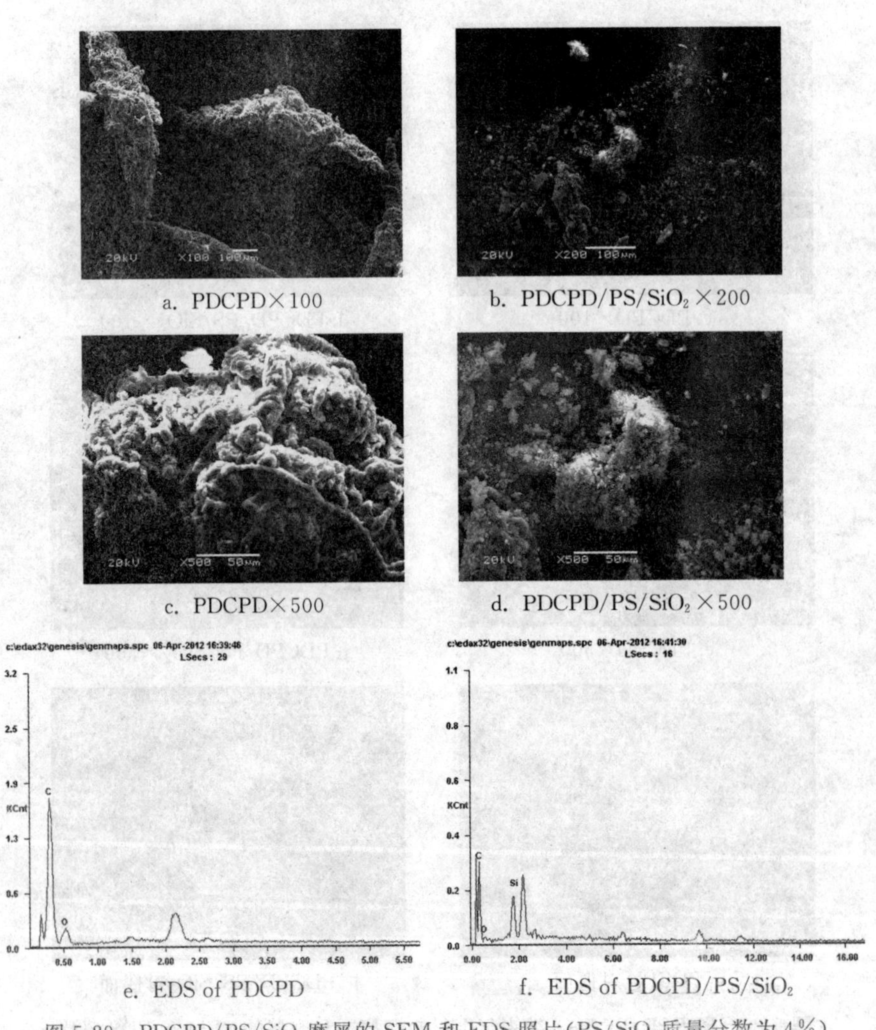

a. PDCPD×100　　b. PDCPD/PS/SiO_2 ×200

c. PDCPD×500　　d. PDCPD/PS/SiO_2 ×500

e. EDS of PDCPD　　f. EDS of PDCPD/PS/SiO_2

图 5-29　PDCPD/PS/SiO_2 磨屑的 SEM 和 EDS 照片(PS/SiO_2 质量分数为 4%)

通过对比可以发现在同样的摩擦实验条件下，纯 PDCPD 的磨屑为在一维尺寸上约 600 μm 的絮状物，明显要比 PDCPD/PS/SiO_2 复合材料的粉体状态的磨屑的尺寸(1～100 μm)大得多；PDCPD/PS/SiO_2 复合材料纯的磨屑尺寸比 PDCPD 的小，一是因为 PS/SiO_2 纳米粒子的加入在 PDCPD 基体中起到了网格支撑的作用，可以吸收更多的摩擦功，从而提高材料的抗变形及蠕变能力；二是随着摩擦的距离的增大，摩擦试样与对偶摩擦副接触面的温度升高，而无机粒子的加入提高了 PDCPD 基体的热稳定性，从而有利于抵抗塑性变形。

PDCPD/PS/SiO_2 纳米复合材料磨屑的 EDS 能谱分析照片中显示了 C、Si、O 原子的电子能谱分布，从能谱分布中可以看到有 SiO_2 的元素出峰，最终的测试结果表明无机粒子 SiO_2 的含量约为 2.31%，根据 PS/SiO_2 复合纳米微球的表征结果 SiO_2 的质量分数约为 51.8%，所以 PS/SiO_2 的添加量为 4%时无机核含量理论上为 2.07%，因此这二者所表现的信息是保持一致的，这也从侧面反映了制备的材料比较均匀。

5. 三维形貌分析

图 5-30 是纯 PDCPD 与 PDCPD/PS/SiO_2 纳米复合材料的磨痕的表面微观形貌分析(3D)。其中 a、c 是纯 PDCPD 的表面微观形貌照片，b、d 是 PDCPD/PS/SiO_2 复合材料的表面形貌照片。

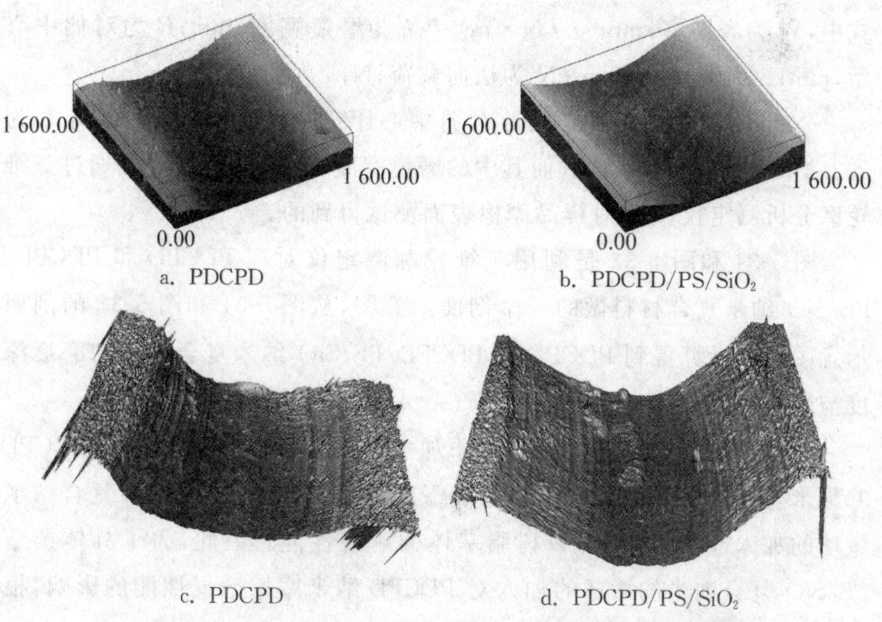

a. PDCPD　　b. PDCPD/PS/SiO_2

c. PDCPD　　d. PDCPD/PS/SiO_2

图 5-30　PDCPD/PS/SiO_2 复合材料磨损表面的表面微观形貌(3D)

从图中可以看到，添加 PS/SiO_2 复合纳米微球前后材料上面均有深浅不一的犁沟磨痕及片状磨屑，这是由于摩擦副配发生相对摩擦时，金属球摩擦材料粘着其高分子链，发生剪切断裂形成磨屑，而这些磨屑却不能再嵌回 PDCPD 基体中，因此这些磨屑作为磨粒将继续进行相对滑动，形成三体磨损体系，磨粒对基体材料产生微观的切削作用，从而产生了如图 5-30 所示的槽状的犁沟。而且通过对比可知，纯 PDCPD 的磨痕的表面粗糙度比 $PDCPD/PS/SiO_2$ 大，这是因为 PS/SiO_2 复合纳米微球与 PDCPD 的基体之间有较强的界面结合力，因此在摩擦时需要更多的摩擦功才能将无机粒子从 PDCPD 基体中拽出来，减少了摩擦过程中材料的塑性变形、粘着磨损和蠕变的程度，因此在提高了 $PDCPD/PS/SiO_2$ 纳米复合材料的摩擦磨损性能。

6. 纳米复合材料耐磨性衡量指标

为了评价试样磨损的严重性及耐磨程度，一般应用标志磨损程度的特征量：体积磨损率和质量磨损率进行表征。

(1)体积磨损率

$$W = \iiint_v dxdydz/(L \times N) = \frac{2\pi}{3}Rbh/(L \times N) \tag{5-5}$$

式中，W 为磨损率，$mm^3 \cdot (N \cdot m)^{-1}$；$b$ 为磨痕宽度，mm；R 为对偶中心距，mm；L 为滑动距离，m；N 为法向载荷，N；h 为磨痕深度，mm。

公式(5-5)中的常数项为：对偶中心距 R 是 5 mm；滑动距离 L 为 502.4 m；法向载荷为 4 N；而其中的磨痕宽度 b 和磨痕深度 h 是通过三维轮廓分析测定仪(3D)对样品摩擦表面测试得到的。

图 5-31 和图 5-32 是利用三维轮廓测定仪对纯 PDCPD 和 $PDCPD/PS/SiO_2$ 纳米复合材料做的一个剖面示意图，从图 5-31 和图 5-32 的剖面示意图可以计算得到 PDCPD 及 $PDCPD/PS/SiO_2$ 纳米复合材料的磨痕深度与磨痕宽度。

通过图 5-30 可以直观看到，添加 PS/SiO_2 复合纳米微球后，PDCPD 基纳米复合材料的磨痕宽度与磨痕深度都有所减小，这也说明复合纳米微球的加入改善了 PDCPD 树脂基体的耐磨性能。因此，为了具体衡量 PS/SiO_2 复合纳米的微球的加入对 PDCPD 纳米摩擦磨损性能的影响，根据公式(5-5)对摩擦实验的体积磨损率进行了计算，具体见表 5-9。

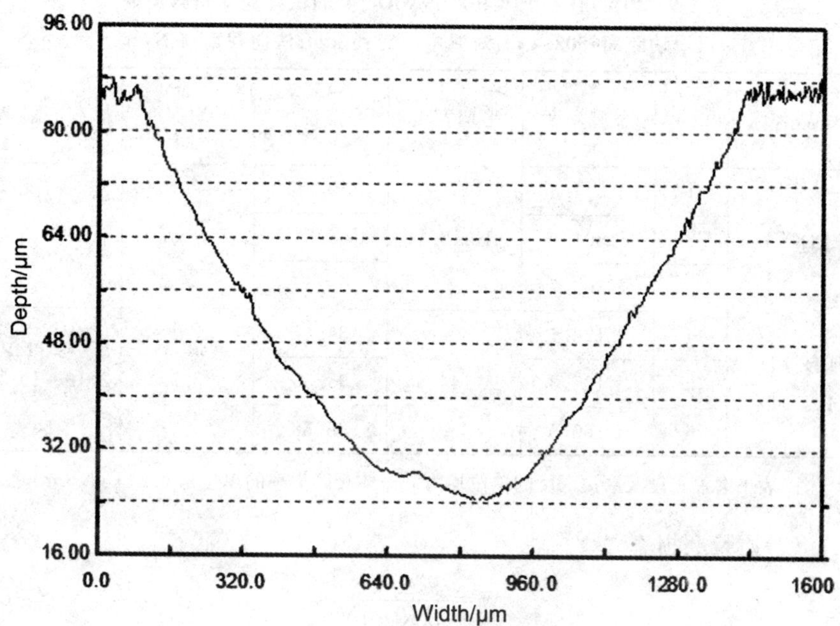

图 5-31　PDCPD/PS/SiO_2磨痕的剖面示意图

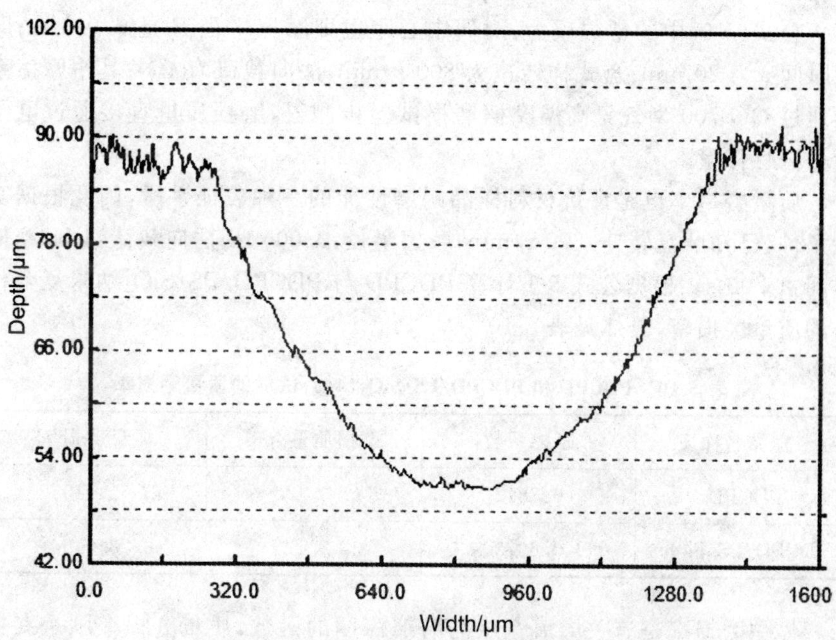

图 5-32　PDCPD/PS/SiO_2磨痕的剖面示意图

表 5-9 PDCPD 和 PDCPD/PS/SiO_2(4%)试样的体积磨损量

(滑动距离:502.4 m;对偶中心距:5 mm;法向载荷:4 N)

样品名称		磨痕宽度	平均宽度	磨痕深度	平均深度	体积磨损率
PDCPD	1	1 344.3	1 316.1	60.88	59.67	4.09×10^{-4}
	2	1 301.2		58.55		
	3	1 302.7		59.57		
PDCPD/PS/SiO_2	4	1 128.1	1 144.6	34.41	35.55	2.12×10^{-4}
	5	1 145.3		35.35		
	6	1 160.5		36.88		

注:表中磨痕宽度及磨痕深度的单位均为 μm;体积磨损率的单位是 $mm^3\cdot(N\cdot m)^{-1}$。

(2)质量磨损率

$$W=\frac{\Delta W}{2\pi Rtn\mu N} \tag{5-6}$$

式中,W 为质量磨损率;ΔW 为磨损质量损失,g;R 为摩擦半径,m;t 为摩擦时间,s;n 为盘式样转速,r/min;μ 为摩擦系数;N 为法向载荷,N。

公式(5-6)中的常数项为:对偶中心距也即摩擦半径 R 是 0.005 m;摩擦时间 t 为 20 min;盘式样转速为 800 r/min;法向载荷为 4 N;其中摩擦系数通过 QG-700 型气氛高温摩擦磨损试验机测得,磨损质量直接通过电子天平进行称量。

质量磨损率也是评价材料样品耐磨性能的一种表征手段,因此根据实验条件,已知磨盘转速:800 r/min;摩擦半径:0.005 m;法向载荷:4 N;摩擦时间:1 200 s。根据公式 5-1 计算 PDCPD 与 PDCPD/PS/SiO_2 纳米复合材料的质量磨损率,具体见表 5-10。

表 5-10 PDCPD 和 PDCPD/PS/SiO_2(4%)试样的质量磨损率

样品名称	摩擦系数	磨损质量/mg	质量磨损率
PDCPD	0.7812	3.4	3.61×10^{-8}
PDCPD/PS/SiO_2	0.6273	2.1	2.78×10^{-8}

体积磨损率是有关磨痕宽度与磨痕深度的函数,质量磨损率则是有关摩擦系数与磨损质量的函数,体积磨损率和质量磨损率的结果表明,添加 PS/SiO_2 复合纳米微球后,PDCPD 基体树脂的耐磨性能得到了很大的改

善，体积磨损率和质量磨损率分别下降了 92.9%和 29.9%。这是因为聚苯乙烯包覆 SiO_2 纳米粒子改性后，降低了有机基体与无机粒子之间的界面能，使得 PS/SiO_2 纳米复合微球在 DCPD 中的分散性好，且与 PDCPD 树脂基体间结合紧密，有且用纳米复合微球填充聚合物基体时，微球处于一种无团聚临界状态，从而使得该填料填充的 PDCPD 基纳米复合材料的摩擦磨损性能较纯 PDCPD 树脂更好一些，即 PS/SiO_2 纳米复合微球的添加可以提高 PDCPD 树脂基体的耐磨性。

7. 改性对纳米复合材料的摩擦磨损性能的影响

图 5-33 显示的是改性对 PDCPD 纳米复合材料的摩擦磨损性能的影响，从图中这四个衡量指标的对比可以看出，纯 PDCPD 的耐磨性能最差，添加 PS、PS/SiO_2 复合纳米微球和未改性的 SiO_2 纳米粒子后均能减少其磨损，提高其耐磨性能，但经聚苯乙烯包覆改性后得到的 PS/SiO_2 复合纳米微球对 PDCPD 耐磨性能的影响更大。

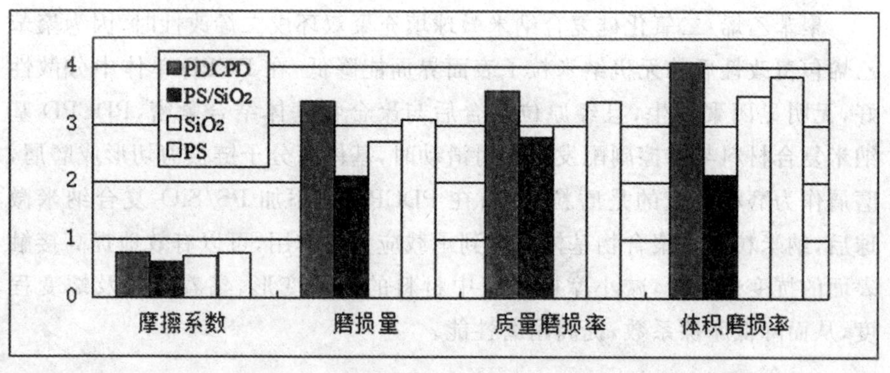

图 5-33　改性对复合材料摩擦磨损性能的影响

这是因为无机粒子本身表面能高，若直接添加到聚合物基体中，需要克服较大的界面能差，而经过聚苯乙烯包覆改性后，其表面被一层高分子长链所包裹，降低了无机粒子的表面能，使得无机粒子在 DCPD 单体体中具有良好的分散性，然后经过原位聚合得到了与 PDCPD 基体结合紧密的纳米复合材料，而无机粒子在聚合物基体中具有良好的分散性是提高聚合物基体性能的关键，且在摩擦学中，良好的基体相容性也是提高摩擦性能的关键。

以上分析表明，SiO_2 无机纳米粒子的表面改性对改善复合材料的摩擦磨损性能影响很大；SiO_2 无机纳米粒子经聚苯乙烯包覆改性后，提高了与 PDCPD 基体的相容性，改善了其摩擦性能。

8.纳米复合材料的磨损机理

物体相对运动时，伴随着摩擦产生的必然后果就是表面物质不断损失或产生残余形变现象，也即磨损现象。对于磨损的分类，不同的学者有不同的分类观点，但常见的无机粒子填充聚合物改性时聚合机理一般可以分为四类：黏着磨损、磨粒磨损、化学磨损及疲劳磨损，但一般情况下，摩擦时都不止一种机理单独存在，大多是多种机理同时存在的，只是某种机理占据主导作用而已。

在摩擦磨损的研究中，国内外学者都对无机填料的减磨作用进行了分析并提出了各自的观点。D. Cevans 等认为填充改性聚合物在于填料承载载荷以及通过填料的磨损物对摩擦对偶面的改性作用；Tanaka[83]认为在聚合物基体中加入无机填料后可以有效减少甚至阻止聚合物链结构的大规模破坏，而 B. J. Briscoe 等人则认为无机粒子通过增强转移膜初始层与摩擦副的依附强度降低聚合物基体的磨损量。

聚苯乙烯/二氧化硅复合纳米微球填充聚双环戊二烯改性时，因为聚苯乙烯包覆改性后的无机纳米粒子表面界面能降低，在 DCPD 单体中分散性好，无明显团聚发生，且经原位聚合后与聚合物基体结合紧密，PDCPD 基纳米复合材料与摩擦副配发生相对滑动时，基体高分子链被剪切形成磨屑，磨屑作为磨粒产生的是磨粒磨损；在 PDCPD 中添加 PS/SiO_2 复合纳米微球后，纳米粒子在聚合物基体中起到承载应力的作用，可以有效地提高接触表面的抗变形能力，减小摩擦过程中材料的塑性变形、黏着磨损及蠕变程度，从而降低摩擦系数，提高耐磨性能。

5.3 高分子复合材料的传热性能

5.3.1 高分子复合材料传热机理

对于填充高分子复合材料，其传热性能主要取决于填充材料自身的导热性能及其在树脂基体中的分散与分布状态。若填料具有电子导电性，则复合材料具有导电、导热双导特性。热传导依赖十电子传热和聚合物与填料晶格振动共同相互作用的结果；若填料具有高导热和电绝缘性，则复合材料的热传导只能依赖于树脂基体的分子链振动、晶格声子与填料晶格声子共同相互作用来实现。

各种填充材料在树脂基体中的导热机理是不同的:金属材料是靠电子运动进行导热,金属热导率随着温度升高而降低;非金属的热能扩散速率主要取决于邻近原子的振动及结合基团。在强共价键结合的材料中,在有序的晶体晶格中传热是比较有效的,尤其在很低的温度下,材料具有良好的热导率;但随着温度升高,晶格的热运动呈现抗热流性增加和热导率降低,而抗热流性是由晶格中的缺陷造成的;对于极度无序的无定形固体,则呈现很低的热导率。

5.3.2　传热的相关理论

目前,关于高分子复合材料的导热理论,主要有两种,分别是通路理论与逾渗理论。

1. 通路理论

所谓通路理论,也称为宏观连接理论,该理论将复合材料的导热过程等同于导电过程,认为复合材料热导率的增大主要取决于材料内部是否形成了导热通路,比较有代表性的是早期的类比导电观点和 Agari 等提出并应用的“导热链”概念。然而,这一理论难以解释为何导热复合材料的热导率不会出现像复合材料电导率那样急剧增大的逾渗现象,也无法解释复合材料的热导率随填料的粒径减小而降低,与复合体系电导率随填料粒径减小而升高的规律相反,以及 HDPE 树脂在单向拉伸后,沿拉伸方向热导率增大几十倍而电导率却无显著变化等诸多实验事实。因此,一些学者提出了不同观点。

2. 逾渗理论

逾渗现象普遍存在于粒子填充高分子复合材料中,是指当填料粒子达到一定的浓度时,复合体系的某种物理性质(如冲击韧性、电导率和热导率等)发生突变的行为。解释或描述这种行为及机理的理论称为逾渗理论。Kirkpatrick 和 Zallen 等人利用聚合网络与导电网络的相似性,借用 Flory 凝胶理论描述导电网络的形成,在填料超过临界浓度之后,可设想导电粒子构成的聚集体展开后就像无规链一样偶联着,提出经典统计的逾渗理论方程:

$$\lambda_c = \lambda_f (\varphi_f - \varphi_{fc})^{\beta} \tag{5-7}$$

式中,λ_c 为复合材料的电导率;λ_f 为填料的电导率;φ_{fc} 为逾渗时填料体积分数；φ_f 为填料体积分数；β 为与复合体系维数有关的系数。

若当填充粒子达到一定的浓度时，复合体系的导热性质发生突变，如出现逾渗现象时，复合体系的导热系数可用类似于式(5-4)描述，即

$$\kappa_c = \kappa_f (\varphi_f - \varphi_{fc})^\beta \tag{5-8}$$

按固体导热理论，影响高分子复合材料导热系数的因素包括复合体系的组成和结构与宏观条件两个方面。一般说来，复合材料的物质结构决定其导热系数，包括构成物质的原子结构、分子结构、晶体结构或织态结构三个层次。例如，复合体系中杂质的引入将使导热系数大大降低，而且杂质元素的原子结构与基体树脂差异越大，对其导热系数的影响也越显著。当复合体系出现有序结构时，其导热系数明显增大。由此可见，对于高分子复合材料导热系数，结构相似原理仍然可行。

宏观条件影响复合材料的导热系数，主要包括温度和材料的致密程度。温度对导热系数的影响主要通过对电子和声子热容的影响反映出来。材料的致密程度可由气孔率表述，气孔的存在一方面影响材料晶格的完整程度，同时，空气是热的不良导体，所以材料的气孔率越大，导热系数越低。高分子复合材料一般至少由两相构成，且互为杂质，对热传导产生相互干扰。树脂连续相导热系数很小，但对填料声子和电子的散射作用却很大。

根据以上分析可知，影响高分子复合材料导热性能的因素主要包括树脂基体与填料及其复合材料两相界面的结构与性能。因为聚合物导热系数很小，而高导热填料多为高结晶无机物，所以高规整度、高结晶聚合物与晶体结构相似的高导热填料填充复合有利于制备导热性能较好的复合材料。实验研究证明，当树脂基体与填料的导热系数比 $\kappa_f/\kappa_p \geqslant 100$ 时，提高填料导热系数已意义不大。这就意味着应用电绝缘填料如 Al_2O_3、MgO、BeO、AlN 等可制备具有较高导热性能的电绝缘复合材料。

增大填充量、改善填料在基体中的堆积方式、提高致密程度、改善相界面厚度等将有利于提高复合材料的导热性能。若相界面的导热系数很高，适当增大相界面厚度，提高填宽量，应该有利于提高材料的导热系数。当给定填料时，最大堆积系数 φ 是一常数，片层或纤维状填料无规填充时 φ 较小，有利于低填充、高导热的实现；同品质不同粒径的球形填料合理配比，有利于高填充、高导热的实现。

5.3.3 传热材料

无机粒子(含金属氧化物等)除具有来源广和价格低廉等特点外，还有

良好的导热性能，如石墨等。为了得到具有优良综合性能的导热高分子材料，一般是用较高导热性能的无机粒子对高分子材料进行填充，这样得到的导热高分子复合材料价格低廉，易于加工成型，可应用到某些特殊领域。以下就聚丙烯/氢氧化铝/氢氧化镁复合体系的导热系数对填料含量和测试条件的依赖性做了对比，分析了影响复合材料导热性能的主要因素，提出高分子/无机粒子复合材料导热机理的描述。

5.3.4　测试方法及结果

1. 填料含量对复合材料导热系数的影响

用平均粒径为 5 μm 的导热填料[$Al(OH)_3$和 $Mg(OH)_2$质量比为 1∶2，下同]填充 PP。如图 5-34 所示是填料的质量分数分别为 10%、20%、30%、40%、50%，在仪器测试温度为 40℃时 PP/Al(OH)。/Mg(OH)2 复合材料导热系数的测量值。

从图 5-34 可以看出，随着填料含量的增加，复合材料导热系数持续地增加，由纯 PP 的 0.19 W/(m·K)增至 0.24 W/(m·K)，此时填料质量分数为 50%，其中质量分数为 40%时的导热系数比质量分数为 30%低 1.47%。这可能是填料在 PP 基体中分布不均，粒子分散均匀性不好而发生团聚，从而导致此含量下的复合材料导热系数偏低。总体看来，这与已知文献关于填充型导热复合材料的规律是相同的，在一定的条件下导热系数随填料含量的增加而增加。从图 5-34 中还可以看出，当导热填料质量分数少于 20%时，复合材料导热系数增加得很快，这说明导热填料的增加可以有效改善高分子材料的导热性能；当填料含量在 20%～40%时，复合材料导热系数的变化平缓，这可能是导热填料还不足够，无法形成导热链与导热网络，不能有效地改善复合材料的导热率；当填料含量增加至 50%，复合材料导热系数显著增加。这说明复合材料中填料粒子达到一定含量后易形成导热链与导热网络，而导热链与导热网络能够更加有效地改善 PP/$Al(OH)_3$/$Mg(OH)_2$ 复合材料的导热性能。

2. 温度对复合材料导热系数的影响

图 5-35 是用平均粒径为 5 μm 的 $Al(OH)_3$/$Mg(OH)_2$粒子填充 PP 复合材料在不同测试温度下导热系数的测定值，填料体积分数分别为 3.683%、7.105%、10.292%、13.267%、16.051%。

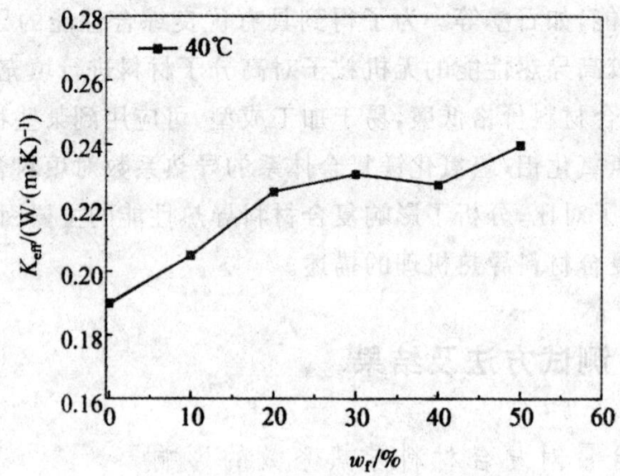

图 5-34 $Al(OH)_3/Mg(OH)_2$质量分数与复合材料导热系数的关系

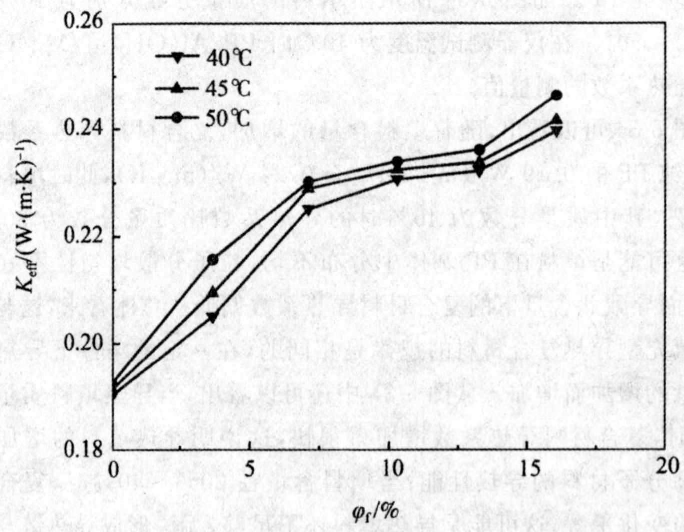

图 5-35 不同测试温度下复合材料导热系数与填料体积分数的关系

从图 5-35 中可以看出，在三个测试温度（40℃、45℃、50℃）下，$PP/Al(OH)_3/Mg(OH)_2$复合材料导热系数随填料体积分数的增加而增加。在同等填料含量下，随着测试温度的提高，复合材料的导热系数也有所提高。导热粒子体积分数为 3.683％时，复合材料在 40℃、45℃、50℃下的测定值分别为 0.205 W/(m・K)、0.209 W/(m・K)和 0.215 W/(m・K)。导热粒子体积分数为 16.051％时，复合材料 40℃的测定值比 50℃提高 6.5％。图 5-35 还表明，填料体积分数低于 7.105％时，复合材料导热系数受温度的影响较大；填料体积分数为 10.292％时，不同温度的导热系数测定值最为接近；填料体积分数超过 10.292%时，导热系数在不同温度下的测定值间的差距又明显变大，并且在 16.051%时差距达到最大值。高分子材料的导热系数具有温度依赖性，其具体原因十分复杂。总的来说，随着温度的升高，热导率增加。PP 的导热系数受温度的影响较大，随温度的升高而升高。而复合材料的等效导热系数是由树脂基体、导热粒子及它们之间的相互作用来共同决定，PP 的导热系数升高，复合材料的导热系数也随之升高。

3. 填料粒径对复合材料导热系数的影响

如图 5-36 所示为在填料质量分数为 20%及不同测试温度下填料粒径对 PP/Al $(OH)_3$/Mg $(OH)_2$ 复合材料导热系数的影响。从图 5-36 中可以看出，当填料粒径小于 5 μm 时，复合材料导热系数随着粒径的增大而明显提高，然后增幅减缓；相对而言，复合材料导热系数对填料粒径的敏感性随着温度的升高而增强。当测量温度为 40℃时，填料粒子直径为 9 μm 的填充体系，其导热系数比粒径为1.25 μm 的填充体系提高 18.62%；测量温度为 50℃时，填料粒子直径为 9 μm 的填充体系，其导热系数比粒径为 1.25 μm 的填充体系提高 6.13%。

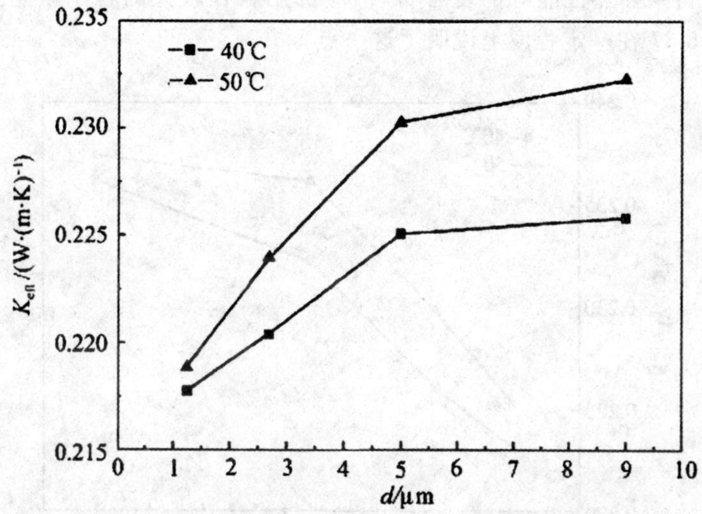

图 5-36　填料粒径对 PP/Al$(OH)_3$/Mg$(OH)_2$复合材料导热系数的影响(ω_f=20%)

如图 5-37 所示为不同测试温度下填料粒径对 PP/Al $(OH)_3$/Mg $(OH)_2$复合材料导热系数的影响，填料质量分数为 40%。类似地，当填料粒径小于 5 μm 时，复合材料导热系数随着粒径的增大而明显提高，然后增幅减缓；相对而言，复合材料导热系数对填料粒径的敏感性随着温度的升高而减弱。从图 5-37 中还可以看出,当测量温度为 40℃时,填料粒子直径为 9 μm 的填充体系,其导热系数比粒径为 1.25 μm 的填充体系提高 2.23%;当测量温度为 50℃时,填料粒子直径为 9 μm 的填充体系,其导热系数比粒径为 1.25 μm 的填充体系提高 13.56%。这可能是因为随着导热填料粒径的变小,导热颗粒的表面积变小,更容易被基体材料包覆,不利于相互接触形成有效的导热网络,导致热阻增加;大粒子更可能相互接触,从而形成导热链与导热网络,增加导热率。图 5-36 表明,在填料填充量为 20%时,导热系数的增加较为平缓,规律性也较强。图 5-37 表明,在填料填充量为 40%时,导热系数总体是随着粒径增大而提高的,但规律性不如 20%填充时那么强,在粒径为 5 μm 时出现了转折点。这可能是因为导热填料含量较小时,填料在 PP 内的分散性较好,因此 20%填充时导热系数随粒径的变化较为接近理想状态。而随着导热填料含量的增加,填料容易在 PP 基体内发生团聚,分散性变差,如团聚后粒子团之间相互接触少,复合材料导热系数就会偏小;如团聚后粒子团之间相互接触多,就易形成导热链与导热网络,此时复合材料导热系数就会大为增加。由图 5-36 和图 5-37 可以看出在不同粒径的导热粒子填充下,复合材料的导热系数随粒径的增加而有所增加。因此,为得到导热性能好的复合材料,应选用粒径较大的粒子填充。图 5-36 和图 5-37 在一定程度上说明了这一点。

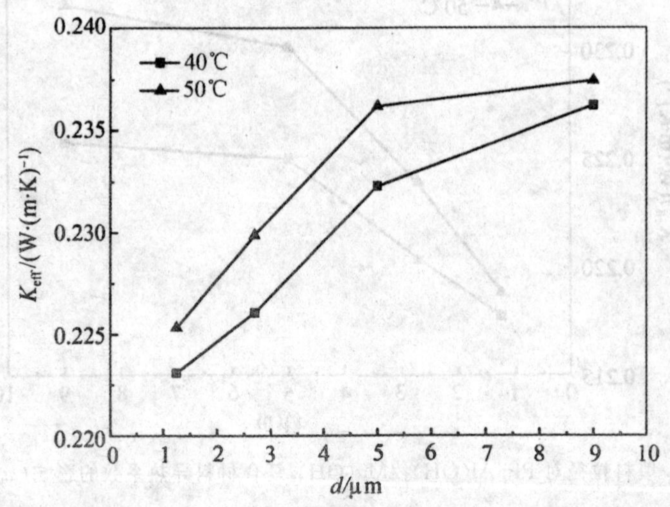

图 5-37 填料粒径对 $PP/Al(OH)_3/Mg(OH)_2$ 复合材料导热系数的影响(ω_f=40%)

一般来说,除导热填料粒子的大小外,高分子复合材料的导热系数还与粒子含量、粒子在基体中的分散与分布,以及粒子与基体树脂之间所构成的界面形态及性质等密切相关，故在探讨适宜粒径时，应综合考察。

5.4　高分子复合材料的隔声性能

5.4.1　高分子复合材料的隔声机理

1. 树脂的隔声机理

高分子材料属于黏弹性物质，受到外力磁场的作用时，会产生殊异于其他材料的响应，如应力松弛、滞后、蠕变等。表征这些黏弹特性的参数主要有：储能模量、损耗模量、阻尼因子和玻璃态转变温度等。当声波接触到高分子材料时，部分声波在表面处被反射，而部分声波进入树脂内部。声波在树脂内传播时，必然会引起树脂大分子链段的运动，而大分子链段运动时产生的内摩擦会将声能变成热能而耗散，从而达到隔声效果。因而，树脂的隔声机理主要是由反射和因内摩擦而引起热能耗散这两部分构成。

然而，相对于金属材料和无机材料等其他材料，高分子材料的密度较低，故其隔声效果并不十分显著。

2. 高分子/无机粒子复合材料的隔声机理

由于无机粒子的加入，使树脂从原本的均一体系变成多相体系的复合材料，声波在其中的传播也变得复杂化。因而，影响高分子/无机粒子复合材料隔声性能的因素多，其机理更为复杂。研究发现，在一定条件下，高分子/无机粒子复合材料的隔声性能与复合体系的面密度、内耗和界面等密切相关。

(1)面密度

当无机粒子填充进入树脂基体后，除了令高分子复合材料的黏弹性发生明显的改变外，还增加了复合体系的面密度。姚跃飞等应用常压浇注制备了不同面密度(厚度)未填充和填充有漂珠(CFA)的聚氯乙烯/玻璃纤维织物(PVC/GF)复合材料。其中，CFA 属于中空微球，其含量为总质量的 20%。对比研究了两种复合材料的刚柔性、阻尼性和隔声性能，发现，两种复合材料(PVC/GF 和 PVC/GF/CFA)的平均隔声量随着面密度(ρ_a)的增加而提高，两者之间呈指数函数关系，如图 5-38 所示。从图 5-38 中还可以看出，尽管 CFA 含量仅为总质量的 20%，但 PVC/GF/CFA 复合材料的平均隔声量均高于 PVC/GF 复合材料。这表明，CFA 具有较为优异的隔声特性。

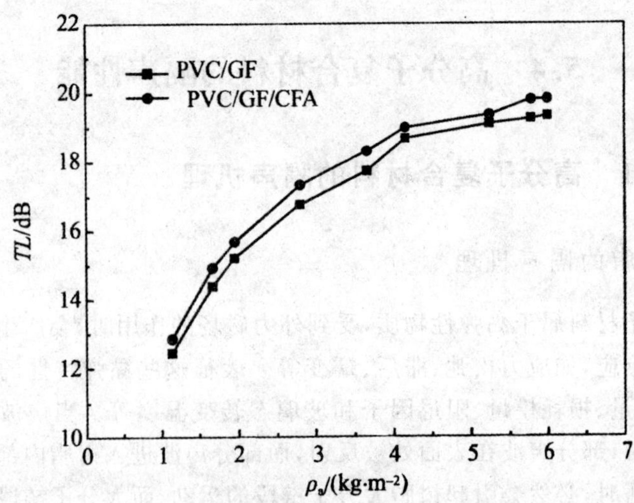

图 5-38 PVC 复合材料平均隔声量与面密度的关系

(2)内耗

经研究表明,在同频率之下,材料的损耗因子越大,其隔声量也就越大,因此损耗因子是影响隔声量的因素之一,所以提高材料的内耗值是提高材料的隔声性能的有效途径。因此,在树脂中添加填料改善高分子材料的动力学性能的同时,其损耗因子、玻璃态转变温度、适用温度范围都有所提升。无机粒子在基体树脂中的作用主要体现在两个方面:其一是增加高分子复合材料的应变及损耗能量的能力,同时限制树脂大分子的运动,增加了应变、应力之间的相对滞后,扩大了阻尼温度范围所需要的玻璃态转变温度,材料的内摩擦以及损耗能量进一步增加,能够限制分子长链转化过程中的相互运动,使能量转换进一步提高;其二是由于基体树脂与填料性质的不同,在相同交变应力的情况下,它们会产生不同的应变继而形成不同材料间的相对应变,增加了额外的耗能。综上,在声波入射后,基体与填料会产生不同的应变,从而增大了声能的损耗,这样复合体系的隔声效果得到有效提升。

(3)界面

树脂基体与无机粒子存在各方面的差异,因此树脂基体与填料之间的界线十分明显。根据声波的传播原理可知,入射声波在界面处会发生反射、折射、透射、散射和衍射。所以对于单一材料而言,复合材料的声耗更大,透过强度更小。另外树脂本身是一类黏弹性材料,它有较大的阻尼特性,在隔声和防震方面性能显著。在有声波的作用之下,内摩擦将会引起振动滞后能量损耗效应，振动能转化为热能后迅速散失。然而，在树脂中加入无机离子后，大分子链的运动会受到限制，应变、应力的增加明显滞后，材料的模量也明显提高且介质损耗与玻璃化转变温度也随之变化。声波射入复合材料时受到更大的阻力，声耗明显增大，因此隔声效果十分明显。

3. 高分子/中空无机粒子复合材料的隔声机理

为了更好地探究高分子/中空无机粒子复合材料的隔声机理，先比较几种材料的隔声效果。几种工程上经常用到的隔声材料的隔声量对声波频率的依赖关系如图 5-39 所示，包括玻璃、钢板、三合板以及 ABS/$CaCO_3$ 和 PVC/HGB 复合材料。试样的几何参数基本上都是一样的，厚度都是 4mm。从图 5-39 可以看出，在相同条件下高分子复合材料的隔声量较其他材料的隔声量要好，尤其是 PVC/HGB 复合材料。这表明，高分子/中空无机粒子复合材料的隔声效果较为突出。

与无机粒子相比，中空无机粒子的独特之处是内含惰性气体。因而，高分子/无机粒子复合材料的主要隔声机理如面密度、内耗和界面等均适用于高分子/中空无机粒子复合材料。简而言之，中空无机粒子对于高分子复合材料隔声性能的贡献主要是：①增加了材料的内耗。②中空无机粒子可引起声波的散射。③中空无机粒子在基体树脂形成两种界面，即中空无机粒子与基体之间的界面和中空无机粒子内壁与气体之间的界面。如前所述，声波在界面将发生反射、散射、透射、折射和衍射，故与单一材料相比，声能消耗要多而透过强度要小，从而导致在相同的条件下，高分子/中空无机粒子复合材料的隔声效果优于高分子/无机粒子复合材料(图 5-39)。

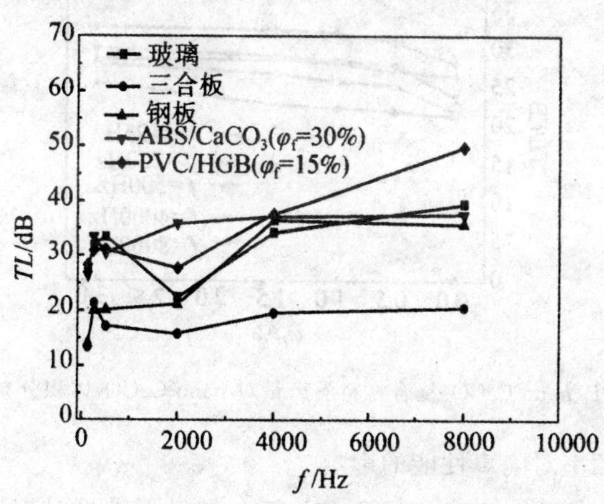

图 5-39 几种不同材质隔声板隔声量的比较

5.4.2 高分子/无机粒子复合材料的隔声性能

1.聚丙烯/纳米碳酸钙复合体系

应用开炼机进行熔融混炼制备了纳米碳酸钙（nano-$CaCO_3$）填充聚丙烯(PP)复合材料，然后用模压机热压成长方形板试样，以自行研制隔声性能测定仪测量试样材料的隔声性能。测试温度为室温，选择噪声频率范围为125～10 000 Hz。

(1)纳米碳酸钙体积分数对隔声性能的影响

纳米碳酸钙体积分数对PP/nano-$CaCO_3$,复合材料隔声性能的影响如图5-40所示。从图5-40中可以看出，当声波频率一定时，PP/nano-$CaCO_3$复合材料隔声量随着nano-$CaCO_3$体积分数的增加而呈非线性提高，而在一定的nano-$CaCO_3$体积分数下，复合体系的隔声量随着声波频率的增加而增大。一般来说，物体的隔声性能随着其质量的增加而提升。实心无机粒子的密度远高于树脂的密度。因而，对实心无机粒子填充高分子复合体系而言，其质量将随着nano-$CaCO_3$粒子含量的增加而提高，从而导致复合体系的隔声量随着nano-$CaCO_3$体积分数的增加而提高。此外，当声波频率高于125 Hz及nano-$CaCO_3$体积分数超过0.5%后，复合体系的隔声量随着nano-$CaCO_3$体积分数的增加而提高趋于缓慢。

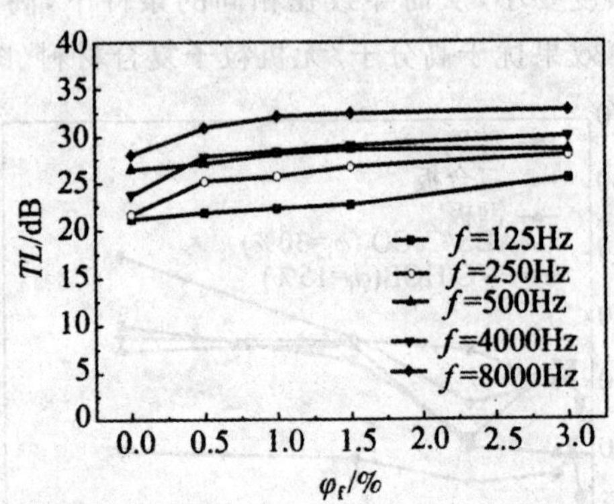

图5-40 PP/nano-$CaCO_3$复合材料隔声量对nano-$CaCO_3$体积分数的依赖性

(2)声波频率对隔声性能的影响

如图5-41所示为PP/nano-$CaCO_3$复合材料隔声量对声波频率的依赖关系。从图5-41中可以看出，当nano-$CaCO_3$体积分数一定时，除个别数据点外，PP/nano-$CaCO_3$复合材料隔声量随着声波频率的增加而提高；类似地，在一定的声波频率下，PP/nano-$CaCO_3$复合材料隔声量随着 nano-$CaCO_3$体积分数的增加而增大。此外，PP/nano-$CaCO_3$复合材料隔声量于声波频率 1 000 Hz 处出现极小值。这表明，在实验条件下，存在某一声波频率，令 PP/nano-$CaCO_3$复合材料的隔声量下降。

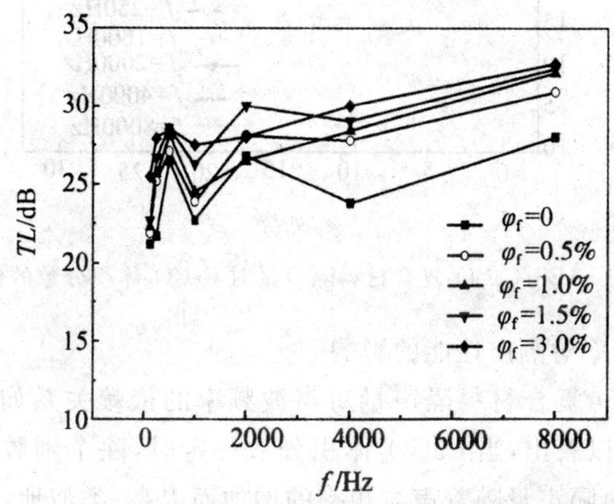

图 5-41　声波频率对 PP/nano-$CaCO_3$复合材料隔声量的影响

2. 丙烯腈-丁二烯-苯乙烯共聚物/碳酸钙复合体系

应用开炼机进行熔融混炼制备了碳酸钙（$CaCO_3$）填充丙烯腈-丁二烯-苯乙烯共聚物（ABS）复合材料，然后用模压机热压成长方形板试样，以自行研制隔声性能测定仪测量试样材料的隔声性能。测试温度为室温，选择噪声频率范围为 125～10 000 Hz。

(1)碳酸钙体积分数对隔声性能的影响

如图 5-42 所示为 ABS/$CaCO_3$复合材料隔声量与碳酸钙体积分数的依赖关系。从图 5-42 中可以看出，当声波频率一定时，ABS/$CaCO_3$复合材料隔声量随着 $CaCO_3$体积分数的增加而呈近乎线性提高，而在一定的 $CaCO_3$体积分数下，复合体系的隔声量随着声波频率的增加而增大。通常，物体的隔声性能随着其质量的增加而提升。碳酸钙粒子的密度远高于 ABS 树脂的密度。因而，对碳酸钙粒子填充 ABS 复合体系而言，其质量将随着 $CaCO_3$粒子含量的增加而提高，从而导致 ABS/$CaCO_3$复合体系的隔声量随着 $CaCO_3$体积分数的增加而提高。

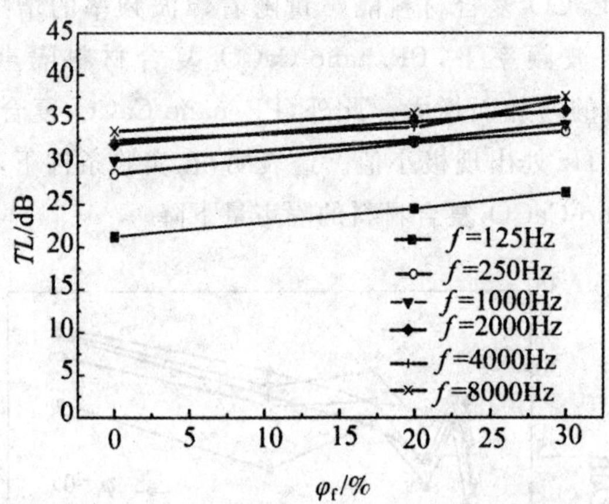

图 5-42　ABS/$CaCO_3$复合材料隔声量对 $CaCO_3$体积分数的依赖性

(2)声波频率对隔声性能的影响

ABS/$CaCO_3$复合材料隔声量对声波频率的依赖关系如图 5-43 所示。从图 5-43 中可以看出，当 $CaCO_3$ 体积分数一定时，除个别数据点外，ABS/$CaCO_3$复合材料隔声量随着声波频率的增加而提高；类似地，在一定的声波频率下，ABS/$CaCO_3$复合材料隔声量随着 $CaCO_3$ 体积分数的增加而增大。此外，ABS/$CaCO_3$复合材料隔声量于声波频率 500Hz 处出现极小值。这表明，在实验条件下，存在某一声波频率，使得 ABS/$CaCO_3$ 复合材料的隔声量下降。此外，当声波频率超过 1 000 Hz 后，ABS/$CaCO_3$复合材料隔声量随着声波频率的增加而提高的幅度趋于平缓。

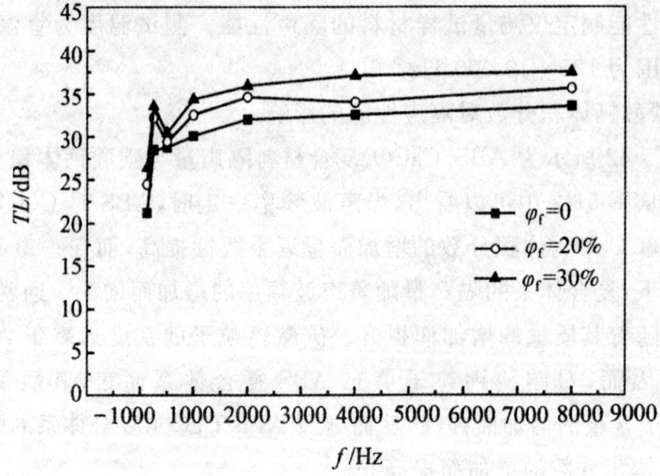

图 5-43　声波频率对 ABS/$CaCO_3$复合材料隔声量的影响

3.聚氯乙烯/玻璃微珠复合体系

同样地，应用开炼机进行熔融混炼制备了玻璃微珠(GB)填充聚氯乙烯(PVC)复合材料，然后用模压机热压成长方形板试样，以自行研制隔声性能测定仪测量试样材料的隔声性能。测试温度为室温，选择噪声频率范围为 125～10 000 Hz。

(1)玻璃微珠体积分数对隔声性能的影响

如图 5-44 所示为 PVC/GB 复合材料隔声量与玻璃微珠体积分数之间的关系。从图 5-44 中可以看出，当声波频率一定时，PVC/GB 复合材料隔声量随着 GB 体积分数的增加而呈近乎线性提高，而在一定的 GB 体积分数下，复合体系的隔声量随着声波频率的增加而增大。通常，物体的隔声性能随着其质量的增加而提升。玻璃微珠的密度远高于 PVC 树脂的密度。因而，对玻璃微珠填充 PVC 复合体系而言，其质量将随着 GB 粒子含量的增加而提高，从而导致 PVC/GB 复合体系的隔声量随着玻璃微珠体积分数的增加而提高。此外，当玻璃微珠体积分数大于 15%后，个别声波频率下的 PVC/GB 复合体系的隔声量反而有所下降，其原因将做进一步探讨。

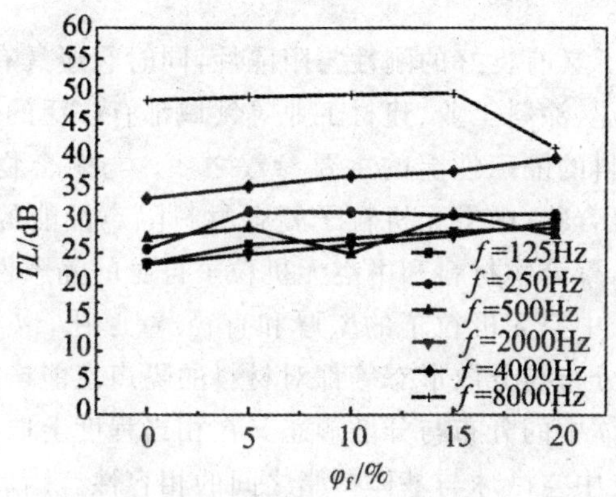

图 5-44 PVC/GB 复合材料隔声量对 GB 体积分数的依赖性

(2)声波频率对隔声性能的影响

PVC/GB 复合材料隔声量对声波频率的依赖关系如图 5-45 所示。从图 5-45 中可以看出，当玻璃微珠体积分数一定时，除个别数据点外，PVC/GB 复合材料隔声量随着声波频率的增加而提高；类似地，在一定的声波频率下，PVC/GB 复合材料隔声量随着 GB 体积分数的增加而增大；尤其是当声波频率高于 2 000 Hz 后，除个别测量点外，其增幅相当显著。此外，

PVC/GB复合材料隔声量于声波频率 2 000 Hz 处出现极小值。这同样显示，在实验条件下，存在某一声波频率，使得 PVC/GB 复合材料的隔声量下降。

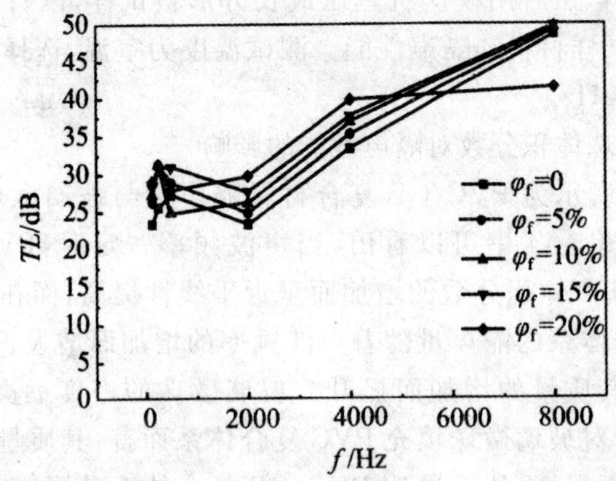

图 5-45　声波频率对 PVC/GB 复合材料隔声量的影响

5.4.3　高分子/中空无机粒子复合材料的隔声性能

中空无机粒子具有良好的刚性与阻隔性，同时它还具有质量轻的特点，因而在聚合物工业、涂料工业、建材工业等领域都有广泛的应用。

隔声量是材料的隔声性能的主要参数之一。与聚合物/无机粒子复合材料相比，影响聚合物/中空无机粒子复合材料隔声性能的因素更为复杂，除声场因素之外，聚合物材料和中空无机粒子自身的隔声性能、中空无机粒子的大小和含量、中空无机粒子的壁厚和直径/壁厚比，以及中空无机粒子在树脂基体中的分布与分散形态等都对材料的隔声性能产生影响。中空无机粒子在树脂基体中的分布与分散形态又在相当程度上取决于材料的制备工艺和设备，以及中空微球与基体树脂之间的相容性。因此，明确影响聚合物/中空微球复合材料隔声性能的主要因素，有助于揭示其隔声机制。

常用于聚合物工业的中空无机粒子有中空玻璃微球(珠)、中空陶瓷微球(珠)、碳纳米管和中空玻璃纤维等。本章的重点是在考察中空无机粒子含量和声波频率对聚丙烯/中空玻璃微珠复合材料、丙烯腈-丁二烯-苯乙烯共聚物/碳纳米管复合材料、聚氯乙烯/中空玻璃微珠复合材料和聚丙烯多元复合材料隔声量的影响的基础上，分析和讨论聚合物/中空无机粒子复合材料的隔声机制。

1.聚丙烯/空心玻璃微珠复合体系

应用开炼机进行熔融混炼制备了空心玻璃微珠(HGB,牌号为 TK35)填充聚丙烯(PP)复合材料,然后用模压机热压成长方形板试样,以自行研制隔声性能测定仪测量试样材料的隔声性能。测试温度为室温,选择噪声频率范围为 125～10 000 Hz。

(1)空心玻璃微珠体积分数对隔声性能的影响

如图 5-46 所示为 PP/TK35 复合材料隔声量与空心玻璃微珠体积分数之间的关系。从图 5-46 中可以看出,当空心玻璃微珠体积分数小于 5%及声波频率一定时,PP/TK35 复合材料隔声量随着空心玻璃微珠体积分数的增加而提高,然后缓慢增大,而在一定的空心玻璃微珠体积分数下,复合体系的隔声量随着声波频率的增加而增大。一般认为,物体的隔声性能随着其质量的增加而提升,即服从质量定律。空心玻璃微珠的密度远低于 PP 树脂的密度。因而,对空心玻璃微珠填充 PP 复合体系而言,其质量将随着空心玻璃微珠粒子含量的增加而下降,却未因此导致 PP/空心玻璃微珠复合体系的隔声量随着 HGB 体积分数的增加而减小。这意味着,高分子/中空无机粒子复合材料的隔声行为及机理与高分子/实心无机粒子复合材料有所差异,即高分子/中空无机粒子复合材料的隔声性能并不完全服从质量定律,其机理将做进一步探讨。

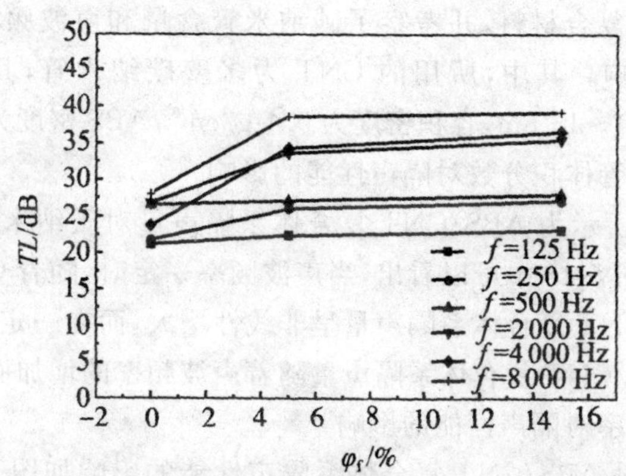

图 5-46　PP/TK35 复合材料隔声量对 TK35 体积分数的依赖性

(2)声波频率对隔声性能的影响

PP/TK35 复合材料隔声量对声波频率的依赖关系如图 4-47 所示。从图 5-47 中可以看出,当空心玻璃微珠体积分数一定时,除个别数据点外,PP/TK35 复合材料隔声量随着声波频率的增加而提高;类似地,在一定的声波频率下,PP/TK35 复合材料隔声量随着空心玻璃微珠体积分数的增加而增大;尤其是当声波频率高于 500 Hz 后:除个别测量点外,其增幅较为显著。此外,较之未填充 PP 树脂,PP/TK35 复合材料隔声量对声波频率的依赖性更为显著。这表明,空心玻璃微珠的加入,可明显地提升 PP 树脂的隔声性能。

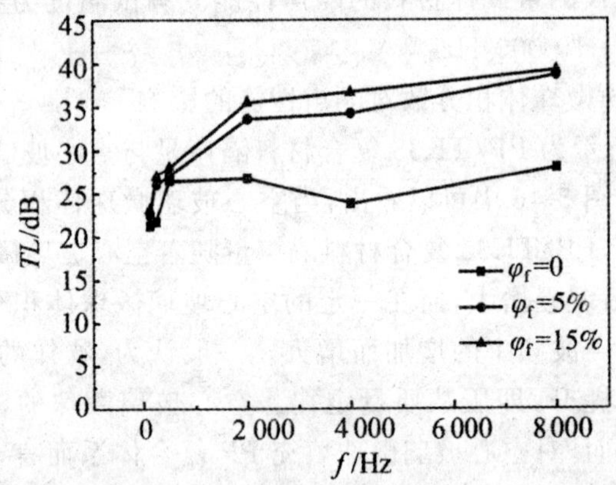

图 5-47 声波频率对 PP/TK35 复合材料隔声量的影响

2. 丙烯腈-丁二烯-苯乙烯共聚物/碳纳米管复合体系

Lee 和 Hong Kong① 等制备了丙烯腈-丁二烯-苯乙烯共聚物/碳纳米管(ABS/CNT)复合材料,并考察了碳纳米管含量和声波频率对复合体系隔声性能的影响。其中,所用的 CNT 为多壁碳纳米管,其长度为 10～2 μm,直径为 10～15 nm,容积密度为 0.1 g/cm^3;ABS 密度为 1.05 g/cm^3。

(1)碳纳米管体积分数对隔声性能的影响

如图 5-48 所示为 ABS/CNT 复合体系隔声量对碳纳米管体积分数的依赖关系。从图 5-48 中可以看出,当声波频率一定时,随着 CNT 体积分数的增加,ABS/CNT 复合体系隔声量呈非线性增大,而在一定的碳纳米管体积分数下,ABS/CNT 复合体系隔声量随着声波频率的增加而提高。

(2)声波频率对隔声性能的影响

声波频率对 ABS/CNT 复合体系隔声性能的影响如图 5-49 所示。从图 5-49 中可以看出,当碳纳米管体积分数一定时,随着声波频率的增加,ABS/CNT 复合体系隔声量呈非线性增大,而在一定的声波频率下,ABS/CNT 复合体系隔声量随着碳纳米管体积分数的增加而提高。

---

① 梁基照.高分子复合材料物性及其定量表征[M].广州:华南理工大学出版社,2013.12.

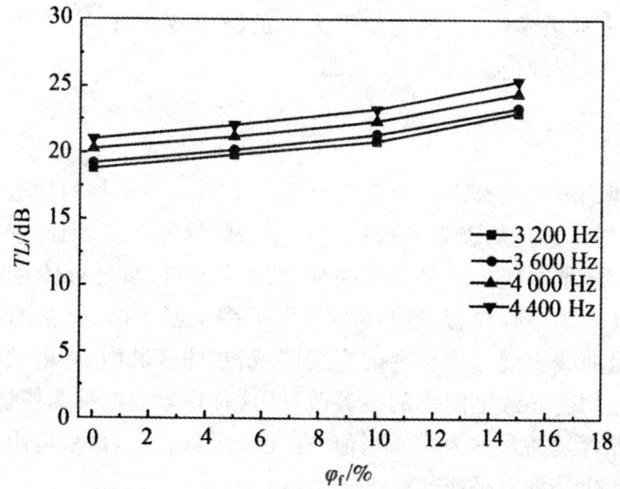

图 5-48　ABS/CNT 复合材料隔声量对 CNT 体积分数的依赖性

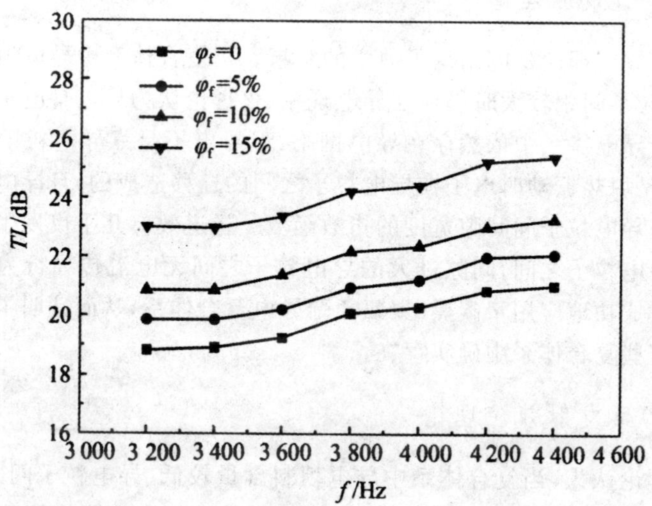

图 5-49　声波频率对 ABS/CNT 复合材料隔声量的影响

5.5　高分子复合材料的导电性能

5.5.1　高分子复合材料的导电机理

高分子导电复合材料的导电机理比较复杂。自导电高分子复合材料出现后，人们对其导电机理进行了研究，最终得出了三个理论：①宏观的渗流理论，即导电通道学说；②微观量子力学的隧道效应理论；③微观量子力学的场致发射效应理论。

1. 渗流理论

渗流理论解释的是高分子复合材料的电阻率与填加的导电填料含量的关系，这一理论只是从宏观上解释复合体系的导电现象，因此它并不会涉及复合体系的导电本质。大量的实验研究结果表明，当复合体系中导电填料的含量增加到某一临界含量时体系的电阻率急剧下降，体系的电阻率—导电填料含量曲线出现一个狭窄的突变区域，在此区域内，导电填料含量的任何细微变化均会导致电阻率的显著改变，这种现象通常称为渗滤现象，导电填料的临界含量通常称为渗滤阀值；在突变区域之后，体系电阻率随导电填料含量的变化又恢复平缓。

2. 隧道效应理论

隧道效应理论是应用量子力学的结果。当复合体系中导电填料含量较低、导电粒子间距较大时仍存在导电现象，该理论认为导电是电子迁移的结果。复合导电体系中依然存在导电网络，但导电不是靠导电粒子的接触来实现，而是由热振动时电子在导电粒子之间的迁移造成的，且导电电流即隧道电流是导电粒子间间隙宽度的指数函数。隧道效应几乎仅发生在距离很接近的导电粒子之间，间隙过大的导电粒子之间无电流传导行为。隧道效应理论已成功地应用于碳黑/聚氯乙烯导电复合体系，从而证明了隧道效应机理在有些复合体系中确实存在。

3. 场致发射效应理论

该理论认为，当复合体系中导电填料含量较低、导电粒子间距较大、导电粒子之间的内部电场很强时，电子将有很大的概率飞跃树脂界面势垒而跃迁到相邻的导电粒子上，产生场致发射电流，形成导电网络。

5.5.2 导电高分子复合材料

导电高分子复合材料由于具有特殊的结构和优异的性能而成为材料科学的研究热点，并被广泛应用于航空航天、能源、光电器件、电磁屏蔽、金属防腐和生物医学等高科技领域乃至生产和日常生活当中。从结构与制备过程的差异上来看，导电高分子材料又可以分为结构型与复合型两类。所谓结构型导电高分子材料指的是通过电解聚合法合成的分子结构本身或者经过掺杂处理的且具有导电功能的共轭聚合物，如聚乙炔、聚吡咯、聚对苯撑等。目前对这类材料的研究已经取得了不凡的成就，然而这类材料本身具有刚度大、难溶、难熔和加工成型困难的特点，又由于掺杂剂多为有毒性的物质，再加上它们的导电稳定性和重复性不好，成本较高，因此其实用价值有待提高。复合型导电高分子材料是将导电填料加入树脂基体中，然后采用物理或化学方法复合而成。这种高分子材料具两个重要的特征：

①电导率与填料粒子体积分数成反比，且当填料粒子的体积分数增加到一定值后，会发生导体—绝缘体的转变，这一行为又称为导电逾渗行为，我们将导电离子体积分数的临界值称为逾渗阈值；

②导电填料的含量在某一区间内，高分子材料的电阻率与温度成正比，当达到某一温度附近时电阻率发生突变，复合材料在一个很窄的温度范围内由导体变成半导体或绝缘体，即电阻正温度效应（Positive Temperature Coefficient，PTC）。复合型导电高分子材料以炭黑（CB）填充型最常用，其优越性主要表现在可以在较大范围内根据使用要求调节电学和力学等性能，并且成本较低，成型加工性好，因而得到广泛应用。

影响导电高分子复合材料电性能的因素纷繁复杂，不仅有导电填料的性质、树脂基体的种类和成型加 VIE 艺条件，还有热处理和热循环等。迄今为止，人们对这些影响因素的认识仍然不够深入，对高分子导电复合材料逾渗行为及 PTC 特性机理尚没有一致的见解。本章着重阐述几种导电高分子复合材料的导电性能及其主要影响因素，如炭黑填充高密度聚乙烯（HDPE/CB）复合体系、碳纤维增强高密度聚乙烯（HDPE/CF）复合体系、HDPE/CF/CB 复合体系以及 HDPE/乙烯-醋酸乙烯共聚物（EVA/CB）复合体系等；在此基础上，分析其逾渗行为及 PTC 特性机理。

5.5.3　HDPE/CB 复合体系的导电性能

1. CB 含量对复合体系导电性能的影响

图 5-50 为四种不同 CB（包括 VulcanXC-72、MSHBLACK、L6 和 N293）填充 HDPE 复合体系的电阻率和 CB 体积分数的关系，从图 5-50 中可以看出，填充不同种类 CB 的 HDPE 复合材料的体积电阻率随 CB 含量的变化出现了大致相同的趋势。在 CB 含量较低时，复合体系体积电阻率随着 CB 含量的增加而缓慢下降，下降幅度极小；当达到逾渗阈值时，体积电阻率开始大幅度下降，在较小的一段体积分数区间内降幅高达 12 个数量级，形成一段陡峭的曲线；CB 体积分数超过逾渗阈值后，HDPE 复合体系

的体积电阻率变化又趋于平缓。

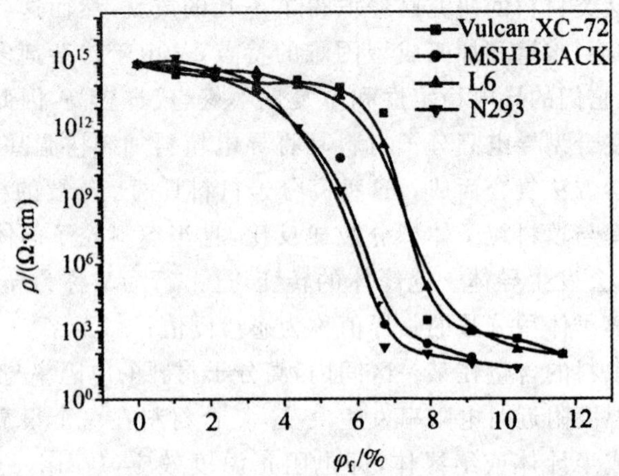

图 5-50　HDPE 复合体系电阻率与 CB 体积分数的关系

CB 含量对电阻率的非线性影响可用导电通道理论和量子力学隧道效应理论来解释。在 CB 浓度较低时，CB 聚集体之间的间隙很大，很难形成导电通道，能够发生电子隧穿的概率也很小，这一范围内，电阻随 CB 含量的增加变化的幅度很小，可以说基本不变化；但这一浓度持续增加到某一临界值时，CB 聚集体之间的间隙很小，因此能够连通，此时如果增加 CB 的含量，将会导致导电通道的规模化形成，出现了电阻率的突变；在突变区域之后，复合体系中的导电网络逐步完善，如果此时进一步增大 CB 含量，则体系电阻率的减小趋势变缓。

2. CB 种类对复合体系逾渗行为的影响

从图 5-50 中还可以看出，尽管四条曲线有着大致相同的趋势，但是四种 CB 对复合材料体积电阻率的影响程度相差很大，CB 种类不同时，得到的逾渗阈值也不相同。HDPE/Vulcan XC-72 和 HDPE/16 复合体系的逾渗阈值均在 7.5%左右，而 HDPE/MSH BLACK 和 HDPE/N293 复合体系的逾渗阈值在 5%左右。这说明四种 CB 中 MSHBLACK 和 N293 的导电性能要优于 VulcanXC-72 和 L6。

不同 CB 填充的 HDPE 复合体系导电性能的这种差异主要是由 CB 本身的性质差异决定的。四种 CB 的主要物性参数如表 5-11 所示。CB 的结构性是 CB 支化程度或 CB 聚集体不规整性的表示，是影响 CB 导电性的重要因素。CB 结构由聚集体的尺寸、形状和每一聚集体中粒子的数量所共同决定。由大量的支化和交联原生粒子构成的聚集体组成的 CB 称为“高结构”CB,而由相对少量原生颗粒构成的聚集体形成的紧密单元称为“低结构”CB。相比而言,高结构 CB 具有更发达的链状或葡萄状结构,因此它在堆积时空隙较大,较为疏松。对于导电 CB,结构性越高,它的链状结构越容易在聚合物基中相互接触,因此导电性更好。空隙体积是 CB 结构的衡量标准,结构性高的 CB 具有大的孔隙体积,同样,结构性低的 CB 具有较小的孔隙体积。通常我们采用 DBP 吸收值测定法来测定 CB 的孔隙体积。

表 5-11　四种 CB 的主要物性参数

CB 种类	VulcanXC-72	L6	MSH BLACK	N293
DBP 吸收值/(cm^3/100g)	178	123	220	100
BET 吸氮比表面积($m^2 \cdot g^{-1}$)	254	250	80	1 050
粒径/nm	30	18	35	33

CB 的比表面积是单位质量或单位体积内 CB 粒子表面积的总和。对于导电 CB,粒径越小,表面越粗糙多孔,则单位体积内的粒子数目越多,比表面积越大,增加了在复合体系中的接触点或减小了粒子间距,导电性能越好。CB 的比表面积可用 BET 氮吸附法测量。虽然 CB 的比表面积大有利于复合材料的电性能,但是比表面积越大,CB 的分散性、流动性越差,不利于成型加工。实验过程中发现,炭黑 N293 在质量分数较高时分散困难,不易混合均匀。

从表 5-11 还可以看出,炭黑 MSH BLACK 的结构性最高,炭黑 N293 的比表面积最大,因此 MSH BLACK 和 N293 具有较好的导电性,HDPE/MSHBLACK 和 HDPE/N293 复合体系的逾渗阈值仅为 5%,而 HDPE/VulcanXC-72 和 HDPE/L6 复合体系的导电性则次之,HDPE/Vulcan XC-72 和 HDPE/L6 复合体系的逾渗阈值在 7.5%左右。

3. CB 含量对复合体系 PTC 特性的影响

如图 5-51 所示为不同质量分数的四种炭黑(VulcanXC-72、N293、MSHBLACK 和 L6)填充 HDPE 复合体系的电阻-温度特性曲线。从图 5-51 中可以看出,所有曲线都基本相似。在 120℃以前,复合体系的电阻率随温度的升高变化很小;在 120℃到 HDPE 基体熔融温度峰值 T_m,(约 135℃)附近的温度区间内,电阻率随温度的上升而急剧增大,越接近 T_m,这种趋势越剧烈,出现强烈的 PTC 效应,直至达到一个最高点;到达最高点以后,温度继续升高,复合体系的电阻率出现明显的下降,产生 NTC 效应。

PTC 效应和 NTC 效应的产生是多种因素共同作用的结果,其中结晶相的熔融和体积膨胀是两个重要的因素。由于CB(表面张力为0.080～0.120 J·m^{-2})与聚乙烯(表面张力为3.5×10^{-5} J·m^{-2})表面性质差别很大,因而CB颗粒应具有相互聚集的趋势以减少体系中过剩的表面能。由于CB颗粒与基体中的结晶相不相容,CB粒子分布在非晶相中或晶界区,以聚集态的形式形成导电网络。温度较低时,由于体系中大量晶相的存在限制了分子链运动,阻碍了CB颗粒的聚集,因此电阻率随温度变化较小。当温度接近T_m时,结晶相开始熔融,CB颗粒向新形成的无定形区扩散,分布变得均匀,浓度相对变小,聚集体结构被破坏,这个过程伴随基体体积的突然增大,CB聚集体间的距离由于基体的膨胀而"撑大",这加剧了导电网络的破坏,因此此时体系的电阻率会大幅增加,产生PTC现象。超过T_m后,聚合物流动性增加,分子链段剧烈的运动推动CB颗粒聚集,CB粒子重新进行近程分布,形成新的导电网络,体系电阻率下降,呈现NTC效应。

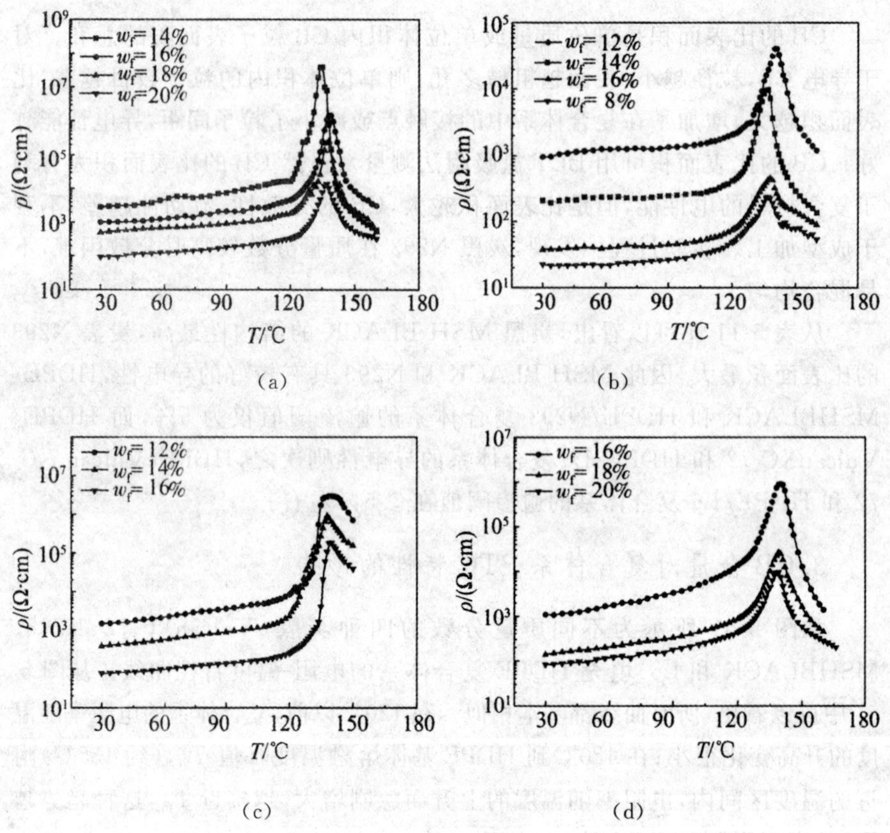

图 5-51　CB填充HDPE复合体系的电阻-温度关系

(a)HDPE/Vulcan XC-72;(b)HDPE/N293;(c)HDPE/MSH BLACK;(d)HDPE/L6

从图 5-51 中可以看出，在逾渗阈值以上，随 CB 含量的增加，复合体系 PTC 强度减小。如图 5-51 中，当炭黑 Vulcan XC-72 质量分数为 14%和 16%时，复合体系的 PTC 强度要大于质量分数为 18%和 20%时复合体系的 PTC 强度；炭黑 N293 质量分数为 12%和 14%时复合体系的 PTC 强度要大于质量分数为 16%和 18%时复合体系的 PTC 强度。这是因为当 CB 含量较低时，导电网络还不完善，有些区域可能仅由少数导电链相连接，结晶相熔融和体积膨胀很容易破坏这些薄弱的区域，从而导致整个导电网络的“崩溃”；CB 含量增加时，上述薄弱环节得到增强，导电网络趋于完善，结晶相熔融和体积膨胀等因素导致的局部导电链的破坏对整个导电网络的影响减小。

5.5.4　HDPE/CF 含量对复合体系导电性能的影响

1. CF 含量对复合体系导电性能的影响

如图 5-52 所示描述了 HDPE/CF 与 HDPE/CB 复合体系的电阻率与填料质量分数之间的关系。从图中可看出，填充了(CF)或(CB)的复合材料体积电阻率随填料含量表现出基本相同的趋势。图 5-52 可分为两个趋势，一个是缓慢趋势，另一个是快速趋势。缓慢趋势阶段复合体系电阻率随 CF 含量的增加而小幅度的下降；快速趋势阶段体积电阻率随 CF 含量的增加快速下降，在某一区段，下降幅度甚至高达 13 个数量级，复合体系由绝缘体转变为导体；填料质量分数超过逾渗阈值后，复合体系的体积电阻率变化又趋于平缓，当 CF 质量分数为 20%时，复合体系的室温体积电阻率降为 8.6 Ω · cm。此外，图 5-52 中结果显示，HDPE/CF 复合体系和 HDPE/CB 复合体系的逾渗阈值比较接近，其阈值都在质量分数为 7.5%左右。

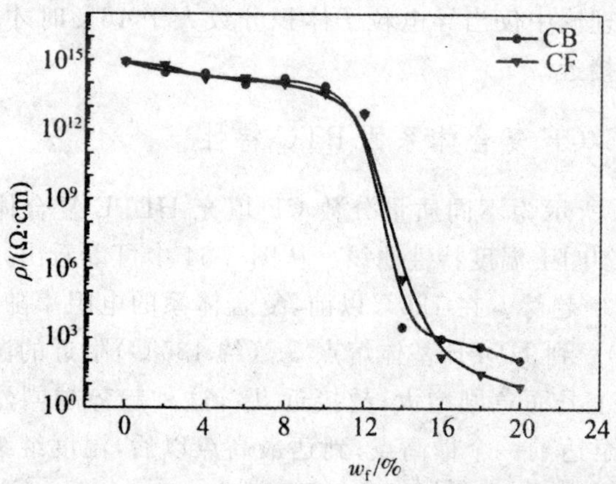

图 5-52　HDPE/CB 与 HDPE/CF 复合体系的电阻率与填料质量分数的关系

与前述的HDPE/CB复合体系一样,CF含量对HDPE复合体系室温电阻率的这种非线性影响也可以用导电通道理论和量子力学隧道效应理论来加以解释。当CF浓度较低时,CF之间平均距离过大,它们之间接触的机会很小,不能形成导电通道,发生电子隧穿的概率也极小,此时复合材料电阻率与基体电阻率基本相同,电阻率随CF含量的增加变化很小;当CF含量逐渐增加时,复合材料中CF间平均距离逐渐减小,它们之间接触的机会逐渐增加,当CF平均距离小到足以发生量子力学隧道效应时,体系的电阻率会出现较为明显的下降,这时增加少量CF就会引起CF之间大规模的相互搭接,此时导电通道开始大规模形成,复合材料的导电能力表现出从绝缘体到导体或半导体的突变;当CF含量增加到一定程度后,复合体系中的导电网络逐步完善,此时如果进一步增大CF含量,则其对体系导电性能的贡献相对减小,体系室温电阻率的变化变得平缓。

2. HDPE/磨碎CF复合体系的室温电阻率

如图5-53所示为磨碎CF质量分数对HDPE/磨碎CF复合体系室温电阻率的影响。从图5-53中可以看出HDPE/磨碎CF复合体系同样表现出非线性的导电逾渗行为,其逾渗阈值出现在质量分数为30%左右,远远高于HDPE/CB和HDPE/CF两种复合体系的13%,达与磨碎CF本身的性质有关。本试验中用磨碎CF长径比为5~10,远小于短切CF的286,如此小的长径比不利于CF粉末之间的搭接,或者说要达到相同效果的导电通道,磨碎CF的耗量要远大于具有高长径比的CF;磨碎CF也没有像CB那样的聚集态结构,无法像CB的链状聚集体那样较为轻易地形成导电网络。因此HDPE/磨碎CF的导电逾渗阈值要高于HDPE/CB和HDPE/CF两种复合体系。体积分数18%左右(相应的质量分数30%)的逾渗阈值也与经典逾渗理论中仅当导电粒子体积分数大于16%时才会形成导电网络的结论比较接近。

3. HDPE/CF复合体系的PTC特性

如图5-54所示为不同质量分数CF填充HDPE复合体系和HDPE/CB复合体系的电阻-温度特性曲线。从图5-54中可以看出,所有曲线的走向都呈现出同一趋势。在120℃以前,复合体系的电阻率随温度的升高变化很小;在120℃到HDPE基体熔点T_m(约135℃)附近的温度区间内,电阻率随温度的上升而急剧增大,越接近T_m,这种趋势越剧烈,出现强烈的PTC效应,直至达到一个最高点;到达最高点以后,温度继续升高,复合体系的电阻率开始下降,产生轻微的NTC效应。

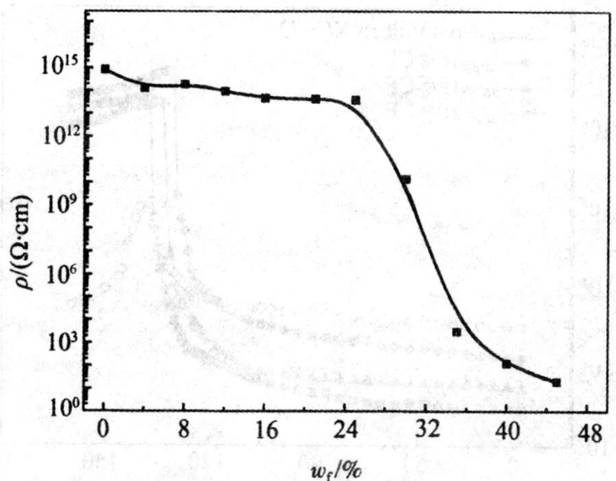

图 5-53　磨碎 CF 质量分数对 HDPE/磨碎 CF 复合体系的室温电阻率的影响

非常明显的是，当 CF 质量分数为 16％时，HDPE/CF 复合体系的 PTC 强度为 7.2，而当炭黑 Vulcan XC-72 质量分数为 16％时，HDPE/CB 复合体系的 PTC 强度为 3.2，即前者要明显大于后者。这是由 CF 和 CB 不同的形态结构所决定的。CB 在基体中以特殊的链状（或葡萄串状）聚集态结构的形式存在，当 CB 聚集体受到基体膨胀或结晶相熔融等外力作用时，可以通过改变聚集体自身的形状来适应外力的变化，由 CB 聚集体组成的导电网络能在一定程度上得到保护，而 CF 以刚性的棒状形式存在于基体中，当其受到基体膨胀等外力作用时无自适应能力，由 CF 搭接的导电网络极易被这些外力破坏，因此 HDPE/CF 复合体系对温度的响应要比 HDPE/CB 复合体系敏感得多，即 PTC 强度要大得多。PTC 强度随质量分数的增加而增加，这也是由 CF 的刚性棒状结构决定的。

从图 5-54 可以明显地看出，HDPE/CF 的 NTC 强度要明显小于 HDPE/CB 复合体系。这可能是因为 CB 不仅具有聚集态结构，而且具有纳米级的微小粒径和近似球形的几何形状，当温度超过 T_m 后，聚合物基体流动性增加，分子链段剧烈的运动推动 CB 颗粒聚集，CB 粒子重新进行近程分布，聚集态结构为新的导电网络的形成提供了足够的原料储备，纳米级的粒径使 CB 颗粒较易被推动，而近似球形的几何形状则极大地减小了运动过程中的阻力，这些因素都为形成新的导电网络创造了有利条件，因此 HDPE/CB 复合体系具有较强的 NTC 效应。而 CF 不能靠改变自身的形状来形成新的导电网络，其较大的重量使得它不易被推动，棒状结构及较大的表面积也使它受到的阻力大大增加，这些因素都不利于 CF 重新形成导电网络，因此 HDPE/CF 复合体系具有极小的 NTC 效应。

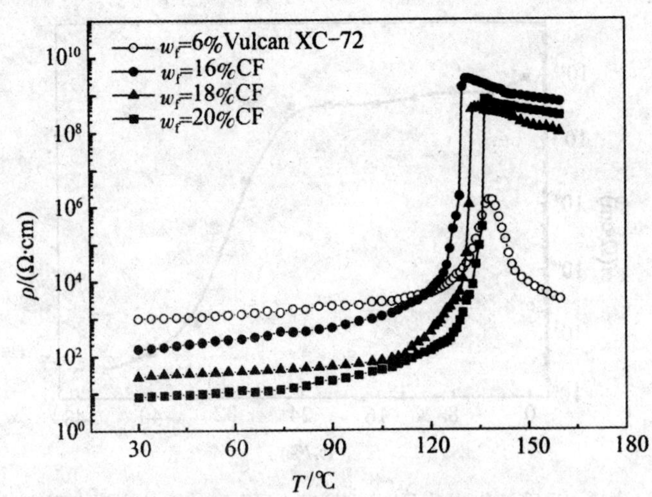

图 5-54 HDPE/CF 和 HDPE/CB 复合体系的阻温特性

从图 5-54 中还可以看出,随着 CF 质量分数的增加,复合体系的电阻峰值温度逐渐向高温方向移动。CF 质量分数为 16%时,电阻峰值温度出现在 130℃左右,CF 质量分数为 18%时,峰值温度出现在 133℃左右,而当 CF 质量分数为 20%时,峰值温度出现在 136℃附近。我们认为,CF 质量分数越高,CF 之间相互搭接的比例越高,搭接重叠部分越长,因此要分开搭接的 CF,破坏导电网络,基体膨胀的程度就越大,需要的温度也就越高。

第6章 高分子复合材料的工程应用

高分子复合材料具有质轻、高韧性以及良好的力学性能，因此它特别适合代替传统材料而广泛应用到工程中。此外它还具有良好的透光性、电性能、隔热性以及耐化学腐蚀的特性，高分子复合材料的综合利用将是未来的趋势。

6.1 高分子微米复合材料的应用

复合材料的应用范围很广，它的产品很多。就目前而言，应用最为广泛的主要有金属基、陶瓷基与聚合物基三大类，由于前两种价格高昂，其应用也仅限于宇航、航空工业部门。在这三类中，应用最广泛的是聚合物基复合材料，其发展十分迅速。

6.1.1 玻璃纤维增强热固性塑料(GFRP)的应用

1. 在石油化工工业中的应用

石油化工行业利用 GFRP 的特点，使得工业生产中许多关键问题得到突破，尤其是耐腐蚀性和降低设备维修费方面最为显著。

GFRP 管道与罐车是原油陆上运输的主要设备。其中聚酯与环氧 GFRP 都可作为输油管道及汽油 GFRP 罐车与储槽。

目前海上采油平台的配电房主要由钢制骨架与 GFRP 板组转而成，板的结构是硬质聚氨酯泡沫塑料加 GFRE 蒙面。这样的材料质轻，强度高，刚度好，而且包装运输也很方便，能合理利用平台的空间并减轻载荷，同时还有较好的热和电的绝缘性能。

海上油田需要潜水作业，英国 Vickers-Slingsby 公司，在 20 世纪 70 年代就已经设计和生产 GFRP 潜水器，它可载 3 名潜水员，有较高的净载荷量，电池利用率高，使用寿命长，并且耐海水腐蚀等优点。

开采海底石油所需要的浮体。例如灯标、停泊信标、标状浮标和驳船离岸的信标等，都可用 GFRP 制作。全部由 GFRP 制成的海上油污分离器，具有良好的耐海水和耐油性。

海上油田用的 GFRP 救生船、勘测船等船身、甲板和上层结构都是玻璃纤维方格布和间苯二甲酸聚酯成型的。目前世界上最大的勘测船的长度为 60 m，宽 10 m，排水量为 650 t。

海上油田的淡水处理工程装置以及污水处理功能的装置都可以用玻璃钢来制造。同样，化学工业中也离不开 GFRP，化学工业中往往会产生大量的强腐蚀物质，因此普通钢制品很难满足生产的需求，而耐腐蚀的环氧 GFRP 和酚醛 GFRP 可以实现这一要求。

2. 在建筑业中的应用

目前世界各国对房屋建筑的美观舒适、保温节能、防震抗震的要求越来越高，在此情况下，GFRP 成为人们比较注意的新型建筑材料。在工业发达国家，消耗 GFRP 最多的部门是建筑行业，其原因是建筑构件大，使用 GFRP 多，用途也比较广泛。世界上消耗量最大的是美国，其次是日本。

建筑业常用 GFRP 代替钢筋、木材、水泥和砖等，并且取得了相当重大的成就。目前，应用最多的要数 GFRP 透明瓦，它是由聚酯树脂浸渍玻璃布压制而成的。玻璃瓦的用途主要是工厂厂房的采光、街道、温泉等的顶棚，GFRP 板应用于货栈的屋顶、建筑物的墙板、天花板、太阳能集水器等，还可用 GFRP 制成饰面板、圆屋顶、卫生间、浴室、建筑模板、门、窗框、洗衣机的洗衣缸、储水槽、管内衬、收集储罐和管道减阻器等。

3. 在造船业中的应用

用 GFRP 可制造各种船舶，如赛艇、警艇、游艇、碰碰船、交通艇、救生艇、帆船、鱼轮、扫雷艇等。

GFRP 渔船与木船比较有以下几个优点：

①玻璃钢渔船稳定性好。木船在 6 级风时就不能出海，而 GFRP 船可经受 8 级风浪的考验。

②GFRP 渔船速度快。全 GFRP 船的时速为 7 节，比同类型木船快 1～1.5 节，因而不但节省燃料油，而且在突遇天气变化时，回港也快。

③GFRP 船维修简便，费用低。木船使用两年后就需要维修，每 4 年要大修或中修，GFRP 船耐腐蚀性好，维修费只为木船的 20%～30%。

④GFRP 船使用寿命长，可达 20 年，为木船的两倍。而且经济效益高，该种船适应能力强，捕鱼量比木船多一倍。虽然一次投资比木船高，但综合

效益高于木船。

4. 铁路运输上的应用

GFRP 在铁路上主要是用在造车生产中，铁路车辆有许多部件可以用 GFRP 制造，如内燃机车的驾驶室、车门、车窗、框、行李架、座椅、车上的盥洗设备、整体厕所等。其中在我国应用最多的是用聚酯 GFRP 制造的 GFRP 窗框。原来采用的钢窗，每一年半就要进厂维修一次，每年窗框的维修费平均每一辆车要花费 1 400 元，6 年就报废了；改用 GFRP 窗框，不再需要维修，寿命可达 10 年以上，重量可减轻 20%。同时更有效地解决了钢窗在使用过程中，由于受温度变化的影响而变形所造成的开关不便的问题。因 GFRP 窗不易变形，开关很方便。

此外，在铁路客车中的一些易被腐蚀的部位，均可采用 GFRP，如厕所、盥洗室的地板，经常浸泡在水中，很容易腐蚀烂掉，经常需要维修，采用 GFRP 地板则可延长使用寿命，减少维修费用，国外已采用了 GFRP 地板、墙板、卫生装置，如整体厕所、盥洗室、水箱、垃圾箱等。还有卧铺车厢内的卧铺支柱、冷藏箱、绝缘板等。在货车制造中，可采用 GFRP 活动顶篷，以方便起重机装卸货物，为集装箱运输提供了必要的条件。

5. 在汽车制造业中的应用

1953 年，美国成功研制出了 GFRP 外壳的汽车，之后欧美等国也相继采用 GFRP 制造出汽车的外壳。此外，GFRP 材质的汽车底盘、车门及车窗也相继被研制成功。我国继欧美之后于 1958 年开始研制 GFRP 材质的车外壳及零部件。采用 GFRP 制造的汽车，外观简单、大方，同时又省时、省力。因此，它被广泛应用于汽车行业的各个领域。

6. 在冶金工业中的应用

在冶金工业中，经常接触一些具有腐蚀性的介质，因而需要用耐腐蚀性的容器、管道、泵、阀门等设备，这些均可用聚酯 GFRP、环氧 GFRP 制造。此外，在有色金属的冶炼生产中，排出的高温烟气等有害气体要通过烟囱排放，其腐蚀极为严重。近年来，冶金工业中的烟囱采用钢材或钢筋混凝土做外壳，内衬为 GFRP，或者以钢材或钢筋混凝土做骨架的整体 GFRP 烟囱，这些 GFRP 烟囱耐温、耐腐蚀，而且易于安装检修。

7. 在宇航工业中的应用

玻璃钢用于宇航工业方面是比较早的。20 世纪 40 年代初，英国首先利用GFRP透波性好的特点，用它来制造飞机上的雷达罩。后来有更多的金属部件被GFRP所代替，如飞机的机身、机翼、螺旋桨、起落架、尾舵、门、窗等。经过了20多年的努力，1967年美国第一架乘载11人的全塑飞机飞上了蔚蓝色的天空。它的造价只相当于一辆高级汽车的价格，这架飞机大部分部件是由GFRP制成的。美国波音747喷气式客机有一万多个零部件是由GFRP制成的，它使飞机的自重减轻了454 kg，相应地可以使飞机飞得高，飞得快，装载能力更大。GFRP在导弹和火箭上的应用也很多，如“北极星A”导弹上的雷达罩、尾翼、绝缘层、电子绝缘装置、烧蚀绝热层、密封装置等都使用了GFRP。

8.在其他部门的应用

GFRP在机械工业中也得到广泛的应用，主要用于制造各种机器的防护罩、机器的底座、导轨、齿轮、轴承、手柄等，还可制造玻璃钢氧气瓶、液化气罐等。

GFRP在电气工业中可用于制成电子仪器的各种线路底板；电机、变压器等各种机电设备的绝缘板；还可制成GFRP电线杆、高压线架子、天线棒、配电盘外壳、线圈骨架以及各种电器零件等。

在采矿作业中GFRP用于制成支柱，其质量可减到坑木或钢支柱的一半，抗压强度比坑木高一倍，比钢支柱高60%，而且不生锈，不腐蚀，使用寿命长。同时，由于GFRP支柱轻，大大地减轻了工人的劳动强度。

在农业生产方面GFRP的应用也不少。GFRP透明瓦有一定的透明度，又有保温隔热的作用，因此可用来制造温室和大棚的建筑材料，GFRP还可制作各种农机的零部件，例如：拖拉机的外壳，采用GFRP不但节省制造工序，还可节省大量钢材。

GFRP在常规武器制造方面也有所应用，它可制成步枪的枪托、火箭发射器的手柄、坦克车的轮子、火焰喷射器的筒体、三消器的缓冲器和头盔、防弹装甲车外壳、活动指挥所等。除此之外，GFRP还可制成体育用品。

6.1.2 玻璃纤维增强热塑性塑料(FR-TP)的应用

①玻璃纤维增强聚丙烯(FR-PP)玻璃纤维。增强聚丙烯的电绝缘性良好，用它可以制作高温电气零件。由于它的良好性能和低廉的价格，因此它的使用范围很广，除了作为工程塑料的代替品，而且还能够代替金属。

玻璃纤维增强聚丙烯(FR-PP)玻璃纤维主要用于汽车、风扇、洗衣机、油箱等的零部件。

②玻璃纤维增强聚酰胺(FR-PA)玻璃纤维。聚酰胺常用来替代有色金属,制造轴承、轴承架、齿轮以及精密机器零件等。同时它还可以代替金属螺旋桨以及洗衣机的壳体等。

③玻璃纤维增强聚苯乙烯类塑料。此类材料主要用于汽车内部的零用件、空调机壳以及家用电器的零用件。

④玻璃纤维增强聚碳酸酯(FR-PC)玻璃纤维。增强聚碳酸酯材料主要应用于机械工业领域和电子工业领域。近年来它在航空领域也有所应用。

⑤玻璃纤维增强聚酯玻璃纤维。增强聚酯适用于在高强度、高温工作的部件,如电视机的高压变压器、电路印刷版及集成电路的外罩等。

⑥玻璃纤维增强聚甲醛(FR-POM)玻璃纤维。增强聚甲醛性能良好,它能够代替有色金及其化合物,它的应用非常广泛。目前,主要应用于传动零件、轴承以及其支架、齿轮、凸轮等。此外,它还可以制成各类导电材料。

⑦玻璃纤维增强聚苯醚(FR-PPO)。它的绝缘性能在工程塑料中排名第一,且它的电绝缘性不受温度、湿度、频率等外界因素的影响。因此,制造耐热性强的绝缘材料选用增强聚苯醚最合适不过了。它常被用来制作电视机零件、家用电器零件、电子仪器仪表零件、精密仪器零件中的线圈骨架、插座、罩壳等。此外,它还可制成供热水系统的装置,如管道、阀门、泵、储罐、紧固件、连接件等,可制造医疗方面的高温消毒用具。

6.1.3　高强度、高模量纤维增强塑料的应用

(1)碳纤维增强塑料

碳纤维增强塑料是火箭与人造卫星的良好基材,这与它的性质是分不开的。碳纤维增强塑料具有较高的强度和良好的减震性能,这些性能正是火箭与人造卫星的所需要的。用这类材料制成的器件具有强度高、质量轻的特点,因此当火箭或人造卫星采用了这类材料时,就可以节约大量的燃料,对于飞行器而言每增加一公斤重量都会消耗相当的燃料。用它来制造火箭和发动机的外壳是最好不过的材料,与金属制造的壳体相比,其质量能够减轻 45%,射程能够增加 2 400 km 左右。同样用它制造的宇宙飞船的外推动器能比金属制造的飞船减轻 26%。又由于它具有防宇宙射线的作用,所以它也可以制造飞行器的外壳。由于飞行器在太空飞行会产生摩擦生热,此时飞行器表面的温度能够达到 4 000～6 000℃,因此飞行器的外表层必须加防热层,这是所有的合金和陶瓷材料都无法实现的,目前而言没有一种材料的熔点能够达到 4 000℃以上,但是采用碳纤维增强的酚醛塑料可以满足这一要求。

碳纤维增强塑料在飞机制造领域被大量应用，它可以制造飞机发动机的零件，如叶轮、定子叶片、压气机机闸、轴承和风扇等。最近几年，大飞机技术越来越受各国的追捧，我们知道大飞机的很多地方都安装了碳纤维增强塑料。据美国国家新闻局透露，美国的洛克希德公司将这种材料用于制造主翼、机身、垂直尾翼水平翼等，最后飞机的重量大大减轻，约为原先的69％。如果这一报道是真实的，那么意味着大飞机技术将走向更高、更快、使用寿命更长的行列。

随着碳纤维大规模的生产和应用，其价格也大幅降低，其应用也表现出向工业和民用领域渗透发展，例如，化学工业中取代不锈钢和玻璃等材料，制作对耐腐蚀性和强度要求极高的设备。在体育器械方面，碳纤维也正在逐步取代铝合金材料。

机械工业中，利用碳纤维良好的耐磨性能，因而可以制造磨床上的磨头和各种零件。还可代替青铜和巴比特合金，制造重型轧钢机及其他机器上的轴承。由于碳纤维没有磁性，故可以取代金属制造要求强度极高并易毁坏的发电机端部线圈的护环，这样做不但减轻了强度而且重量也大大减轻，最直观的对比就是使用一千多公斤的金属材料，而纤维增强塑料只需要二百多公斤。

(2)凯芙拉-49 增强塑料的应用

无论是民用飞机还是军用飞机，机体质量的减轻对飞行来说绝对是一个最大的帮助，据报道一些增强塑料正在被大量应用到飞机的各处，使得飞机的综合性能瞬间提升。美国洛克希德公司试图在一架运输飞机上使用重达 1 t 以上的凯芙拉复合材料，这使得飞机总重减轻了 350 kg 质量。而在船舶领域，采用凯英拉-49 制造的织物制造的“兽皮船”重仅 82 kg。此外，凯芙拉-49 增强塑料在汽车零件、外装饰板上的应用，不仅减轻了汽车的重量，而且其耐冲性能、振动衰减性和耐久性也进一步降低。

(3)凯芙拉-29 增强塑料的应用

在很多应用领域，对拉伸强度、低延伸率电气绝缘性、耐反复疲劳性等方面的要求越来越高，凯芙拉-29 增强塑料具有以上的优点而代替了拉伸机构和电缆类；此外它还用于防护衣、安全手套、耐热衣等劳动保护服。

(4)芳香族聚酰胺纤维增强塑料

芳香族聚酰胺纤维增强塑料主要的应用领域是飞机上的板材，如门、流线型外壳、座椅、天线外罩和火箭发动机。又由于它的综合性能超越了玻璃钢，尤其是它的减振耐损伤性能，特别适合船舶的制造。

(5)硼纤维增强塑料

硼纤维增强塑料主要用于制造飞机上的方向舵、翼端、起落架门、襟翼、襟翼前缘等。虽然它有优良的性能，但是其高昂的价格限制了它的应用，目前主要用于飞机制造业中。

(6)碳化硅纤维增强塑料

它可用来制造飞机的门、降落传动装置箱、机翼等。

6.1.4　天然纤维增强可降解塑料的应用

天然纤维可降解塑料的应用受到人们的重视，在汽车行业、装饰领域以及包装行业都会用到它。在欧洲汽车的发展史上，汽车内部的饰件从开始的玻璃纤维增强复合材料发展到天然植物纤维材料。近些年来，废旧汽车的回收的压力日趋凸显，人们越来越希望有一种能够降解的材料代替传统材料，因此天然纤维增强可降解塑料的应用成了汽车内饰的发展方向。欧洲国家对于天然橡胶材料的追求由来已久，这可以从他们的研究方向得到结论。天然纤维增强可降解塑料的降解只有在一定的条件下才会发生，在平时的使用环境下是相当稳定的，因此它可以大面积地应用到建筑领域以及食品包装行业。因此，苎麻、亚麻、红麻、黄麻及大麻等与生物降解聚乳酸(PLA)复合材料的研究不断深入，它未来的应用领域将会进一步的扩展。

6.2　高分子纳米复合材料的应用

6.2.1　纳米复合材料的光学性质的应用

1. 高分子纳米复合材料的透光性质和应用

为了提高高分子结构材料的性能往往需要加入很多增强填加剂，如黏土、炭黑、硅胶等。但是加入这些填加剂之后，会影响其制品的透明性和色彩，降低其品质。如果将这些增强填加材料纳米化，由于颗粒的纳米尺寸低于可见光波长，可实现对可见光的绕射，并不会影响光的透射。这样可以既提高产品的力学性能，又保持其透明性能良好的高分子纳米复合材料。在这方面，采用插层技术获得的高分子与黏土复合材料已经获得应用。

2. 高分子纳米复合材料的光吸收增强性质及其应用

纳米尺寸粉体对一定波长的光有良好吸收性能，其吸光能力大大超过体相材料和大尺寸颗粒。利用这种性能制备的高分子纳米复合材料具有很多用途，例如在塑料制品表面涂上一层含有能吸收紫外线的纳米粒子，这层透明涂层可以防止塑料老化。纳米氧化铝、氧化铁、氧化硅等纳米微粒具有很强的吸收中红外频段光线的特性，加入纤维做成织物后可以对人体释放的红外线起到屏蔽作用，可以增加保暖性能。导电性和磁性纳米粒子对不同波段的电磁波有强烈的吸收作用，因此与高分子材料复合后可以做成具有电磁波吸收性能的涂料、覆膜或结构材料，用于军事隐身防护材料的制备。

6.2.2 高分子纳米复合材料的催化活性及其应用

多相催化剂的催化活性与催化剂的比表面积成正比，而纳米颗粒的高表面能又可以增强其催化活性，所以具有高表面能的纳米材料是很理想的催化剂形式。纳米催化剂与高分子复合之后，既可以保持纳米催化剂的高催化活性，又可以通过聚合物的分散作用，抑制其团聚效应，提高纳米催化剂的稳定性。高分子纳米复合催化剂既可以用于湿化学反应催化和光化学反应催化，也可以利用其催化活性制备化学敏感器。

1. 高分子纳米复合材料的光催化活性与应用

所谓光催化是指利用光能引发化学反应，具光催化活性的物质大多数是半导体材料。半导体纳米级光催化剂与体相同类光催化剂相比性能普遍提升。以 ZnS 光催化二氧化碳还原生成甲醛为例，随着催化剂粒径的减小，催化活性提高，选择性增强。纳米级光催化剂之所以具有上述特点，除了其具有较大比表面积外，还与下列因素有关。

①纳米半导体微粒的量子尺寸效应导致其价带与导带间带隙能增大，使得纳米微粒具有更强的氧化还原能力，因此光催化活性随着纳米微粒粒径的减小有所提高。

②光激发产生的电子和空穴转移与传递过程是光催化反应的关键步骤。其中内部光生电荷扩散到表面进行催化反应和电子与空穴复合失去活性是一对竞争性矛盾；对于半导体纳米微粒而言，光生电荷扩散到表面的平均时间远快于体相催化剂，也快于电子与空穴的复合速率，所以可能获得比体相或常规粒径催化荆更高的光催化量子效率。

③半导体微粒与高分子复合后，两相的相互作用可以起到稳定纳米颗粒、防止其发生团聚或光腐蚀分解的作用，因此具有较长的使用寿命。

2. 高分子纳米复合催化体系在化学敏感器方面的应用

利用高分子纳米复合催化剂的催化活性制作各类化学敏感器，这是高分子催化剂最具前途的应用领域之一。不仅由于纳米粒子具有表面积大,表面活性高,对周围环境敏感,而且复合后纳米粒子在基体中的聚集结构也会发生变化,引起粒子协同性能的变化,因此可望利用纳米粒子制成敏感度高的小型化、低能耗、多功能传感器。例如,采用对某些气体具有催化活性的催化剂作为基本材料,可以制备气体敏感器。此外,温度、气氛、光、湿度等的变化也会引起纳米粒子电学、光学等行为的变化,以此可以制作气体传感器、红外线传感器、湿度传感器、温度传感器和光传感器等。

6.2.3 高分子纳米复合材料在高密度记录方面的应用

磁性是物质的基本属性,磁性材料是古老而用途十分广泛的功能材料,纳米磁性材料是20世纪70年代开发的新型磁性材料。纳米化的磁性高分子复合材料具有多种用途。首先,作为纳米磁学性质的利用,当与各种柔性高分子材料复合后,可以制备柔性磁材料;其次,超细化的磁性粉体可以制备高密度磁记录材料;最后,纳米化的磁性材料还可以作为标记物和导引物用于生物医学方面。纳米磁性材料的特性不同于常规的磁性材料,其原因是与磁相关的特征物理长度恰好均处于纳米量级。例如,磁单畴尺寸、超顺磁性临界尺寸、交换作用长度以及电子平均自由程等都处于1～100 nm量级。当磁性体的尺寸与这些特征物理长度相当时,就会呈现反常的磁学性质。这些反常的磁学性质相信会开创新的应用领域。

纳米磁性材料一般可分为三类,具体如下:

①纳米颗粒型磁性材料,如磁记录介质材料、磁性液体磁封材料、磁性靶向药物、吸波隐形材料等;

②纳米微晶型磁性材料,如纳米微晶永磁材料、纳米微晶软磁材料等;

③纳米结构型磁性材料。上述三类材料都可以通过与高分子基体材料复合制备。

1. 高分子纳米磁性记录材料

目前所使用的磁记录材料主要是将纳米磁粉与高分子基体材料复合构成的磁盘、磁带等。由于磁性纳米粒子尺寸小,且具有单磁畴结构,矫顽力很强,因此用它制作磁记录材料可以大幅度提高记录密度,提高信噪比。人们为了提高磁记录密度,磁记录介质中的磁性颗粒尺寸已由微米、亚微米向纳米尺度过渡,如合金磁粉的尺寸约80 nm,钡铁氧体磁粉的尺寸约40 nm。近年来,磁盘记录密度取得了飞速的进展,现已超过1.55 Gb/cm^2,其中一个主要原因是应用了巨磁电阻效应读出磁头,而巨磁电阻效应是基于电子在磁性纳米结构中与自旋相关的输运特性。磁性记录材料进一步发展的方向是所谓“量子磁盘”，利用磁纳米线的存储特性，理论记录密度预计可达 62 Gb/cm^2。由超顺磁性所决定的极限磁记录密度理论值约为 930 Gb/cm^2。可见磁性记录材料在提高信息记录密度方面还大有潜力可挖。为了提高这些磁性记录材料的使用性能，上述几乎所有的磁性信息记录材料都是超细磁性粉体与高分子基体材料复合构成的。

2.高分子纳米微晶磁性材料

对于磁性材料的探索主要朝着两个方向：其一是开发新型磁性材料，其二是改进磁性材料的结构。稀土永磁材料是永磁材料中质量最好的品种，其中又以 NdFeB 的磁性能为最佳。软磁材料的发展经历了晶态、非晶态、纳米微晶态的发展历程。纳米微晶软磁材料具有十分优异的性能，如高磁导率、低损耗、高饱和磁化强度等，已应用于各种开关电源、变压器、传感器等各类电子产品的生产，可实现器件小型化、轻型化、高频化以及多功能化，近年来发展迅速。稀土纳米磁性材料主要通过纳米磁性微晶的定向压制成型和与高分子复合成型两种工艺制备，后者属于高分子纳米复合材料范畴。例如，将制备的 NdFeB 纳米微晶磁粉与起黏结作用的聚合物复合，就可以得到黏结型永磁体。这种高分子复合型纳米稀土永磁材料的特点是制作工艺受到的限制较小，适用于制备各种形状复杂的微型、异型电机用高效磁体，是稀土永磁材料研究与应用中的重要方向。采用上述的复合方法，还可以得到软磁体与硬磁体交替组成的层状复合磁性材料。

3.高分子纳米磁性复合材料的其他应用

高分子纳米磁性复合材料主要应用在以下两个方面：

①磁性液体。磁性液体是十分典型的纳米磁性颗粒的应用例证，它是由超顺磁性的纳米微粒表面包覆高分子表面活性剂，然后分散在基液中而构成。磁性液体广泛应用于旋转密封装置，如磁盘驱动器的防尘密封、高真空旋转密封等场合，以及扬声器、阻尼器件、磁印刷等碰用领域。

②磁性靶向药物和标记物。磁性纳米颗粒加入微球型药物制剂中可以作为靶向药物导引剂，在外磁场导向下可以实现定向、定点给药。加入纳米磁粉的被标记物还可用于生物过程示踪，用于生命过程的研究。

4.高分子导电性纳米复合材料的性质与应用

很多导电性粉体材料与高分子材料复合可以制备高分子复合导电材料，可以作为导电涂料、导电胶等，在电子工业上有广泛应用。导电粉体常用纳米级的金、银、铜等金属材料，或者用微细化的炭黑、石墨、碳纳米管、碳纤维等碳系材料，某些金属氧化物也有应用。用纳米级导电粉体代替微米级常规导电粉体可以大大提高材料的综合性能。例如纳米银粉代替微米银粉制成导电胶，在保证相同导电能力的前提下，可以大大节省银的用量，降低材料比重。Fe_2O_3、TiO_2、$CrzO_3$、ZnO 等具有半导体特性的氧化物纳米微粒与高分子材料复合，可以制成具有良好静电屏蔽效应的涂料。在化纤制品中加入金属纳米粒子可以解决其抗静电问题。由于碳纳米管具有非常好的导电性，与高分子材料复合所制备的纳米复合材料不仅导电性能优异，还拥有良好的增强功能。例如，用 10％碳纳米管分散于不同的工程树脂中，获得的高分子复合物其导电率均比用微米级填料为高。加入少量碳纳米管制成的聚合物复合材料可望在汽车车体喷漆工艺中获得应用。

6.2.4　高分子纳米材料的生物活性及其应用

很多高分子纳米复合材料具有生物活性，其中最重要的包括三个方面，即消毒杀菌作用、定向给药作用和组织工程支架材料。

1. 高分子纳米复合材料的消毒杀菌作用

很多重金属本身就有抗菌作用，纳米化之后，由于外表面积的扩大，其杀菌能力会成倍提高，如医用纱布中加入纳米银粒子就可以具有消毒杀菌作用。二氧化钛是一种光催化剂，当有光照射时表现出特殊催化作用，能够产生杀菌性自由基。而把二氧化钛做到粒径为几十纳米时，只要有可见光存在就有极强的催化作用，在它的表面产生自由基，破坏细菌细胞中的蛋白质，从而把细菌杀死。将纳米二氧化钛粉体与不同高分子材料复合，可以得到具有杀菌性能的涂料、塑料、纤维等材料。制成产品后在可见光照射时上面的细菌就会被纳米二氧化钛释放出的自由基杀死。

2. 高分子纳米靶向药物制剂

在医学领域中，纳米材料最引人注目的是作为靶向药物载体，用于定向给药，使药物按照一定速率释放于特定器官(器官靶向)、组织(组织靶向)和特定细胞(细胞靶向)。靶向药物制剂中最重要的是毫微粒制剂，是药物与高分子材料的复合物，粒径大小介于 10～1 000 nm 之间。其导向机理是纳米微粒与特定细胞的相瓦作用，为器官靶向，主要富集在肝、脾等器官中。其特点是定点给药，副作用小。因为载药纳米粒作为异物而被巨噬细胞吞噬，到达网状内皮系统分布集中的肝、脾、肺、骨髓、淋巴等部位定点释放。

载药纳米粒的粒径允许肠道吸收,可以做成口服制剂。纳米毫微粒可以增加对生物膜的透过性,有利于药物的透皮吸收和提高细胞内药物浓度。目前已在临床应用的毫微粒制剂还有免疫纳米粒、磁性纳米粒、磷脂纳米粒以及光敏纳米粒等。

3. 高分子纳米复合材料在生物组织工程中的应用

将纳米技术运用于生物活性支架材料制备,可以大大提升生物工程效率,为构建具有生理功能的新型生物材料提供研究思路和方向。如将纳米化的聚乳酸、纤维素等和羟基磷灰石、三磷酸钙等构成新型的骨组织工程支架材料,可以更好地从分子水平上发挥其生物学效应。

6.3 未来趋势与挑战

6.3.1 原材料的发展

复合材料所用的树脂,最早为热固性树脂,经过不断地发展,树脂的使用也逐渐多元化。总的来说,树脂的发展趋势朝着两个方向。其一是耐高温树脂,如聚酰亚胺、聚苯并咪唑、聚苯氧氮杂茂、聚喹啉并咪唑;其二是使用目前大量生产的热塑性树脂制成增强热塑性塑料,常用的热塑性树脂有聚乙烯、聚丙烯、聚苯乙烯、聚碳酸酯、聚对苯二甲酸乙二醇酯、尼龙、ABS等。前者主要用以生产耐高温复合材料,后者主要制造一般工、农业及生活用品。

增强填料早已由天然纤维转向以玻璃纤维为主。近年来合成纤维、碳纤维、硼纤维的使用增多,同时以晶须作增强填料也引起人们的重视。

所谓晶须又叫单晶纤维,这是一类新型高强度、高模量的增强填料,它的直径在 30 μm 以下,强度很高并接近于原子间结合力的理论值,它兼有玻璃纤维伸长率大和硼纤维模量高的特点。晶须包括金属晶须及非金属晶须。金属晶须有铁、不锈钢、镉、铜、镍的晶须,非金属晶须有氧化铝、氮化铝、碳化硅、氮化硅、碳化硼的晶须,它们已有小批量生产。晶须可以单独作为复合材料的增强填料,也可以作为玻璃纤维缠绕制品的辅助增强填料,在玻璃纤维缠绕过程中撒在制品强度要求特别高的部位,以达到局部增强和降低成本的综合作用。

在有机纤维方面,除应用了尼龙、聚酯等纤维外,近年来特别注意新型耐高温纤维的合成和应用。例如,一种由芳香聚酰胺类聚合物制得的有机纤维是在260℃左右结晶而成的高度定向纤维，其模量接近金属，成为聚合物中模量最高的一种，且强度比尼龙大两倍、刚性大20倍，因而受到重视。

除了研制新的增强填料外，还注意了填料的使用形式，例如把不同的增强填料以不同比例和不同形式进行混合交织，可以获得多种性能的增强填料，由此而制得之复合材料适用于某些特殊场合。目前混合交织填料的主要类型有玻璃纤维-碳纤维交织布、碳纤维-金属纤维交织布、玻璃纤维-碳纤维-金属纤维交织布以及玻璃纤维加晶须、硼纤维加晶须的联合增强填料。此外还有用各种纤维织成的三向织物以及使晶须在碳纤维表面生长而得的新型混合组分纤维。

近来，用大量的无机材料(甚至在60%以上)填充热塑性塑料是一个值的注意的动向。其重要性首先是大大降低了热塑性塑料的成本，并扩大了它们的适用范围，另外可以回收利用废旧塑料、减少环境污染。无机填料包括碳酸钙、硫酸钙、二氧化硅、含二氧化硅的三氧化二铝、氢氧化铝等。其中用得最多的是碳酸钙。碳酸钙可用于填充聚氯乙烯、聚乙烯、聚丙烯和ABS等(通常称为钙塑塑料)。大量无机填料复合的热塑性复合材料，强度有所下降，必要时可同时填充少量短玻璃纤维以保证复合材料一定的强度。此外，对无机填料用表面处理剂进行表面处理，或者对树脂进行改性，则依靠填料和聚合物之间结合力的加强，亦可使此类复合材料的强度得以提高。

钙塑塑料可用通常的热塑性塑料加工成型设备进行加工，例如通过挤出成型或挤出与压延成型相结合的方法很方便的生产板材和多种异性材料，它们可用于家具制造及供作建筑和包装材料。

无机填料中还新发展了玻璃微气球和玻璃碎薄片。微气球是指直径为几十到数百微米的空心玻璃球或硅球，其比重仅为0.3～0.6。微气球除可单独作为填料外，还可与玻璃纤维合用，此时有利于消除玻璃纤维末端的应力集中现象，从而使复合材料的性能更加卓越。玻璃碎薄片复合材料作为钢壳体内衬，不易出现分层，开裂现象，且透水性低。

填料的表面处理始终受到极大的重视，为了得到更有效的表面处理剂，设想应采用兼具有无机化合物和有机化合物特点的两性化合物。例如，一端带有能与聚合物活性基结合的活泼的双键、氨基或环氧基，另一端则有能与无机填料形成氢键或螯合的活泼基团。另外还希望表面活性剂能兼有阻燃剂、稀释剂等其他配合剂的作用，这类化合物中包括磷酸酯、缩水甘油、多种酸酐等。由于碳纤维与树脂的亲和力小，表面处理更为重要。比较成功的方法是用硝酸、铬酸、高锰酸钾-硫酸、次氯酸钠或空气、臭氧等进行表面氧化或高温高真空脱吸法排出碳纤维表面所吸附的空气。经如上处理，可使碳纤维复合材料抗剪强度提高20%～30%。

6.3.2 成型工艺的发展

手糊成型和层压成型已有多年历史,随着复合材料品种的增多,尤其是热塑性树脂复合材料的发展,挤出、注射等高效率的成型法也在复合材料的成型工艺中获得广泛应用。近年来,复合材料成型工艺仍在不断改进和发展。其重点是解决大型制品生产技术和效率问题。下面介绍几种新的成型工艺。

1. 喷附成型

此法是在切断玻璃纤维的同时,把它与树脂液一起喷到模具的表面上,达一定厚度后,进而固化成型。采用这种技术,可在较短的时间内制成大型的、曲面形状稍复杂的制品,操作条件也比手糊成型法有所改观。

2. 对膜成型

首先在模具内铺好玻璃纤维毡,然后闭模并注入树脂,经固化成型脱模后即得制品。此法生产周期短、制品外观平滑、易实现自动化,特别适于制取大型产品。

3. 离心成型

在一个空心模内,放入含增强填料的树脂溶液或用树脂浸渍过的增强填料,使空心模旋转,于是由于离心离的作用,物料均匀分布并紧贴在模内壁上,然后固化成型。用这种技术可制造贮罐、管道等,产品壁厚均匀,表面质量比普通的卷绕法好,而成本比手糊工艺低,生产率可提高 3~4 倍。

4. 拉出成型

这是一种连续成型法,其操作特点是用牵引设备拉引玻璃纤维粗纱或其他类似的增强填料通过一浸渍槽,然后把此浸胶材料拉入具有所需外形的阴模管。通过此阴模管时,树脂被无线电频或微波电频加热而迅速硬化。此法可制得在拉引方向上强度很高的产物,例如棒状及管状复合制品。

6.3.3 复合材料面临的挑战

信息急剧增长提供了更丰富的研究环境,同时也提出了一系列的问题,已有大批的数据,什么样的数据将筛除,什么样的数据需要贮存,研究者面临的挑战是保证对已有数据和资源的全面评估，以及数据和模拟的新的强大的共享。

计算机控制的实验允许实验者通过互联网控制进行实验而无须在设备旁进行控制。以这种方式，实验装置可通过所有研究者分享，这样可使设备昼夜使用而提高目前典型的低使用效率，以及将等待获得专用设备所需的时间用于重新部署以进一步快速获得研究结果。

“互联网”时代社会发展的速度会极大提高，需要发展对复合材料研究的理解方法，首先找出信息的正确位置，再发展和完善已有的模拟和更加精确的模型。

“互联网”时代复合材料研究者的教育和训练需要专门优化以适宜所承担的多学科性质的任务，通过科学和工程的混合，培养进行多功能复合材料和结构研究的基本技能。

“互联网”时代复合材料将面临研究方式的深刻变革。

参考文献

[1]肖力光，赵洪凯. 复合材料[M]. 北京：化学工业出版社，2016.

[2]胡保全，牛晋川. 先进复合材料[M]. 2 版. 北京：国防工业出版社，2017.

[3]张春红，徐晓冬，刘立佳. 高分子材料[M]. 北京：北京航空航天大学出版社，2016.

[4]王煦漫，王琛，张彩宁. 高分子纳米复合材料[M]. 西安：西安工业大学出版社，2017.

[5]黄丽. 聚合物复合材料[M]. 北京：中国轻工业出版社，2012.

[6]顾书英，任杰. 聚合物基复合材料[M]. 2 版. 北京：化学工业出版社，2013.

[7]梁基照. 高分子复合材料隔声学导论[M]. 北京：科学出版社，2017.

[8]代少俊. 高性能纤维复合材料[M]. 上海：华东理工大学出版社，2013.

[9]贾德昌. 无机聚合物及其复合材料[M]. 哈尔滨：哈尔滨工业大学出版社，2014.

[10]王汝敏，郑水蓉，郑亚萍. 聚合物基复合材料[M]. 2 版. 北京：科学出版社，2011.

[11]梁基照. 高分子复合材料物性及其定量表征[M]. 广州：华南理工大学出版社，2013.

[12]陈乾旺. 纳米科技基础[M]. 北京：高等教育出版社，2014.

[13]柯扬船. 聚合物-无机纳米复合材料[M]. 2 版. 北京：化学工业出版社，2017.

[14]刘漫红. 纳米材料及其制备技术[M]. 北京：冶金工业出版社，2014.

[15]李贺军，齐乐华，张守阳. 先进复合材料学[M]. 西安：西安工业大学出版社，2016.

[16]张留成，瞿雄伟，丁会利. 高分子材料基础[M]. 3 版. 北京：化学工业出版社，2012.

[17]尹洪峰. 功能复合材料[M]. 北京：冶金工业出版社，2013.

[18]孙海珠，祖龙飞，张恺. 纳米粒子与聚合物功能复合材料导论[M]. 2 版. 长春：东北师范大学出版社，2015.

[19]陈令新，王莎莎，周娜. 纳米分析方法与技术[M]. 北京：科学出版社，2015.

[20]彭淑鸽,刘晓飞,樊昕洁,张玉清.反应注射成型纳米 CuS/PDCPD 复合材料的制备与性能[J].复合材料学报,2013,30(02):56-62.

[21]彭淑鸽.特殊形貌聚苯胺接枝石墨烯纳米复合粉体:制备、表征与应用[A].中国化学会.中国化学会第 30 届学术年会摘要集-第二十一分会:π-共轭材料[C].中国化学会,2016:1.

[22]彭淑鸽.PDCPD/SiO_2纳米复合材料摩擦性能研究[A].河南省化学会.河南省化学会 2014 年学术年会论文摘要集[C].河南省化学会,2014:1.

[23]刘晓飞.聚双环戊二烯基纳米复合材料的制备、力学与摩擦性能[D].河南科技大学,2012.

[24]王阳.基于高分子—无机纳米粒子制备导电复合材料用于构建电化学传感器[D].兰州大学,2017.

[25]张忠勇,李明.导热高分子复合材料的研究进展[J].学园,2016(05):169-170.

[26]姚雨辰.高分子复合材料应用及研究现状分析[J].合成材料老化与应用,2015,44(04):119-121.

[27]史玉升,闫春泽,魏青松,文世峰,朱伟.选择性激光烧结 3D 打印用高分子复合材料[J].中国科学:信息科学,2015,45(02):204-211.

[28]刘力.稀土/高分子复合材料的研究进展[J].功能材料信息,2013,10(Z1):26-34.

[29]张迪.导电高分子复合材料[J].科技资讯,2016,14(16):33+35.

[30]万同,张婕.纳米填料填充聚合物/纤维复合材料的研究进展[J].高分子材料科学与工程,2014,30(12):181-185.

[31]李东升.表面改性碳纤维增强树脂基复合材料研究进展[J].火箭推进,2016,42(2):91-96.

[32]李文斐,崔磊,姚占海,等.聚苯乙烯改性纳米 SiO_2/低密度聚乙烯接枝聚苯乙烯复合材料的制备及表征[J].复合材料学报,2016,33(9):1899-1904.

[33]高磊,龚光碧,魏绪玲,等.功能纳米填料在橡胶中的作用及橡胶纳米复合材料的制备[J].合成橡胶工业,2015,38(1):67-73.

[34]徐建林,文琛,周坤豪,江刘.填充型导热绝缘高分子复合材料的研究进展[J].塑料科技,2017,45(03):99-104.

[35]戴雅浩,高长有,马列.纳米金高分子复合材料检测分析[J].中国金属通报,2017(10):35+34.

[36]张杰,邹洪涛,毛海立,周骏宏,张泽强.磷石膏改性及其在高分子材料中的应用[J].武汉工程大学学报,2017,39(06):611-615.

[37]游国强,刘占旗,张文宇,郑建国,赵怀璞,蘧艳峰.防氚高分子复合材料的制备及其性能[J].辐射研究与辐射工艺学报,2016,34(03):55-59.

[38]唐大航,杨其,苏巨桥,等.高分子复合材料自增强技术的研究进展[J].高分子通报,2015(03):1-10.

[39]霍小平.复合导电高分子材料的改性及应用研究进展[J].中国胶粘剂,2016,25(06):57-61.

[40]孙西同.磁性高分子复合材料的制备及对Cr(Ⅵ)的吸附性能研究[D].中国科学院研究生院(过程工程研究所),2015.

[41]张阿樱,吕海宝.纳米纸/聚合物基复合材料热传导性能模拟研究[J].功能材料,2017,48(05):5094-5098.

[42]王玉忠,陈力.新型阻燃材料[J].新型工业化,2016,6(01):38-61.

[43]董奇志,朱俐英,余刚,等.聚乳酸导电高分子复合材料的研究进展[J].材料导报,2013,27(21):66-72.

[44]王荣民,孙康祺,王建凤,等.天然高分子复合羟基磷灰石材料的制备与应用[J].化学进展,2016,28(06):885-895.

[45]何晓烨.环境友好型聚合物基复合材料的研究进展[J].广州化工,2016,44(04):18-20+45.